TANNIN
CELLULOSE · LIGNIN

VON

DR. K. FREUDENBERG
O. PROFESSOR AN DER UNIVERSITÄT HEIDELBERG

ZUGLEICH ZWEITE AUFLAGE DER
„CHEMIE DER NATÜRLICHEN GERBSTOFFE“

MIT 14 ABBILDUNGEN

BERLIN
VERLAG VON JULIUS SPRINGER
1933

ISBN-13: 978-3-642-47165-0 e-ISBN-13: 978-3-642-47472-9
DIO: 10.1007/978-3-642-47472-9

Softcover reprint of the hardcover 1st edition 1933

Inhaltsverzeichnis.

Einleitung.

In dieser Schrift ist der größere Teil der Arbeiten des Verfassers aus den vergangenen zwei Jahrzehnten im Rahmen der Chemie der natürlichen Gerbstoffe, der Mono- und Oligosaccharide, der Polysaccharide und des Lignins zusammengefaßt. Der Titel „Tannin, Cellulose, Lignin" führt die wichtigsten Etappen dieser der Konstitutionsaufklärung dienenden analytischen und synthetischen Untersuchungen an und bedeutet ein teilweise ausgeführtes Programm, dessen inneren Zusammenhang die Erweiterung des Molekülbegriffs und die Entwicklung der Forschungsmethoden an solchen Naturstoffen bildet, die kein definiertes Molekulargewicht besitzen.

Den ersten Fall, das Tannin, hat E. FISCHER behandelt. Es erwies sich als ein unentwirrbares Gemisch sehr ähnlicher Moleküle von der mittleren Größe 1600—1700. Ihr Kennzeichen ist, daß ihre Größe, wie es scheint, nicht sehr weit um einen Durchschnittswert schwankt und daß das einzelne Molekül eine endliche Größe besitzt. Die 8—10 Gallussäurereste, die über das Glucosemolekül verteilt sind, stehen teils in Depsidbindung untereinander, teils sind sie mit den verschiedenen Hydroxylen des Zuckers verestert. Die Aufgabe bestand darin, am Gemisch von Molekülen endlicher und einigermaßen ähnlicher Größe das Bindungs*prinzip* festzustellen unter Verzicht auf die strenge Konstitutionsaufklärung des einzelnen Individuums. E. FISCHER war sich des Grundsätzlichen dieses Beginnens wohl bewußt. „Der Forscher ... kann auf einen Teilerfolg hinarbeiten, indem er solche Stoffe nicht als Einzelindividuen, sondern als Gruppe verwandter Körper behandelt ... Je enger die Gruppe umgrenzt werden kann, um so größer wird der Teilerfolg sein"[1].

Die Cellulose bereitete größere begriffliche und methodische Schwierigkeiten, da sich die Molekülgröße von ganz anderer Ordnung — 30000 und darüber — erwiesen hat. An diesem für die übliche Methodik unbegrenzten Molekül fehlt die klare Abgrenzung, die am Tannin noch deutlich sichtbar ist. Im folgenden wird wiederholt darauf hingewiesen, daß die Kernfrage des Celluloseproblems darin bestand, ob die frühzeitig festgestellte Cellobiosebindung in der gleichfalls bald erkannten Kettenformel die *einzige* Bindungsart ist oder nicht. Die vielbehandelte Alternative: kleine, durch Gitterkräfte vereinigte Moleküle oder lange Ketten — war, wie die Ableitung der Konstitution und Konfiguration der Cellulose zeigen wird, von Anfang an zugunsten der Ketten entschieden und hätte bei richtiger Bewertung der Argumente überhaupt nicht diskutiert werden sollen. Die Arbeit war wegen der geringen Auswahl an experimentellen Angriffspunkten erschwert; aber sie wurde belohnt durch das eindeutige Ergebnis, daß die von E. FISCHER am Beispiel des Tannins geforderte Umgrenzung sehr eng gezogen werden konnte, und daß sich schließlich der bündige Beweis für die Ausschließlichkeit *einer* Bindungsart, der Cellobiosebindung, erbringen ließ. Im Tannin treffen wir ein begrenztes Molekül von einigermaßen definierter Größe an,

[1] Sitzungsber. Kgl. Preuß. Akad. Wiss. Berlin **48**, 1100 (1918). — Untersuchungen über Depside und Gerbstoffe, S. 60. Berlin 1919.

während im Vergleich hierzu in der Cellulose ein praktisch unbegrenztes Molekül[1] vorliegt; den zahlreichen Variationen der Bindung im Tannin steht dagegen bei der Cellulose die Einheitlichkeit der Bindung gegenüber.

Das Lignin vereinigt in sich, wie ausführlich dargetan wird, die methodischen und begrifflichen Schwierigkeiten des Tannins und der Cellulose. Mit dem *Tannin* hat es die Verschiedenheit der Bausteine und die große Zahl der Bindungsarten gemeinsam. Die Bausteine sind beim Tannin Glucose und Gallussäure, zwei Anteile, deren experimentelle Unterscheidung keine Mühe bereitet. Beim Lignin stehen sich die Bausteine ebenso nahe wie etwa Vanillin, Isovanillin und Piperonal; ihre Unterscheidung ist erschwert. Obendrein kann die Stelle des Benzolkerns variieren, an der ein Baustein mit dem nächten kondensiert, und zwar irreversibel kondensiert ist. Mit der *Cellulose* hat das Lignin gemeinsam die für die übliche Methodik unbegrenzte Größe des „Moleküls", die obendrein in weitesten Grenzen schwanken dürfte. Hier wird die von E. FISCHER verlangte Abgrenzung der Gruppeneigenschaften noch lange unsicher bleiben, und der Forschung wird noch manche Anstrengung auferlegt sein, um mit fortschreitender Methodik die Grenzen immer schärfer abzustecken. Dagegen ist hier von einer anderen Seite her ein Fortschritt zu erhoffen. Die Aufgabe, das Lignin aufzuklären, läßt sich mit der Frage nach der Konstitution eines fertigen Bakelitpräparates vergleichen. Für dieses wird man schwerlich einen Formelausdruck sich vorstellen und noch weniger ihn vom fertigen Kondensat aus ermitteln können. Dagegen ist uns viel gedient mit der einfachen Aussage, daß Bakelit ein wirres Kondensat von Phenol mit Formaldehyd ist, der Methylenbrücken wie im Diphenylmethan bildet. In ähnlicher Weise darf man für das fertige Lignin statt eines Formelbildes einige Hoffnung auf die Beschreibung seiner Entstehung aus seinen Bausteinen setzen.

Als die auf das Experiment gegründete Fragestellung erfaßt war, setzte von 1912 ab die rasche Entwicklung der Konstitutionschemie des Tannins ein[2]. Für die Cellulose darf als der entsprechende Wendepunkt das Jahr 1921 angesehen werden[3], in dem entgegen der in Mode gekommenen Hypothese von den kleinen Bauelementen[4] die Kettenvorstellung präzisiert und die Frage nach der einheitlichen oder alternierenden Kettenbindung sowie der sog. Vernähung der Ketten formuliert und experimentell behandelt wurde. 1928 folgte das Lignin, indem die Forderung nach einem „kontinuierlichen Kondensationsprinzip" gestellt und begründet werden konnte[5].

Zwischen diesen drei Vorgängen besteht ein überaus enger Zusammenhang. Daher entstand der Wunsch, die an sehr verschiedenen Stellen erschienenen Übersichten zusammenzustellen und durch neue zu ergänzen (z. B. Kohlenhydrate). Bei den Gerbstoffen und dem Lignin steht die stoffliche Beschreibung im Vordergrund, bei den Polysacchariden, nach einem die Vorarbeiten schildernden Zwischenkapitel, die begriffliche und geschichtliche Entwicklung.

Das Kapitel über die natürlichen Gerbstoffe kann als zweite Auflage einer 1920 erschienenen Schrift des Verfassers „Die Chemie der natürlichen Gerbstoffe"[6] angesehen werden und gibt Rechenschaft über die seither gewonnene

---

[1] Unter Molekül wird hier das durch gewöhnliche Valenzkräfte (Covalenzen) aufgebaute Gebilde verstanden. Teilchen oder Partikel können gleich Molekülen sein oder bestehen aus Aggregaten von solchen. Nach dieser Definition mißt THE SVEDBERG z. B. am Insulin, einem Protein, die Teilchengröße und nicht die Molekülgröße (Ztschr. f. physiol. Ch. **204**, 233 [1932]).

[2] FISCHER, E., u. K. FREUDENBERG: Ber. **45**, 915 (1912).

[3] FREUDENBERG, K.: Ber. **54**, 767 (1921).

[4] Um diese Zeit finden wir bereits eine Auseinandersetzung über die Priorität dieses Gedankens (Helv. chim. Acta **3**, 620, 866 [1920]).

[5] Sitzungsber. Heidelberg. Akad. Wiss. **1928**, 19. Abh.

[6] Berlin: Julius Springer.

Erkenntnis. Bei der Niederschrift der übrigen Kapitel war die Absicht maßgebend, im Rahmen der Nachbargebiete die *molekulare* Struktur der Cellulose, der Stärke und des Lignins nunmehr frei von überwundenen irrtümlichen Vorstellungen darzustellen und die wirklichen Argumente von den vermeintlichen zu trennen.

Diese Beschrankung führt dazu, daß manche Arbeit unerwähnt bleibt, die man sonst in der Polysaccharidchemie zu erwähnen pflegt; außerdem folgt die Darstellung, um eindeutig zu bleiben, absichtlich der Linie, in der sich meine Polysaccharidarbeiten seit 12 Jahren bewegen.

Morphologische und krystallographische Fragen werden bei der Cellulose nur in ihrer Beziehung zur molekularen Struktur behandelt, da sie dem Aufgabengebiet der übermolekularen Strukturen angehören, die uns hier nicht beschäftigen; beim Lignin dagegen, das amorph ist, läßt sich keine Grenze zwischen der molekularen und übermolekularen Struktur ziehen; die Morphologie muß daher bei der Behandlung der molekularen Struktur berücksichtigt werden.

I. Die natürlichen Gerbstoffe[1].

A. Allgemeines über Gerbstoffe[2].

a) Übersicht.

Unter Gerbstoffen hat man zunächst jene adstringierenden Pflanzenstoffe verstanden, deren wäßrige Lösung die Haut in Leder zu verwandeln vermag. Dieser Begriff wurde zu eng, als sich die Botaniker und Chemiker diesen Substanzen zuwandten. Die technische Kennzeichnung wurde ergänzt und schließlich ersetzt durch rasch und im kleinsten Maßstabe ausführbare Reaktionen, wie die Bildung von Niederschlägen mit Leim, Alkaloiden und Bleiacetaten oder die Färbung mit Ferrisalz.

Das Verhalten gegen Blei- und Eisensalze kennzeichnet die natürlichen Gerbstoffe als Phenole. Die Reaktion mit Leim und Alkaloiden beschränkt die als Gerbstoffe zu bezeichnenden Phenole auf solche, die im Molekül etwa 15—30 % Phenolhydroxyl enthalten und im krystallinischen Zustande, einerlei, ob dieser verwirklicht werden kann oder nicht, eine geringe, aber nach oben und unten begrenzte Löslichkeit in Wasser besitzen.

Die Mehrzahl aller Gerbstoffe läßt sich den Gallotannin- und den Catechingerbstoffen zuordnen. Viele dürften auch dem noch wenig definierten Typus des Eichengerbstoffs angehören. Unter „Tannin" wird im deutschen Sprachgebrauch vielfach die hier mit „Gallotannin" bezeichnete Untergruppe der Gerbstoffe verstanden. Die ausländische Literatur versteht unter „Tannin" Gerbstoff im allgemeinen und bezeichnet die Gallussäure-Gerbstoffe vom Estertypus als Gallotannine. Diese sehr zweckmäßige Benennung ist im folgenden angenommen.

---

[1] Bisherige zusammenfassende Darstellungen: GNAMM, H.: Die Gerbstoffe u. Gerbmittel, 2. Aufl. Stuttgart 1933. — FREUDENBERG, K.: Die natürlichen Gerbstoffe. In KLEIN: Handbuch der Pflanzenanalyse, Bd. III, II. Teil, Org. Stoffe II, S. 344. 1932. — BERGMANN, M., H. GNAMM u. W. VOGEL: Die Gerbung mit Pflanzenstoffen. Wien 1931. — DEKKER, J.: Die Gerbstoffe. In HOUBEN: Methoden der organischen Chemie 3, 961, 3. Aufl. 1929. — GNAMM, H.: Die Gerbstoffe und Gerbmittel. Stuttgart 1925. — FREUDENBERG, K.: Nachweis, Isolierung, Abbau- und Aufbauversuche auf dem Gebiete der Gerbstoffe. In ABDERHALDEN: Handbuch der biologischen Arbeitsmethoden Abt. I, Teil 10, S. 439. 1923. — FREUDENBERG, K.: Chemie der naturlichen Gerbstoffe. Berlin 1920. — FISCHER, E.: Untersuchungen über Depside und Gerbstoffe. Berlin 1919 (in den folgenden Zitaten als „Dps" abgekürzt). — PERKIN, A. G., u. A. E. EVEREST: The Natural organic colouring matters. London 1918. — DEKKER, J.: Die Gerbstoffe. Berlin 1913.

Das Kapitel I dieser Schrift entspricht im wesentlichen dem Abschnitt über Gerbstoffe von K. FREUDENBERG in KLEINs Handbuch. Die wichtigste Einschaltung sind die Seiten 6—9.

[2] Viele Zitate zu diesem Abschnitt, insbesondere der älteren Literatur, finden sich in den Schriften des Verfassers von 1920 und 1923, die hieruber angefuhrt sind.

Der Versuch einer strengen Klassifikation unterbleibt hier. Allenfalls kann man die Gallotannine als „hydrolysierbare Gerbstoffe" den Catechinen als „kondensierten Gerbstoffen" gegenüberstellen, weil diese ein zusammenhängendes C-Gerüst besitzen.

Wenn die Gallotannine, wie es häufig geschieht, Pyrogallolgerbstoffe genannt werden, so ist dies irreführend, denn Pyrogallol kommt auch bei den Catechinen als Komponente vor. Ebenso ist es unzweckmäßig, die Catechingerbstoffe Pyro-Catechingerbstoffe zu nennen.

1. Gallotannine, Depside, Glucoside.

Zur chemischen Untersuchung gelangte vor 150 Jahren als erster der Gerbstoff der vorderasiatischen Eichengallen (Zweiggallen von Quercus infectoria), das türkische Gallotannin, da diese Gallen von alters her zum Bestand der Apotheken gehören. Die Gerbstoffpräparate (Acidum tannicum) des Handels sind bis etwa 1870 vorwiegend aus diesem Material bereitet worden, später aber fast ausschließlich aus den ostasiatischen Zackengallen, die auf dem Blatt von Rhus semialata wachsen und einen ähnlichen Gerbstoff enthalten. An diesem, dem „chinesischen" Gallotannin und kurz danach dem „türkischen", ist 1912 die erste Konstitutionsermittlung eines Gerbstoffes gelungen.

Den Gallotanninen liegt Glucose zugrunde, die hier als mehrwertiger Alkohol mit Gallussäure oder deren Esteranhydriden, insbesondere der Galloylgallussäure (Digallussäure) verestert ist. In der Formel einer Pentagalloyl-glucose (R-Galloyl) hat E. Fischer mit seinen Schülern das allgemeine Schema für die Konstitution des *türkischen* in der Formel einer Penta-Digalloyl-Glucose (R-Digalloyl) das Schema des *chinesischen Gallotannins* gegeben. Beide Formeln sind, wie später auseinandergesetzt wird, idealisiert und vermögen nur den Typus anzugeben, dem diese Gerbstoffe angehören.

```
                                    OH
   CHOR        R = —C—⟨     ⟩OH   Galloyl
    |               O        OH
   HCOR
    |                       OH
   ROCH
    |          R = —C—⟨     ⟩OH        OH
   HCOR             O        O—C—⟨     ⟩OH   Digalloyl
    |                           O        OH
   HCO——
    |
  H2COR
```

Als Folge dieser Erkenntnis ergab sich sogleich (E. Fischer und K. Freudenberg[1]), daß weitere Gerbstoffe dieser *„Ester"gruppe* angehören. Das krystalline Hamameli-tannin wurde als die esterartige Verbindung einer verzweigten Hexose mit 2 Gallussäureresten erkannt, und eine Digalloyl-Glucose bildet einen Bestandteil der Chebulinsäure. Der Sumachgerbstoff (Rhus coriaria) sowie, teilweise wenigstens, der Gerbstoff der frischen Blätter der Edelkastanie (Castanea vesca) ist dieser Gruppe angegliedert. Das Acertannin ist der zweifache Gallussäureester eines Zuckeralkohols. Demnach besteht kein Zweifel, daß dieser Typus in der Natur sehr verbreitet ist.

Als eine Untergruppe können die Esteranhydride der Phenolcarbonsäuren mit anderen Oxysäuren, die *Depside,* angesehen werden; diesem Typus gehört die Digallussäure an. Sie ist allerdings nie im freien Zustande angetroffen worden, aber andere Vertreter dieser Art kommen in der Natur vor (Chlorogensäure, viele Flechtensäuren). Sie sind jedoch kaum mehr als Gerbstoffe anzusehen.

[1] Ber. **45**, 919 (1912); Dps 269.

Alle diese Naturstoffe lassen sich als Ester durch hydrolytische Mittel in einfache Bausteine zerlegen. Das gleiche Verhalten zeigen *glycosidartige Gerbstoffe*. In der schon erwähnten Chebulinsäure liegt das Glucosid[1] einer Phenolcarbonsäure vor, das außerdem noch Gallussäure in Esterbindung enthält.

2. Ellagsäuregruppe.

Zahlreiche Gerbstoffe enthalten Ellagsäure, ein Oxydationsprodukt der Gallussäure. In vielen Fällen ist diese Säure mit Zucker verbunden; manche dieser „Ellagengerbstoffe“ scheinen den Gallotanninen nahe zu stehen.

3. Gruppe des Eichengerbstoffs.

Von vielen natürlichen Gerbstoffen ist unbekannt, ob sie einer der Gruppen 1 und 2 angehören oder einen neuen Typus darstellen. Ihre Untersuchung ist zumeist sehr schwierig und über die ersten Ansätze noch nicht hinausgelangt. Neuerdings hat L. Reichel[2] krystallisierte Derivate des Gerbstoffs aus Eichen-, Linden- und Rosenblättern gewonnen. Diese Gerbstoffe enthalten Carboxylgruppen; sie sind sehr empfindlich und gehören vielleicht den kondensierten und hydrolysierbaren Gerbstoffen zugleich an.

4. Catechingruppe.

Alle ester- und glucosidartigen Gerbstoffe lassen sich als *hydrolisierbare Gerbstoffe* einer zweiten Klasse gegenüberstellen, den nicht hydrolysierbaren oder *kondensierten Gerbstoffen*, deren wichtigste der Catechingruppe angehören.

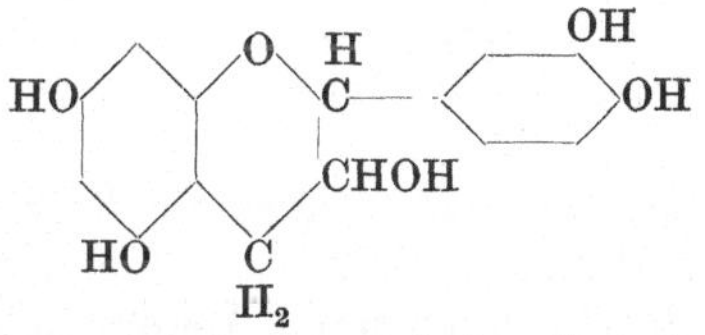

Catechin ist krystallisiert und besitzt die nebenstehende Formel.

HO, O, H, C, OH, OH, CHOH, HO, C, H_2

Gerbstoffeigenschaften sind vorhanden, aber nicht sehr stark entwickelt. Durch einen Kondensationsvorgang geht es über in den amorphen Catechugerbstoff, der ein höheres Molekulargewicht besitzt und als typischer Gerbstoff anzusehen ist. Aus keiner der beiden Substanzen kann durch milde hydrolytische Aufspaltung ein einfacher Baustein erhalten werden, weil dem Molekül ein zusammenhängendes Kohlenstoffgerüst zugrunde liegt. Erst energische Mittel, wie die Kalischmelze, vermögen die Verbindungen zu zertrümmern.

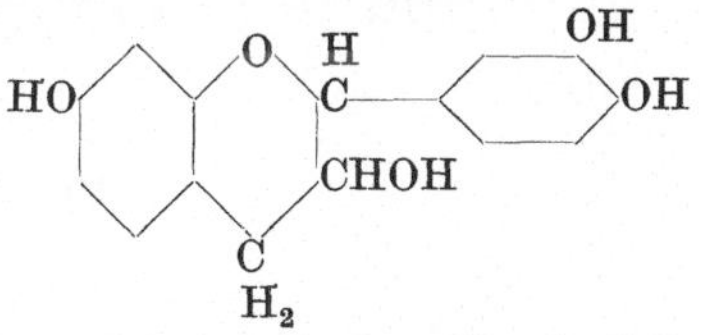

Der Catechugerbstoff sowie das in mehreren stereoisomeren Formen vorkommende Catechin sind sehr verbreitet. Der Quebrachogerbstoff ist wahrscheinlich als das Kondensat eines hydroxylärmeren Catechins der nebenstehenden Formel

HO, O, H, C, OH, OH, CHOH, C, H_2

anzusehen. Es besteht kein Zweifel, daß sehr viele natürliche Gerbstoffe ähnlich zu erklären sind. Statt des Brenzcatechinrestes kommt auch der des Pyrogallols vor.

Auch dieser Klasse können einfachere Typen angeschlossen werden, wie beispielsweise das Maclurin, ein Pentaoxy-benzophenon.

b) Pflanzenchemische Zusammenhänge.

Bekanntlich stehen Zucker und Phenole in einem offensichtlichen, unmittelbaren Zusammenhang. Pyrogallol und Phloroglucin können aus Inosit, dem Isomeren der Glucose, durch Verlust von 3 Molekülen Wasser entstanden sein;

[1] Glycoside sind Halbacetale der Zucker mit Alkoholen, Phenolen oder deren Derivaten, Glucoside sind ebensolche Verbindungen der Glucose. Die Gallotannine sind weder Glycoside noch Glucoside, sondern Ester, in denen der Zucker als mehrwertiger Alkohol figuriert.

[2] Naturwissenschaften 18, 925 (1930).

die Bildung von Gallussäure aus Pyrogallol kann durch Kondensation mit Kohlendioxyd gedacht werden. Vielleicht geht jedoch der Aufbau des Kohlenstoffgerüsts (z. B. zur Chinasäure oder ähnlichen Verbindungen) der Dehydratisierung zur Phenolcarbonsäure voraus. Diese Phenole und Phenolcarbonsäuren dürften Nebenprodukte der Veratmung des Zuckers sein; sie entstehen tatsächlich an Stellen gesteigerter Lebenstätigkeit, vorzugsweise im Blatt. Ihre Anhäufung im Molekül der Gallotannine kann einer Entgiftung gleichkommen oder ihre Beseitigung aus dem Zellsaft bezwecken, da ihre Fähigkeit zur Adsorption und Koagulation (vgl. E. F. LLOYD[1]) hierdurch gefördert wird. Durch Esterasen (Tannase) können die Gallotannine in diffusionsfähige Bruchstücke gespalten und an anderer Stelle wieder aufgebaut werden. Die Pflanze scheint sie mit Vorliebe dem schwammigen Gewebe der Gallen zuzuweisen und sie auf diese Art aus dem Wege zu schaffen. Auch Rinde und Holz dienen als Ablagerungsstätten. Ein Anteil am Aufbau der Holzsubstanz (Cellulose oder Lignin) kann ihnen nicht zugeschrieben werden.

Welcher Art die physiologische Bedeutung (J. DEKKER[2], E. F. LLOYD[1]) der Gerbstoffe auch sein mag, so viel steht fest, daß diese Frage von Substanz zu Substanz gesondert behandelt werden muß und eine einheitliche Lösung nicht gesucht werden kann. Dies wird in der Catechingruppe besonders deutlich.

Zunächst fällt auf, daß diese Stoffe der C_{15}-Gruppe angehören, die offenbar vom Zucker aus auf verschiedenen Wegen erreicht werden kann. Der eine führt über Isopren zu zahllosen Verbindungen mit dieser Kohlenstoffzahl; im Falle der Catechine liegt es jedoch nahe, einen kürzeren Weg vom Zucker her zu suchen in der Annahme, daß die aromatischen und aliphatischen Hydroxyle dieser Gruppe noch ursprüngliche Zuckerhydroxyle sind. Dies vorausgesetzt, könnten 2 Hexosen die beiden Phenolkerne und eine Triose die zwischen beiden liegende Brücke aufbauen. Wahrscheinlicher ist jedoch, daß aus einem Phenolaldehyd

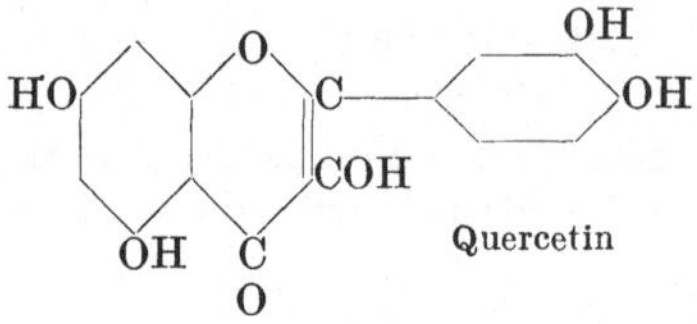

Quercetin

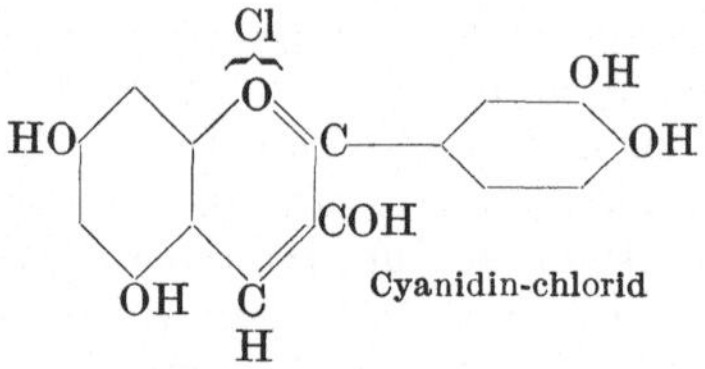

Cyanidin-chlorid

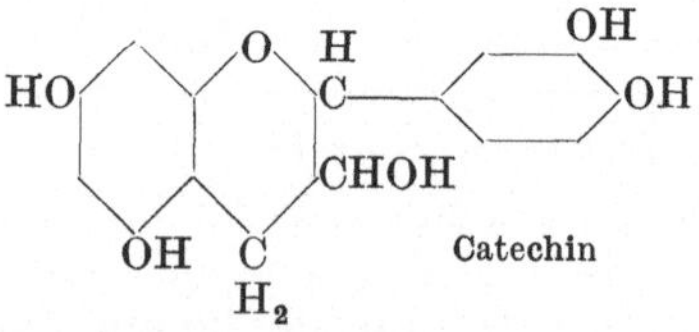

Catechin

mit Acetaldehyd zunächst ein Zimtaldehyd aufgebaut wird und dieser erst weiter mit dem nächsten Phenol zusammentritt. Dieses zweite Phenol ist fast immer Phloroglucin, seltener Resorcin oder Oxyphloroglucin. Die unmittelbare Herkunft, des Phloroglucins wenigstens, von den Hexosen ist schon von A. BAEYER vermutet worden[3]. Dagegen ist es nicht unmöglich, daß die Oxyaldehyde die ursprüngliche Aldehydgruppe der Hexosen tragen, die durch ein zwischen C-Atom 2 und 6 sich einschiebendes Molekül Formaldehyd zum Ring geschlossen werden.

[1] Trans. Proc. Roy. Soc. Canada, Sect. 5, Ser. 3 **16**, 1 (1922).

[2] Rec. Trav. Bot. Neerl. **14** (1917).

[3] Noch näher stehen den Phenolen die Inosite, die möglicherweise bei der Bildung der Methylpentosen eine Rolle spielen (K. FREUDENBERG u. K. RASCHIG: B. **63**, 373 [1929]).

Kondensation des Phenolaldehyds mit Acetaldehyd führt zu den Zimtaldehyden, die leicht Zimtsäuren bilden. Sie dürften sich zunächst mit den Phenolhydroxylen des Phloroglucins usw. zu Acetalen, bzw. Estern verbinden. Tatsächlich ist ein solcher Oxyzimtsäureester angetroffen worden[1].

Die Wanderung des Aldehyds oder der Säure in den Kern ist eine geläufige Vorstellung. Damit wäre das Gerüst des α, γ-Diphenylpropans, das fast ausnahmslos diesen Stoffen zugrunde liegt, aufgebaut. Zugleich ist damit ein Anschluß gewonnen an die zahlreichen Derivate der Zimtalkohole, -aldehyde und -säuren von Coniferylalkohol über die Cumarine bis zum Curcumin, das als ein Kondensationsprodukt eines Zimtaldehyds mit Aceton anzusehen ist. Auch zum Lignin öffnet sich über den Coniferylalkohol eine Beziehung.

Mit den Flavonfarbstoffen und Anthocyanidinen stehen die Catechine in einem unmittelbaren Zusammenhang, der durch die Übergänge von Quercetin zum Cyanidin und weiter zum Catechin im Reagensglase verwirklicht worden ist.

Es fragt sich nun, ob die zahllosen amorphen kondensierten Gerbstoffe in ähnlicher Beziehung zu den Flavonen und Anthocyanidinen stehen wie die Catechine. Seit langem ist festgestellt, daß Catechin mit großer Leichtigkeit in amorphe Kondensationsprodukte (Catechugerbstoff und Catechurot) verwandelt wird. Liegt auch umgekehrt den amorphen Stoffen von der Art des Quebrachogerbstoffs und Quebrachorots oder des Roßkastanien- und Pistaziengerbstoffs ein niedermolekulares Catechin zugrunde, das durch Kondensation diese amorphen Substanzen bildet?

Die Frage ist in vielen Fällen zweifellos zu bejahen, auch wenn das zu erwartende Catechin nur in einzelnen Fällen gefunden ist.

Zunächst ist zu beachten, daß diese hochmolekularen Stoffe zumeist in Rinde und Holz abgelagert sind, wo sie unmöglich entstanden sein können. Wenn, wie man allgemein annimmt, gerbstoffartige Substanzen im Blatt synthetisiert werden, so können sie zunächst noch nicht hochmolekular sein, denn sie wandern durch die Membran an den Ort ihrer Ablagerung. Es ist sehr gut vorstellbar, daß Catechine im Blatt entstehen, als solche wandern und erst an der Ablagerungsstelle, wahrscheinlich postmortal, kondensiert werden. Somit ergibt sich aus physiologischen Überlegungen geradezu die Notwendigkeit, molekulardisperse Vorstufen, also Catechine, anzunehmen. Setzt man dies als richtig voraus, so kann man für diese Catechine die entsprechende Konstitution wie für die amorphen Gerbstoffe dieser Klasse annehmen. Ein weiteres Argument für diese Zusammengehörigkeit erblickt man in den bei der Kalischmelze aus Catechinen und kondensierten Gerbstoffen zutage tretenden Phenolen und Phenolcarbonsäuren. Diese sind einerseits Phloroglucin (nur im Falle des Quebrachogerbstoffs Resorcin), andererseits hauptsächlich Protocatechusäure, seltener Gallussäure, in einem Fall (Cyanomaclurin) β-Resorcylsäure. Es fällt auf den ersten Blick auf, daß genau dieselben Spaltstücke, sogar im großen und ganzen mit derselben Häufigkeit, bei den Flavanonen, Anthocyanidinen, Flavonen und insbesondere den Flavonolen vorkommen (s. Tabelle).

Der dritte und vielleicht anschaulichste Hinweis auf die Zulässigkeit unserer Vorstellung ist der Umstand, daß in sehr vielen Fällen Catechine und die zugehörigen Gerbstoffe, die wir jetzt Catechingerbstoffe nennen wollen, mit den zugehörigen Flavonolen vergesellschaftet sind. So finden sich nebeneinander Cyanomaclurin mit Morin; Catechin sowie Roßkastaniengerbstoff mit Quercetin, Quebrachogerbstoff mit Fisetin, Pistaziagerbstoff mit Myricetin.

---

[1] P. KARRER u. R. WIDMER: Helv. Chim. acta **10**, 67 (1927); **11**, 837 (1927); **12**, 292 (1929).

Diese Betrachtung hat vor 12 Jahren zur Revision der Catechinformel von KOSTANECKI Anlaß gegeben und wurde bestätigt durch die Feststellung, daß Catechin unmittelbar mit Cyanidin und Quercetin verwandt ist. Es darf mit einiger Wahrscheinlichkeit gefolgert werden, daß dem Quebrachogerbstoff das S. 5 wiedergegebene, dem Fisetin (S. 64) verwandte Quebrachocatechin zugrunde liegt. In der folgenden Tabelle sind die verschiedenen Typen nebeneinander gestellt. Die vielen Methyläther sind nicht berücksichtigt.

In der 1. Spalte sind die Formeln der einzelnen, in derselben Spalte bezeichneten Klassen unter Weglassung der phenolischen Hydroxyle wiedergegeben. Es zeigt sich, daß der Unterschied der Körperklassen auf der Oxydationsstufe der drei zwischen den Benzolkernen liegenden Kohlenstoffatome beruht. In der Spalte „Schema“ sind diese drei Atome herausgesondert, ihre Oxydationsstufe wird anschaulich gemacht durch Aufrichtung der Doppelbindungen und Sprengung der Sauerstoffbrücken durch Wasseranlagerung. Die Zahl der so untergebrachten Sauerstoffatome ist ein Ausdruck für die Oxydationsstoffe, die in der gleichen Spalte mitgeteilt ist. Die beiden ersten Klassen, Hydrochalkone und Catechine nebst Catechingerbstoffen, sind farblos, während Flavanone, Anthocyanidine (als Salze), Flavone und Flavonole gefärbt sind. Die nächste Spalte (3) gibt an, als welches Phenol der Ring 1 in den Formeln der Grundkörper auftritt. Wir stellen als häufigsten Vertreter Phloroglucin fest, das in einzelnen Fällen durch Resorcin, seltener durch Oxyphloroglucin vertreten ist. Die Sammelspalte (4) führt die bei der Kalischmelze aus dem Ring II entstehende Phenolcarbonsäure an. Hier herrscht Protocatechusäure durchaus vor, ihr folgt in der Häufigkeit p-Oxybenzoesäure (seltener Salicylsäure), Gallussäure, β-Resorcylsäure und schließlich Benzoesäure selbst. Es zeigt sich, daß die Klasse „Catechine und Catechingerbstoffe“ als geschlossene Einheit vorzüglich in diesen Rahmen paßt[1].

Selbstverständlich ist das Problem der Entstehung und der physiologischen Rolle der Catechine und ihrer Gerbstoffe ein ganz anderes als bei den Gallotanninen. Es muß zusammen mit den verwandten Pigmenten behandelt werden. Nachdem man diesen eine Rolle bei der Atmung zugeschrieben hat, wird man die Catechine einbeziehen müssen, was die Wahrscheinlichkeit dieser Hypothese nicht erhöht.

c) Verhalten in Lösung.

Wasser. Schon in den einführenden Worten ist angedeutet worden, daß die Gerbstoffe besondere Eigentümlichkeiten der Löslichkeit, des Krystallisationsvermögens und der Hydratbildung zeigen. Die in Wasser kolloid gelösten amorphen Gerbstoffe sind in ihrer häufig nicht realisierbaren, krystallinischen Form als schwer löslich anzusehen.

In einzelnen Fällen läßt sich ein und derselbe Gerbstoff krystallisiert oder amorph erhalten. Die in kaltem Wasser nahezu unlösliche Digalloyl-glucose löst sich, sobald sie ihres Krystallwassers beraubt ist, in kaltem Wasser spielend auf und krystallisiert dann langsam aus. Auch krystallisiertes Catechin verhält sich ähnlich.

Die Gerbstoffe sind in hohem Maße befähigt, wesensähnliche, amorphe Substanzen, auch wenn diese schwer- oder unlöslich sind, in Lösung zu bringen oder zu halten. Solche

---

[1] Auf den wahrscheinlichen Zusammenhang von Catechinen und Gerbstoffen mit Flavonolen haben A. G. PERKIN u. YOSHITAKE: Journ. Chem. Soc. **81**, 1160 (1902) aufmerksam gemacht. Bewiesen wurde er 1920 (K. FREUDENBERG: B. **53**, 1416 [1920]). — K. FREUDENBERG: Chemie der nat. Gerbstoffe. Berlin 1920. — Vgl. K. FREUDENBERG: Festschr. z. Hundertjahrfeier d. Techn. Hochschule Karlsruhe **1925**, 476.

I	II	III	IV					
			Phenolcarbonsäure-Komponente (Ring II)					
Klasse	Schema; Oxydationsstufe	Phenol-Komponente (Ring I)	Benzoesäure	Salicylsäure	p-Oxybenzoesäure	Resorcylsäure	Protocatechusäure	Gallussäure
I. OH CH_2 · II CH_2 C O Hydrochalkon	C · H · H C · H · H C · OH · OH 2	Phloroglucin			Phloretin			
I O CH · II CHOH C H_2 Catechin u. Catechingerbstoff	C · H · OH C · H · OH C · H · H 2	Resorcin Phloroglucin				Cyanomaclu-rin (?)	Quebrachogerbstoff Catechin, Catechugerbstoff Roßkastaniengerbstoff und viele andere	Maletto-, Pistaciagerbstoff etc.
I O CH · II CH_2 C O Flavanon	C · H · OH C · H · H C · OH · OH 3	Resorcin Phloroglucin		Citronellin	Naringenin		Butin Eriodictyol	
I O COH · II COH C H Anthocyanidin	C · OH · OH C · OH · OH C · H · H 4	Resorcin Phloroglucin			Pelargonidin		(Fisetinidin, synthetisch) Cyanidin	Delphinidin
I O C · II CH C O Flavon	C · H · OH C · H · OH C · OH · OH 4	Resorcin Phloroglucin Oxy-Phloroglucin Oxy-Hydrochinon	Chrysin Baicalein Primetin		Pratol Apigenin Scutellarein	Lotoflavin	Luteolin	
I O C · II COH C O Flavonol	C · H · OH C · OH · OH C · OH · OH 5	Resorcin Phloroglucin Oxy-Phloroglucin	Galangin	Datiscein	Kämpferol	Morin	Fisetin Quercetin Gossypetin, Quercagetin	Myricetin

Stoffe sind die massenhaft in der Natur verbreiteten Gerbstoffrote oder Phlobaphene oder ähnlichen Produkte, welche die Gerbstoffe fast stets begleiten. Sie verhalten sich in kolloidchemischer Hinsicht anders als die löslichen Gerbstoffe, denn sie können für sich allein, trotz ihrer stets amorphen Beschaffenheit, nicht oder nur in geringem Maße in wäßrige Lösung gebracht werden und kommen den irresolublen, aber peptisierbaren Kolloiden nahe, vielleicht auch darin, daß die Größe ihrer Primärteilchen sich nicht nach der Konzentration usw. einstellt. Erschwert wird die Unterscheidung der beiden Arten aber dadurch, daß die Mischungen selten gänzlich getrennt werden können, und daß ferner alle denkbaren Übergänge zwischen ihnen vorkommen.

Elektrolyte. Elektrolyte, d. h. Säuren und Mineralsalze — Alkalien müssen wegen ihrer Salzbildung mit den Gerbstoffen aus dieser Betrachtung ausscheiden — fällen die Gerbstoffe aus ihrer wäßrigen Lösung mehr oder weniger vollständig.

Von Mineralsalzen dient hauptsächlich Natriumchlorid zum Aussalzen der Gerbstoffe.

Adsorbierende Mittel. Tierkohle und Baumwolle nehmen reichliche Mengen von Gerbstoffen auf. Geraspelte Haut bindet vorwiegend die lederbildenden, als Gerbstoffe im technischen Sinne zu bezeichnenden Phenolderivate. Aber auch Gallussäure wird durch Hautpulver in erheblichem Maße aufgenommen. Besonders eignet sich feinverteilte Tonerde (wie „gewachsene Tonerde" nach H. Wislicenus, käuflich bei E. Merck), wenn Gerbstoffe aus einer Lösung entfernt werden sollen. Die Tonerde nimmt aber auch einfachere Phenolderivate, z. B. Gallussäure, auf. Die Adsorptionsverbindungen werden durch Wasser nicht oder mangelhaft zerlegt. Organische Lösungsmittel, z. B. Aceton, wirken gelegentlich günstiger. Stiasny hat jedoch gezeigt, daß Tonerde auch aus Eisessiglösung erhebliche Mengen Gallotannin und Quebrachogerbstoff aufnimmt. Alkohol löst aus der Leim-Gallotanninfällung fast den ganzen Gerbstoff heraus.

Molekulargewicht. Obwohl Gallussäure (E. Paterno u. S. Salimei[1]) selbst sowie der einfachste Vertreter der Gallotannine, die l-Galloyl-glucose, in gefrierendem Wasser eine ihrem Molekulargewicht entsprechende Depression ergeben, kann dieses Verfahren auf die Gerbstoffe nicht angewendet werden. Die krystallinen sind im Wasser zu schwer löslich, die amorphen bilden kolloide Lösungen, die sich häufig bereits bei 0^0 trüben. Günstiger ist Eisessig. Maclurin und Catechin geben normale Depressionen. Für die krystallisierte Chebulinsäure wurde von K. Freudenberg und Th. Frank[2] 895 statt 958 gefunden. Für Gallotannin fanden E. Paterno und S. Salimei bei Konzentrationen zwischen 1 und 12 % den Durchschnittswert 1460 (statt ca. 1550), dem ich mehr reale Bedeutung zusprechen möchte, als die italienischen Autoren es tun. Allerdings werden bei kleinen Konzentrationen die Störungen stark ins Gewicht fallen, die auf die Verzögerung der Krystallisation zurückzuführen sind. Recht geeignet scheint Bernsteinsäuredimethylester zu sein, der mit Tannin zutreffende Werte ergab (1690—1793; K. Freudenberg, siehe Langenbeck[3]). Für Chebulinsäure wurde 855 statt 958 gefunden. Im ganzen dürfte jedoch die Molekulargewichtsbestimmung in siedenden Flüssigkeiten bei amorphen Gerbstoffen zuverlässiger sein. Die krystallisierte Digalloyl-glucose aus Chebulinsäure ergab genaue Werte (475 statt 484) (K. Freudenberg und Br. Fick[4]), weniger gute die Chebulinsäure selbst (788 statt 958). Für Gallotannin fand L. Iljin[5] 1512 statt ca. 1550. Im Dialysierversuch fand Brintzinger 1780[6].

Bei der Chebulinsäure, die ein freies Carboxyl enthält, gelang bei Einhaltung bestimmter Bedingungen eine scharfe acidimetrische Bestimmung des Molekulargewichts (962 statt 958); auch die elektrometrische Titration führte zu einem brauchbaren Werte (977) (K. Freudenberg und Th. Frank[7]). Gallussäure läßt sich auf die gleiche Weise scharf titrieren.

Für die Bereitstellung der Substanzen zur Molekulargewichtsbestimmung gelten dieselben Regeln wie für die Elementaranalyse. Insbesondere müssen amorphe Gerbstoffe auf die dort beschriebene Weise von organischen Lösungsmitteln befreit werden.

Viele Gerbstoffe lassen sich wie die einfachen Phenole aus der mit Alkali neutralisierten wäßrigen Lösung durch organische Lösungsmittel ausschütteln. Auf dieses Verfahren gründet sich die Reindarstellung der Galläpfeltannine und des Hamamelitannins. Andere Gerbstoffe, z. B. Chebulinsäure, werden unter diesen Umständen nicht an den Essigäther abgegeben, obwohl die Säure an und für sich darin löslich ist. Dieses Verhalten wird durch die Anwesenheit einer freien Carboxylgruppe erklärt. Auch das Verhalten gegen Bicarbonat- und Natriumacetatlösung kann zur Beurteilung der Frage, ob eine freie Carboxylgruppe vorliegt oder nicht, herangezogen werden (Chebulinsäure).

---

[1] Kolloid-Ztschr. **13**, 81 (1913). [2] Ann. **452**, 303 (1927).

[3] Langenbeck, W.: Abderhaldens Biochemisches Handlexikon XI, Erg.-Bd. **4**, 477 (1924).

[4] Ber. **53**, 1728 (1920). [5] Journ. f. prakt. Ch. **82**, 420 (1910).

[6] Ber. **65**, 989 (1932). [7] Ann. **452**, 303 (1927).

d) Fällungs- und Farbreaktionen.

Niederschläge mit Sauerstoffverbindungen. So wie die einfachen Phenole mit Äthern, Aldehyden und Ketonen, Säuren und Estern zahlreiche Additionsverbindungen bilden (P. Pfeiffer[1] und K. Freudenberg[2]), vermögen auch die komplizierten Phenole und Gerbstoffe mannigfaltige, zum Teil schwer lösliche Niederschläge mit Äthern und Carbonylverbindungen zu bilden.

In wäßriger Lösung geben mit Gallotannin starke Fällungen: Zimtaldehyd, Salicylaldehyd-methyläther, Vanillin, Veratrumaldehyd, Acetoveratron, Dimethylpyron, Hendekamethyl-cellotriose, Tetradekamethyl-cellotetraose.

Bekannt ist ferner die Eigentümlichkeit alkoholisch-wäßriger Gallotanninlösungen, auf Zusatz von Äther 3 Schichten zu bilden. Die Erscheinung läßt auf eine Oxoniumverbindung des Gerbstoffes mit dem Äther schließen. Auch Stärke und Inulin werden von Tannin niedergeschlagen. Auch die Tanninbeize der Baumwolle, ferner die Gerbstoffinklusen der Pflanze, Adsorptionsverbindungen von Gerbstoff mit Kohlenhydraten, sind hier zu nennen. Andeutungen über natürliche Verbindungen von Anthocyanen mit Gerbstoff finden sich bei R. Willstätter und E. Zollinger[3]). Auch viele Glucoside und Enzyme werden gefällt.

Niederschläge mit Aminen. Phenole bilden mit Aminen der verschiedensten Art — vom Ammoniak bis zu den Alkaloiden — definierte, zum Teil schwer lösliche Additionsverbindungen (P. Pfeiffer[4], K. Freudenberg[5]), insbesondere dann, wenn eine der Komponenten an sich bereits schwer löslich ist. Zu den schwer löslichen Phenolen sind die Gerbstoffe zu zählen — der kolloide Zustand, in dem sie sich meistens befinden, täuscht ihre Löslichkeit nur vor. Durch Ammoniumcarbonat werden zahlreiche Gerbstoffe gefällt. Pyridin, Chinolin und Antipyrin geben in verdünnter wäßriger Lösung Niederschläge. In der Natur findet sich das chlorogensaure Kalium-Coffein, das zur Isolierung der Chlorogensäure dient. Catechin kommt in Verbindung mit Coffein in der Natur vor. Mit Alkaloiden aller Art, sowie basischen Farbstoffen bilden die Gerbstoffe schwer lösliche Niederschläge. Die Verbindung von Catechin und Brucin oder Coffein krystallisiert.

Niederschläge mit Amiden. Die Phenole bilden mit vielen Säureamiden Additionsverbindungen, die zwischen den Oxonium- und Ammoniumverbindungen eine mittlere Stellung einnehmen. Im allgemeinen werden die Säureamide den Oxoniumbasen zugerechnet. Von Acetamid, Harnstoff sind zahlreiche Phenolverbindungen bekannt (Übersicht: P. Pfeiffer[6]). Als schwerlösliche Phenole zeigen viele Gerbstoffe die gleiche Eigenschaft. So gibt eine konzentrierte wäßrige Lösung von symmetrischem Diäthylharnstoff bei 0° eine milchige Fällung mit einer verdünnten, noch bei 0° klaren Lösung von Gallotannin. Erwärmt man Asparagin in einer solchen Tanninlösung und kühlt auf 0° ab, so bildet sich ein klebriger Niederschlag. Viel stärker sind die entsprechenden Fällungen mit Benzamid und Phenoxyacetamid.

Leimfällung. In den vorhergehenden Abschnitten wurde gezeigt, daß die Gerbstoffe mit Aminen und Amiden — von den einfachsten Typen bis zu den

[1] Organische Molekülverbindungen, S. 253. Stuttgart 1922.
[2] Collegium **1921**, 353. [3] Ann. **412**, 165 (1916).
[4] Organische Molekulverbindungen, S. 253, Stuttgart 1922.
[5] Collegium **1921**, 353.
[6] a. a. O.; Gallussäuremethylester und Diketopiperazin: K. Freudenberg in Houben-Weyl, 2. Aufl., **3**, 761. 1923; andere Phenole und Diketopiperazin: Powarnin u. Tichomirow: Collegium **1924**, 158

komplizierten — Additionsverbindungen liefern, die sich zum Teil durch die Bildung schwer löslicher Niederschläge äußern. Daraus ist zu entnehmen, daß die Reaktion zwischen Gerbstoff und Eiweiß in nichts anderem besteht als der Bildung solcher Additionsverbindungen zwischen dem phenolartigen Gerbstoff und den Amino-, besonders aber den Amidogruppen des Eiweißmoleküls. Diese Feststellung wird durch die Tatsache bekräftigt, daß bereits Phenol selbst mit Gelatinelösung einen Niederschlag bildet[1]. Auch Pikrinsäure, Gallussäuremethylester und Protocatechualdehyd erzeugen eine Fällung, wenn man eine kleine Probe der Substanz in einer halbprozentigen Gelatinelösung heiß aufnimmt und abkühlt. Unter diesen Umständen geben auch Pyrogallolcarbonsäure, Salicylsäure, Kaffeesäure und p-Oxybenzaldehyd eine opalisierende Trübung, bevor sie auskrystallisieren. Digallussäure und Diprotocatechusäure fällen Leim stark. Gallussäure erzeugt nur in konzentrierter Lösung eine Fällung: wird eine kleine Probe mit einer 10proz. Gelatinelösung übergossen, heiß gelöst und abgekühlt, so entsteht eine dicke, weiße, zähe Abscheidung.

p-Oxybenzoesäure, Protocatechusäure, Pyrogallolcarbonsäure und Chlorogensäure verhalten sich ebenso, während Chinasäure und Phloroglucin diese Erscheinung nicht zeigen. In Gegenwart von Kochsalz werden Gallussäure und Chlorogensäure schon von verdünnter Leimlösung gefällt. Auch wenn Gummi arabicum der Gallussäure beigemengt ist, das für sich allein ebensowenig wie Gallussäure einen Niederschlag mit verdünnter Leimlösung bildet, tritt Leimfällung ein. Mit dieser Erscheinung hängt wohl die Tatsache zusammen, daß das Gemisch von Caramel und Tannin von Hautpulver stärker adsorbiert wird als beide einzeln zusammengerechnet. Auch die oft hochmolekularen Zersetzungs- und Umwandlungsprodukte, die jedem Rohgerbstoff beigemengt sind, können die Leimreaktion verursachen und dahin führen, daß die Fähigkeit, Leim niederzuschlagen, Stoffen zuerkannt wird, die sie an sich nicht besitzen. So hat sich herausgestellt, daß die Leimfällung der vermeintlichen Kaffeegerbsäure von beigemengten Zersetzungsprodukten herrührt (GORTER[2]).

Die Leimfällung der Gerbstoffe läßt sich demnach in der Eiweißkomponente bis hinab zu den einfachen Aminen und Amiden, in der Gerbstoffkomponente bis zu den einfachen Phenolen verfolgen.

Die chemische Wechselwirkung zwischen Eiweiß und Gerbstoff beruht auf denselben Molekularkräften, die die Vereinigung einfachster Amine und Amide mit Phenolen bewirken. Diese Kräfte äußern sich in der Bildung von Niederschlägen, wenn eine der Komponenten oder gar beide in Wasser schwer löslich sind. Der letztere Grenzfall ist sowohl bei den Proteinen wie den Gerbstoffen gegeben, die beide an sich in Wasser äußerst schwer löslich sind, aber in übersättigter kolloider Lösung vorliegen. In diesem Falle überlagert sich der Reaktion von Molekül zu Molekül die entsprechende von Kolloidteilchen zu Kolloidteilchen. Die Ausflockung der kolloiden Reaktionsteilnehmer wird häufig den Anfang machen; wie weit das Durchreagieren von Molekül zu Molekül nachfolgt, wird von den Bedingungen abhängen. Bei der Lederbildung kommt meistens eine dritte Reaktionsstufe hinzu. Die erste besteht in der gegenseitigen Ausfällung von Gerbstoff und Collagen an der Oberfläche der Faser. Die zweite in dem Eindringen des Gerbstoffs durch die nunmehr permeable gegerbte Schicht der Faser, bis diese durchreagiert hat; die dritte Stufe ist bei zahlreichen Gerbstoffen die irreversible Fixierung des Gerbstoffs, der durch Oxydation und Kondensation völlig unlöslich wird.

---

[1] Andere leimfällende Phenole: MEUNIER u. SEYEWETZ: Collegium **1908**, 193, 313

[2] Ann Jard. Bot. Buitenzorg (2) **8**, 69 (1909).

Die Fällungsreaktion mit Leimlösung ist das herkömmliche Kennzeichen der Gerbstoffe. Eine halbprozentige Gelatinelösung, die durch etwas Chloroform vor Schimmelbildung geschützt ist, wird vor dem Gebrauche verflüssigt und auf Zimmertemperatur abgekühlt. Dazu wird die gleiche Menge einer halbprozentigen wäßrigen Lösung des zu prüfenden Stoffes gegeben. Bleibt die Fällung bei gewöhnlicher Temperatur aus, so kann sie dennoch bei 0° eintreten oder die Probe muß mit einer stärkeren Gerbstofflösung wiederholt werden. Dabei soll die Menge des angewendeten Gerbstoffs im allgemeinen nicht hinter dem Gehalt an Gelatine zurückbleiben. Um den im Wasser nahezu unlöslichen Tetragalloyl-erythrit auf Leimfällung zu prüfen, haben E. Fischer und M. Bergmann[1] die wäßrig-alkoholische Lösung des Gerbstoffs mit Gelatinelösung versetzt.

Die Fällbarkeit des Tannins durch Gelatine nimmt mit dem Aschengehalt der letzteren ab. Deshalb fällen Gelatinepräparate verschiedener Darstellung ungleiche Tanninmengen. Die Leimfällung ist in heißem Wasser etwas löslich. Infolgedessen wird daraus durch anhaltendes Kochen mit viel Bleicarbonat ein Teil des Leims in Freiheit gesetzt. Alkohol löst aus der Leimtanninfällung fast den ganzen Gerbstoff heraus. Zur Theorie der Gerbung: H. G. Bungenberg de Jong[2].

Metallsalze. Als mehrwertige Phenole lassen sich die Gerbstoffe durch zahlreiche Metalle niederschlagen. Die Natriumsalze sind im allgemeinen leicht löslich. Durch Ammonium- oder Kaliumcarbonat werden dagegen zahlreiche Gerbstoffe gefällt. Am besten werden die Kaliumsalze — allerdings häufig acetathaltig — durch Fällen der alkoholischen Gerbstofflösung mit alkoholischem Kaliumacetat bereitet[3]. Diese Reaktion hat gleichfalls präparative Bedeutung erlangt, da sich viele dieser Salze in warmem Wasser lösen, um in der Kälte wieder auszufallen. Catechin wird von alkoholischem Kaliumacetat nicht gefällt.

Die übrigen Metalle bilden Niederschläge, die meistens nahezu unlöslich sind. Wenn der Gerbstoff eine Carboxylgruppe enthält, so tritt häufig die Fällung erst ein, nachdem das Carboxyl abgesättigt ist. Die amorphen Metallsalze der Gerbstoffe sind in ungezählten Fällen analysiert worden, ohne daß damit die Gerbstoffchemie um eine wesentliche Erkenntnis bereichert worden wäre. Die Niederschläge sind gewöhnlich nicht nach stöchiometrischen Verhältnissen zusammengesetzt.

Die Erdalkalihydroxyde geben starke, meist gefärbte Fällungen, die sich gewöhnlich an der Luft oxydieren. Catechin wird durch Bariumhydroxyd nicht gefällt. Von den übrigen Metallfällungen haben vornehmlich die des Bleis präparative Bedeutung erlangt. Das Metall kommt in Form seiner Acetate zur Verwendung. Die Bleisalze bilden voluminöse, flockige Niederschläge und sind in Essigsäure mehr oder weniger löslich. Von verdünnter Essigsäure werden die Bleisalze der kondensierten Gerbstoffe leichter gelöst als die der Gallusgerbstoffe.

Da bei der Fällung, auch wenn basisches Acetat verwendet wird, stets Essigsäure in Freiheit tritt, bleibt die Ausfällung häufig unvollständig. Es ist dann nötig, die frei werdende Essigsäure durch Kochen mit Bleicarbonat abzustumpfen. Kochen mit Bleicarbonat allein, auch wenn es frisch gefällt ist, führt nicht sicher bis zur völligen Entgerbung, d. h. bis zum Verschwinden der Eisenchloridreaktion im Filtrat. Die Unterschiede in der Anwendung von neutralem und basischem Bleiacetat werden in einem späteren Abschnitte auseinandergesetzt.

---

[1] Ber. **52**, 829 (1919); Dps 395.

[2] Rec. trav. chim. Pays-Bas **42**, 1, 437 (1923); **43**, 35 (1924); Journ. Amer. Leather Chem. Assoc. **19**, 14 (1924).

[3] Perkin, A. G.: Journ. Chem. Soc. **75**, 433 (1899); Weinland, R. F. und W. Denzel, Ber. **47**, 2244 (1914).

Wenn nur die Entfernung, nicht die Wiedergewinnung der Gerbstoffe bezweckt ist, eignet sich Tonerde.

Brechweinsteinlösung fällt viele Gerbstoffe. FEHLINGsche Lösung wird reduziert. Soll eine Gerbstofflösung auf Zucker geprüft werden, so muß vorher aller Gerbstoff bis zum Verschwinden der Eisenfärbung entfernt sein.

Farbenreaktionen mit Metallen. Alkalische Gerbstofflösungen sind stets gelb oder braun gefärbt. Meistens verstärkt sich die Farbe durch Oxydation an der Luft zu Braunschwarz oder Dunkelgrün. Die Hydroxyde der Erdalkalimetalle erzeugen bräunliche, blaue, grüne oder rote Fällungen.

Charakteristischer sind jedoch die Farbenreaktionen mit Ferrisalzen. Die reinsten Farben werden in Alkohol erhalten. Liegt ein Pyrogallolderivat vor, so genügt es, einige Milligramme in 10 cm^3 Alkohol zu lösen und sehr vorsichtig verdünnteste alkoholische Eisenchloridlösung zuzusetzen. Die Färbung ist rein kornblumenblau. Ein Überschuß von Eisenchlorid ist sorgfältig zu vermeiden, weil die blaue Lösung durch die gelbe Farbe des Eisenchlorids einen Stich ins Grüne erhalten kann. Zur Ausführung der Reaktion in wäßriger Lösung ist Eisenalaun dem Eisenchlorid vorzuziehen, weil er weniger sauer ist.

Blaue Färbung liefern außer den Pyrogallolderivaten noch zahlreiche andere Phenolabkömmlinge, z. B. Vanillin, Gentisinsäure, Morphin.

Die sogenannten eisengrünenden Gerbstoffe liefern viel schwächere Farbtöne, die durch Pyrogallolderivate leicht verdeckt werden können, selbst wenn diese nur in geringer Menge beigemengt sind. Infolgedessen herrscht viel Unsicherheit in der Beurteilung der Farben (z. B. beim Rindengerbstoff von Quercus robur), und es ist nicht zulässig, die Farbenreaktion allein für eine Gruppeneinteilung maßgebend zu machen.

Zum Nachweis von freier Gallussäure neben gebundener dient die Cyankalireaktion[1]. Einige Tropfen der zu prüfenden Lösung werden im Reagensglase mit 1—2 cm^3 einer nicht zu verdünnten wäßrigen Cyankalilösung versetzt. Bei der Gegenwart der geringsten Menge von Gallussäure nimmt die Lösung eine schöne Rosafärbung an, die kurz darauf verblaßt und beim Schütteln wiederkehrt. Der Vorgang läßt sich viele Male wiederholen. Gallotannin und alle anderen Verbindungen, die gebundene Gallussäure enthalten, zeigen, soweit es bisher bekannt ist, die Cyankalireaktion, im Reagensglas ausgeführt. nicht oder äußerst schwach. In dieser Form dient die Reaktion zur Unterscheidung von gebundener und freier Gallussäure. Eine ähnliche Reaktion zeigt die Spaltsäure aus Chebulinsäure[2].

Kaliumbichromat erzeugt in den wäßrigen Lösungen der Gerbstoffe teils Dunkelfärbung, teils dunkle körnige Niederschläge. Auch Gallussäure, Hydrochinon, Brenzcatechin und Pyrogallol reagieren ähnlich; nicht dagegen Resorcin, Protocatechusäure und Phloroglucin.

Eine Reaktion, die gebundene Ellagsäure anzeigt, beruht auf der Anwendung salpetriger Säure. In einer Porzellanschale werden zu mehreren Kubikzentimetern der sehr verdünnten wäßrigen Lösung einige Krystalle Kalium- oder Natriumnitrit und 3—5 Tropfen n/10-Schwefel- oder Salzsäure gegeben. In typischen Fällen wird die Lösung augenblicklich rosen- oder carmoisinrot und geht dann langsam durch Purpur in Indigoblau über, während in anderen Fällen, wenn die Reaktion schwach ist oder durch andere Substanzen beeinflußt wird, die Endfarbe grün oder bräunlich ist. Bei Abwesenheit von gebundener Ellagsäure entsteht nur eine gelbe bis braune Färbung oder Fällung. Freie Ellagsäure wird nicht angezeigt[3].

Phloroglucinderivate, wie Phloretin, Hesperetin, Maclurin, Catechin und Cyanomaclurin, geben die Salzsäure-Fichtenspanreaktion auf Phloroglucin. Flavonfarbstoffe sowie Phloracetophenon zeigen diese Reaktion nicht.

---

[1] YOUNG, S.: Chem. News 48, 31 (1883).

[2] FREUDENBERG, K.: B. 52, 1241 (1919).

[3] PROCTER-PAESSLER: Leitfaden für gerbereichemische Untersuchungen. S. 78. Berlin 1901.

e) Gewinnung, Elementaranalyse, quantitative Bestimmung.

Gewinnung. Bei der Beschreibung der einzelnen Gerbstoffe ist jeweils das Verfahren ihrer Darstellung wiedergegeben. Hier können nur allgemeine Regeln mitgeteilt werden.

Grundsätzlich muß ein botanisch identifiziertes einheitliches Material verwendet werden. Käufliche Extrakte oder im Handel befindliche Gerbstoffe sind nur zu brauchen, wenn der Gerbstoff krystallinisch abgeschieden werden kann. Vor der Extraktion müssen die Fermente durch kurzes Erhitzen des möglichst frisch geernteten Materials abgetötet werden.

Häufig sind Gerbstoffe von verschiedenem Typus miteinander vermischt. Der Gerbstoff der Myrobalanen enthält einen Ellagengerbstoff und die Chebulinsäure, die der Gallotanninklasse angehört. Ähnlich liegen die Verhältnisse beim türkischen Gallotannin. Aus chinesischem Rhabarber wurde außer gallussäurehaltigen Zuckerverbindungen Catechin isoliert. Glucoside verschiedener Art und Flavonfarbstoffe, die den Catechingerbstoffen sehr nahe stehen, sind fast stets die Beimengungen ungereinigter Gerbstoffe. Die Gegenwart von Flavonfarbstoffen wird erkannt an der kräftigen gelben bis roten Farbe der Bleiniederschläge. Derivate der Kaffeesäure geben allerdings auch gelbe Bleiverbindungen. Als Beispiel für die Herausarbeitung von Farbstoff aus Gerbmaterial sei die Gewinnung von Myricetin aus Sumach erwähnt (A. G. PERKIN und ALLEN[1]).

Catechine werden, wenn sie in freiem Zustande vorliegen, in tage-, unter Umständen wochenlanger Extraktion mit Äther dem Pflanzenmaterial entzogen. Die festen Anteile des Blockgambir werden vor der Extraktion, um Verkleben zu verhindern, mit Sand gemischt. Zur letzten Reinigung empfiehlt sich wiederholtes Auflösen in Aceton und Fällen mit Benzol, in dem die hochmolekularen Beimengungen schwerer löslich sind.

Wenn das Catechin mit Coffein verbunden ist, wird zuerst mit Methylalkohol perkoliert, der Extrakt in Essigäther übergeführt und mit Chloroform gefällt, in dem das Coffein gelöst bleibt.

Hamameli-tannin wird zunächst durch Perkolation mit Aceton der Rinde entzogen, dann durch Vakuumextraktion nach DAKIN mit Benzol von Harzen befreit, alsdann wird es im Vakuumextraktionsapparat in Essigäther übergeführt (s. S. 49).

Gewisse Materialien, z. B. Filixrhizom, werden von Wasser ungenügend erschöpft und müssen daher mit kaltem Alkohol oder besser mit wäßrigem Aceton ausgezogen werden. Tee wird zuvor von Coffein befreit.

SCHEELE stellte bei der Untersuchung des Gerbstoffes der Aleppogallen fest, daß kaltes Wasser das beste Extraktionsmittel hierfür ist. Die zerkleinerte Droge wird mit Wasser perkoliert, das zur Verhinderung der Schimmelbildung mit einigen Tropfen Chloroform durchgeschüttelt ist.

Die wäßrige Lösung kann auf verschiedene Weise verarbeitet werden. Die Lösung von neutralem Bleiacetat, in geringer Menge zugesetzt, schlägt zuerst dunkelgefärbte Beimengungen nieder. Dem Filtrat kann der Gerbstoff unter Umständen mit Äther-Alkohol oder Essigäther entzogen werden. Oder es wird die Hauptmenge des Gerbstoffes mit mehr neutralem Bleiacetat gefällt. Die freiwerdende Essigsäure verhindert jedoch eine vollständige Ausfällung. Führt neutrales Bleiacetat nicht zum Ziele, so ist eine heiße Lösung von basischem Bleiacetat zu verwenden. Ersterem Fällungsmittel ist aber, wenn irgend möglich, der Vorzug zu geben, da von basischem Acetat verschiedene Zucker, z. B. Mannose, oder viele andere Beimengungen, z. B. Äsculin (Diglucosid des

---

[1] Journ. Chem. Soc. London **69**, 1299 (1896).

Äsculetins, eines Dioxycumarins), gefällt werden. Mit ammoniakalischem Bleiacetat werden vollends die meisten Zucker gefällt, desgleichen, aus alkoholischer Lösung, durch zahlreiche Bleisalze.

Soll die Fällung dennoch in neutraler oder alkalischer Lösung ausgeführt werden, so empfiehlt sich der Zusatz von Pyridin (KURMEIER[1], MÜNZ[2]). Hochkondensierte Gerbstoffe bilden mit diesem filtrierbare Niederschläge; aus dem Filtrat kann der reinere Gerbstoff mit Bleiacetat gefällt werden. Auf diese Weise gelingt es, Beimengungen des Eichengerbstoffes abzutrennen.

Die Bleiniederschläge sind meistens gut filtrierbar, vor allem, wenn sie in der Hitze bereitet werden. Sie werden am besten mit Schwefelsäure und nicht mit Schwefelwasserstoff zerlegt, da das Bleisulfid unverändertes Bleisalz einhüllt und außerdem viel Gerbstoff adsorbiert. Die Zerlegung mit Schwefelsäure hat außerdem den Vorteil, daß man in der Kälte arbeiten kann. Das Filtrat enthält außer dem Gerbstoffe Essigsäure, häufig Gallussäure und andere Säuren, ferner Pektine, Farbstoffe usw. Mit Schwefelwasserstoff können die Bleiniederschläge dann zerlegt werden, wenn auf eine gute Ausbeute verzichtet wird. Da das Bleisulfid die stark gefärbten Beimengungen zuerst niederschlägt, sind die Filtrate meist heller. Man kann zur Aufhellung der Lösung auch wenig Bleiacetat zusetzen und einen Niederschlag von Bleisulfid erzeugen.

Die auf solche Weise vorbereitete Lösung oder, wenn man auf diese Reinigung verzichtet, der ursprüngliche Gerbstoffauszug wird unter vermindertem Druck, bei dem grundsätzlich alle Destillationen vorzunehmen sind, eingeengt. Der Gerbstoff kann durch Kochsalz in Fraktionen gefällt oder durch organische Lösungsmittel ausgeschüttelt werden. Am besten verbindet man beide Verfahren miteinander. Wenn ein Gerbstoff, z. B. ein Ellagengerbstoff, durch Kochsalz nicht oder ungenügend ausgefällt wird, so erleichtert die Zugabe des Salzes seinen Übergang in das organische Lösungsmittel.

Die Reinigung nach dem „Essigätherverfahren“ (PANIKER und STIASNY[3]; E. FISCHER, K. FREUDENBERG[4]) wird folgendermaßen ausgeführt: Die unter vermindertem Druck stark eingeengte wäßrige Lösung wird mit so viel Natriumcarbonatlösung oder festem Natriumbicarbonat versetzt, bis ein Tropfen, mit Wasser verdünnt, bei der Tüpfelprobe nur noch ganz schwach sauer reagiert. Die Lösung wird mit Essigäther in verschiedenen Portionen ausgeschüttelt, die ihrerseits wieder mit wenig Wasser gewaschen und unter geringem Druck verdampft werden, wobei zuletzt Wasser zugesetzt wird, um den hartnäckig anhaftenden Essigäther völlig zu entfernen. Wenn sich der Gerbstoff in Essigäther oder einer anderen, mit Wasser nicht mischbaren Flüssigkeit auflöst, und wenn er keine freie Carboxylgruppe enthält, so ist dieses Reinigungsverfahren allen anderen vorzuziehen. In der neutralisierten Lösung bleiben nicht allein alle Zucker, Pektine, Salze und freien Carbonsäuren zurück, sondern auch ein großer Teil der zuckerreicheren Beimengungen und der stark gefärbten Verunreinigungen. Diese letzteren werden noch besser zurückgehalten, wenn man statt Natrium Thalliumbicarbonatlösung zur Neutralisation verwendet (K. FREUDENBERG[5]). Dabei eröffnet sich zugleich die Möglichkeit, die ausgeschüttelte neutralisierte Lösung in einem für die weitere Untersuchung geeigneten Zustande zu erhalten, denn das Thallium läßt sich leicht wieder entfernen.

Gerbstoffe, die aus organischen Lösungsmitteln abgeschieden sind, müssen auf die im nächsten Abschnitte beschriebene Weise davon befreit werden. Damit die wäßrigen Lösungen nicht schimmeln, müssen sie mit etwas Toluol, Xylol

---

[1] Collegium **686**, 273 (1927). [2] Collegium **1929**, 714.
[3] Journ. Chem. Soc. London **99**, 1819 (1911).
[4] Ber. **45**, 919 (1912); **47**, 2485 (1914); Dps 269, 337. [5] Ber. **52**, 1238 (1919).

oder Chloroform umgeschüttelt werden, sobald sie zur Extraktion oder Krystallisation längere Zeit stehenbleiben.

Elementaranalyse. Bei krystallisierten Gerbstoffen ist stets mit Krystallwasser zu rechnen. In allen bekannten Fällen wird dasselbe unter 12—15 mm Druck bei 100° über Phosphorpentoxyd glatt abgegeben. Dennoch muß zur Kontrolle unter dem gleichen Druck bei 110—120° oder bei 100° im Hochvakuum nachgetrocknet werden. Für diese Zwecke ist der von Storch angegebene, von E. Fischer abgeänderte, außerordentlich leistungsfähige Vakuumtrockenapparat nicht zu entbehren[1].

Wenn die Analysenprobe amorph ist und vorher mit organischen Lösungsmitteln in Berührung war, so muß sie in Wasser gelöst, unter vermindertem Druck eingedampft und wie oben getrocknet werden. Von allen Lösungsmitteln läßt sich das Wasser am besten von Gerbstoffen entfernen. Geschieht dies nicht, so entstellt das äußerst hartnäckig anhaftende organische Lösungsmittel das Ergebnis der Analyse (E. Fischer, K. Freudenberg[2]).

Verschiedene Angaben des Schrifttums über den Methoxylgehalt einzelner Gerbstoffe sind auf anhaftenden Äther oder Alkohol zurückzuführen.

Trotz der Unsicherheit der Analysen hat sich, von Ausnahmen abgesehen, die Regel bestätigt, daß die Gerbstoffe der Gallotanninklasse, also die Galloylzucker, im allgemeinen 50—53%, die Gerbstoffe kondensierten Systems um 60% und die Gerbstoffrote noch etwas mehr Kohlenstoff enthalten.

Quantitative Gerbstoffbestimmung. Für die technische Bewertung kommt allein die bis in alle Einzelheiten festgelegte „Internationale Hautpulver-Methode" in Betracht. Der heiß bereitete wäßrige Pflanzenauszug wird in verschiedene Teile geteilt. In einem wird der Gesamtextrakt bestimmt, einem anderen wird der Gerbstoff mit chromiertem Hautpulver entzogen; das Filtrat wird zur Trockene gebracht und als „Nichtgerbstoff" gewogen. Die Gewichtsdifferenz ergibt den Gerbstoff (vgl. Gerbereichem. Taschenbuch).

Pflanzenphysiologen werden bedenken müssen, daß nach diesem Verfahren die gerbstoffartigen, unlöslichen Phlobaphene zum Teil im Pflanzenmaterial zurückbleiben und nicht zur Bestimmung kommen. Andererseits finden sich einfache, gerbstoffartige Materialien, wie Gallussäure, Phenole und deren Glucoside, ganz oder teilweise unter den Nichtgerbstoffen und werden auch nicht mitbestimmt. Sollen möglichst alle einfachen, phenolartigen Substanzen mitbestimmt werden, so kann für pflanzenphysiologische Untersuchungen — aber auch nur für diese — das Verfahren von H. Wislicenus, Adsorption an „gewachsene Tonerde" empfohlen werden. Tonerde bindet auch einfachere Phenole und gerbstoffartige Substanzen, wie z. B. Chlorogensäure. Allerdings werden auch Dextrin und Pflanzenschleim in erheblichem Umfange durch diese Adsorptionsmittel festgehalten.

Die Bestimmungsverfahren nach Löwenthal usw., die auf der Titration mit Permanganat vor und nach der Entgerbung durch Hautpulver beruhen, sind für die Pflanzenphysiologie ähnlich zu bewerten wie das Hautpulververfahren selbst, doch tritt hierzu als Fehlerquelle der Umstand, daß die verschiedenen Gerbstoffe ungleiche Permanganatmengen verbrauchen.

Quantitative oder mikrochemische Bestimmungsverfahren, die am chinesischen Gallotannin erprobt sind, das hierfür gewöhnlich verwendet wird, dürfen nicht ohne weiteres auf andere Gerbstoffe übertragen werden. Es ist zu bedenken, daß bei weitem die Mehrzahl aller Gerbstoffe — zumal der einheimischen — in chemischer Hinsicht sehr wenig mit den

---

[1] Abgebildet in Abderhalden: Handbuch der biochemischen Arbeitsmethoden **1**, 296; **6**, 694. Berlin, Wien 1910, 1912.

[2] Ber. **45**, 919 (1912); **47**, 2485 (1914); Dps 269, 337.

Gerbstoffen der Gallotanninklasse gemeinsam haben. Catechin könnte mit dem gleichen Rechte solchen Versuchen zugrunde gelegt werden.

f) Abbau und Umwandlung der Gerbstoffe.

1. Einwirkung von Wasser und Säuren, Hydrolyse, Rotbildung. Gerbstoffe von Glucosid- oder Esterform werden durch verdünnte Säuren bei 100° hydrolisiert. Die Reaktionsdauer beläuft sich bei Glucosiden auf wenige Stunden und steigt bei den Estergerbstoffen bis auf mehrere Tage. Für jeden Gerbstoff muß diejenige Einwirkungsdauer gesucht werden, bei der die größte Menge eines jeden Spaltstückes entsteht.

Die außerordentliche Säurebeständigkeit, zumal der Gallussäure-Zuckerester, also der Gerbstoffe der Gallotanningruppe, ist der hauptsächliche Grund, weshalb ihre Konstitution solange im Dunkeln blieb. Chinesisches Gallotannin, in dem etwa 9 Gallussäurereste auf ein Glucosemolekül gehäuft sind, muß mit 10 Teilen 5proz. Schwefelsäure 72 Stunden lang auf 100° erhitzt werden, um die beste Ausbeute an Glucose zu geben. Einfacher gebaute Gerbstoffe dieser Klasse, die weniger Gallussäure an Zucker gebunden enthalten, z. B. das Hamameli-tannin, werden leichter hydrolysiert, aber immer ist die Zeitdauer der nötigen Einwirkung ganz anderer Größenordnung als bei den Glucosiden.

Schwefelsäure ist der Salzsäure vorzuziehen, weil die letztere stärker zersetzend auf die Zucker und mehrwertigen Phenole einwirkt und nicht so leicht zu entfernen ist. Aber auch mit Schwefelsäure treten beträchtliche Zersetzungen und Verluste ein. Nach 72stündiger Hydrolyse ist, wie eigens dafür angestellte Versuche ergeben haben, dem gefundenen Werte für Gallussäuren etwa 5 %, dem der Glucose etwa 55 % zuzurechnen (E. Fischer und K. Freudenberg[1]). Angaben über die Ausführung der Hydrolysen sind in dem Abschnitte über das „Chinesische Gallotannin" mitgeteilt.

Gerbstoffe, die außer Oxybenzolkernen aliphatisches oder hydroaromatisches Hydroxyl enthalten, unterliegen mit größter Leichtigkeit durch Säuren oder Alkalien einer Kondensation, die in ihrer einfachsten Gestalt beim Salicylalkohol auftritt. Das Carbinol des einen Moleküls kondensiert sich hier unter Bildung eines Diphenylmethanderivates mit dem Kern des nächsten Moleküls; das entstehende Produkt ist weiterer, regelloser Kondensation fähig. In dem Abschnitt „Chemie und Morphologie des Lignins" dieser Schrift ist auf S. 57, 125, 136 und 126 dargetan, daß diese Reaktion die Bildung der *Gerbstoffrote* oder *Phlobaphene*, des kondensierten Coniferylalkohols, des Lignins, des Bakelits und vieler anderer hochpolymeren Stoffe erklärt. Die Kondensation sekundärer Alkohole mit Phenolen ist der einfachste Fall dieser Reaktion (Zitat 2, S. 126; ferner M. Bergmann und G. Pojarlieff[2]). Statt des Carbinols kann sich auch Carbonyl mit Phenolen kondensieren (z. B. Maclurin, S. 51).

2. Einwirkung von Alkalien, Hydrolyse, Kalischmelze.

Gerbstoffe, deren Bestandteile durch Veresterung miteinander verbunden sind, werden durch Alkalien hydrolysiert; bei kondensierten Gerbstoffen liegen nur an den Phloroglucinderivaten Erfahrungen vor; hier wird zuerst die Bindung zwischen dem Phloroglucin und dem nächsten Kohlenstoffatom gesprengt.

Aus Gallotannin wird durch verdünnte Alkalien in der Kälte glatt Gallussäure abgespalten, wenn der Luftsauerstoff ausgeschlossen bleibt; anderenfalls entsteht nebenher Ellagsäure. Zucker wird bei dieser Behandlung zerstört.

Bei den kondensierten Gerbstoffen, die nach den bisherigen Erfahrungen fast stets Phloroglucin enthalten, bewirken Alkalien die Herauslösung dieses dreiwertigen Phenols. Die Bindung zwischen dem Phloroglucin und den übrigen Kohlenstoffkomplexen löst sich verhältnismäßig leicht. Die anderen Bestandteile

---

[1] Ber. **45**, 919 (1912); Dps 269. [2] Collegium **1931**, 244.

des Moleküls werden meistens erst bei wesentlich höherer Temperatur zu faßbaren krystallinischen Substanzen abgebaut. Man muß deshalb grundsätzlich in Versuchsreihen von gelinder Einwirkung zu stärkeren Eingriffen übergehen.

CLAUSER kocht 20 g Catechin in einer Wasserstoffatmosphäre mehrere Stunden mit 300 cm³ 10proz. Kalilauge. Aus der Reaktionsmasse gewinnt er Phloroglucin. Durch energischere Einwirkung, Verschmelzen mit 3 Teilen Kaliumhydroxyd, hat HLASIWETZ aus dem gleichen Gerbstoffe außer Phloroglucin Protocatechusäure gewonnen.

Dieser als „Kalischmelze“ bekannte Prozeß hat in gemildeter Form auf dem Gebiete der den Catechingerbstoffen nahe verwandten Pflanzenfarbstoffe ausgezeichnete Ergebnisse gebracht.

Bei der Bewertung einer Alkalischmelze muß einer Reihe von Nebenreaktionen Rechnung getragen werden, für die einige Beispiele angeführt werden sollen, die zugleich zeigen, daß Kalilauge der Natronlauge vorzuziehen ist.

Nach COMBES wird Phloroglucin durch 25proz. Kalilauge bei 160° in 2 bis 3 Stunden in Kohlensäure, Aceton und Essigsäure gespalten.

Quercit liefert, mit Kaliumhydroxyd bei 225—240° verschmolzen, unter anderem Hydrochinon. Chinasäure wird in der Kali- und Natronschmelze in Protocatechusäure verwandelt.

Aus Resorcin wird durch Verschmelzen mit Natriumhydroxyd Brenzcatechin und Phloroglucin gebildet, aus Phenol Brenzcatechin, Resorcin und Phloroglucin. Es handelt sich hierbei um Dehydrierungen und Ersatz eines Wasserstoffatoms durch den Rest ONa (G. LOCK[1], R. LEMBERG[2]).

Vor allem verdient das Auftreten von Protocatechusäure bei der Zerlegung des Apigenins und Pelargonidins Beachtung. Beim normalen Verlaufe der Spaltung sollte als Säurekomponente nur p-Oxybenzoesäure entstehen; sie wird unter den Versuchsbedingungen jedoch teilweise zu Protocatechusäure oxydiert.

Starke Alkalien wirken auf Alkoxylgruppen verseifend, wie das Beispiel der Isoferulasäure beweist. Der Nachweis von Pyrogallolderivaten unter den bei der Kalischmelze entstehenden Spaltstücken ist bei den Anthocyanidinen recht unsicher (WILLSTÄTTER und MARTIN[3] und MIEG[4]); dagegen scheint der Gallussäurenachweis bei der Kalischmelze des Pistacia-phlobaphens keine besonderen Schwierigkeiten bereitet zu haben.

In der älteren Gerbstoffchemie ist die Kalischmelze stets in ihrer energischen Form angewendet worden. Die Ergebnisse sind aus diesem Grunde mit der größten Vorsicht aufzunehmen; dazu kommt, daß nur in einzelnen Fällen die Einheitlichkeit des angewendeten Gerbstoffs gewährleistet ist und die Frage offenbleibt, ob die Reaktionsprodukte nicht von Beimengungen stammen, wie Quercit, Chinasäure oder Quercetin, welch letzteres außerordentlich verbreitet ist. Des weiteren ist die Ausbeute, die meistens sehr schlecht ist, nur selten angegeben. Die Identifizierung der Spaltstücke beschränkt sich häufig auf einige Farbenreaktionen. Als zuverlässiger können die Ergebnisse an den Gerbstoffroten angesehen werden, und es muß hervorgehoben werden, daß die aus diesen isolierten Spaltstücke fast regelmäßig Phloroglucin und Protocatechusäure sind.

Die Ergebnisse einer Kalischmelze sind nur dann verwendbar, wenn die Spaltstücke in reiner Form isoliert und durch den Schmelzpunkt gekennzeichnet sind. Da die Protocatechusäure sehr schwer von der fast immer auftretenden Oxalsäure abgetrennt werden kann, empfiehlt sich die Methylierung der Reaktionsprodukte. Als Veratrumsäure kann sie leicht nachgewiesen werden (S. 119).

---

[1] Ber. **61**, 2234 (1928).
[2] Ber. **62**, 592 (1929). Vgl. Ber. **31**, 1757 (1898); **33**, 1988 (1900).
[3] Ann. **408**, 121 (1915). [4] Ann. **408**, 82 (1915).

3. Einwirkung von Fermenten[1].

Schimmelpilze, die auf Galläpfeltannin gewachsen sind, entwickeln ein Ferment, die „Tannase", die Gerbstoffe vom Estertyp abbaut.

Am besten eignen sich Penicillium glaucum, das als Nahrung verdünnte, und Aspergillus niger, der starke (z. B. 33proz.) Tanninlösungen bevorzugt. Ihre Stickstoffnahrung finden die Pilze in den rohen Galläpfelauszügen von selbst. Auf einer Lösung von käuflichem Tannin (50 g in 500 cm^3 Wasser) wachsen die Pilze erst nach Zusatz von 0,5 g Ammoniumnitrat und 0,5 g Hefeasche. Bei Abwesenheit von Sauerstoff gedeihen die Pilze nicht. Ihre Wirkung ist grundverschieden, je nachdem sie auf der Nährlösung oder in derselben wachsen. Im ersten Falle wird das Tannin, ohne zerlegt zu werden, langsam verzehrt. Im zweiten Falle, wenn der Pilz, sobald er sich auf der Oberfläche ansetzt, in die Flüssigkeit hineingestoßen wird, gedeiht er darin zwar langsam, aber er übt nunmehr eine sehr starke spaltende Wirkung auf den Gerbstoff aus.

Pottevin beobachtete, daß der Extrakt des auf Tannin gezüchteten Aspergillus Tannin zerlegt. Fernbach hat die Tannase selbst hergestellt, indem er Schimmelpilze, die auf Tannin gewachsen waren, maceriert und mit Wasser ausgezogen hat. Aus der eingeengten Lösung hat er die Tannase mit Alkohol gefällt. Fernbachs Verfahren wurde zu folgender Vorschrift ausgearbeitet (K. Freudenberg, Fr. Blümmel und Th. Frank[2], vgl. O. Th. Schmidt[3]).

600 g auf Linsengröße zerstoßene Myrobalanen werden in 3 l destilliertem Wasser 10 Minuten gekocht, dann wird abgegossen und der Rückstand noch 3—4mal mit je 1 l heiß ausgezogen. Die Flüssigkeit wird mit der Lösung von 300 g Ammoniumsulfat, 9 g Dikaliumphosphat und 3 g Magnesiumsulfat versetzt und auf 12 l aufgefüllt. Die Flüssigkeit wird auf große flache Schalen derart verteilt, daß die Schichtdicke mindestens 4 cm beträgt. Auf dünnerer Schicht wächst der Pilz schlechter. Werden Flaschen oder Kolben verwendet, so sind sie nicht mit Wattebäuschen zu verschließen. Nach dem Animpfen mit einer Aufschlämmung von Sporen des Aspergillus niger[4] bleibt die Flüssigkeit 3 Tage bei 33° stehen. Es hat sich ein straffes weißes Mycel gebildet, das in diesem Zustande die beste Ausbeute an Tannase ergibt. Bleibt es länger stehen, so wird es schon am 4. Tage schlaffer, beginnt sich mit Sporen zu bedecken und verarmt an Tannase.

Der abgehobene Pilz wird mit sechsmal erneutem destilliertem Wasser durchgeknetet und jedesmal mit der Hand ausgepreßt[5]. Der feuchte Pilz wird mit 1 l destilliertem Wasser und 1 cm^3 Toluol zu einem dünnen Brei angerieben und 24 Stunden unter häufigem Umrühren bei 20° sich selbst überlassen. Nun wird durch eine Lage Kieselgur abgesaugt und gewaschen. Das Mycel wird erneut mit einem halben Liter Wasser und einem halben Kubikzentimeter Toluol angerührt und nach 2 Stunden abfiltriert. Die vereinigten Auszüge werden sofort im Vakuum auf 30—50 cm^3 eingeengt (Badtemperatur 40°), durch Kieselgur geklärt und mit dem fünffachen Volum absoluten Alkohols versetzt. Die Tannase fällt in hellen Flocken aus, die sich nach einigem Schütteln filtrieren lassen. Das

---

[1] Freudenberg, K., in C. Oppenheimer u. Pincussen: Fermente und ihre Wirkungen, 5. Aufl., **3**, 733. Leipzig 1928/29.

[2] Ztschr. f. physiol. Ch. **164**, 262 (1927).

[3] Ann. **476**, 257 (1929).

[4] Genügend reine Kulturen werden erhalten, wenn Galläpfel mit dem gleichen Gewicht Wasser angerührt in offenem Gefäß mehrere Tage bei 25—35° aufbewahrt werden. Der Pilz ist sehr verbreitet und fliegt meistens von selbst an.

[5] Es wird darauf aufmerksam gemacht, daß Aspergillus sich im menschlichen Ohr festsetzen kann und daher Vorsicht geboten ist.

Präparat wird noch zweimal in 20 cm³ Wasser gelöst und mit dem fünffachen Volum absoluten Alkohols gefällt. Zuletzt wird mit Alkohol, dann mit Äther nachgewaschen und im Exsiccator getrocknet. Falls das hellgraue Pulver FEHLINGS Lösung reduziert, muß es nochmals umgefällt werden. Die Ausbeute wird durch Division der Menge (in Milligramm) durch den Spaltwert berechnet und beträgt bei guter Arbeit 35 Tannaseeinheiten (z. B. 720 mg vom Spaltwert 20,2). Es lohnt sich gewöhnlich, auf der Nährlösung eine zweite Ernte (nach weiteren 3 Tagen) zu ziehen. Die zweite Ausbeute beträgt etwa die Hälfte der ersten (z. B. 690:38,3 = 18 T.-E.).

Der Spaltwert eines Tannasepräparates wird gleichgesetzt der Anzahl Milligramme, die nötig sind, um bei 33° in 24 Stunden 1,082 g wasserfreien Gallussäuremethylester (entsprechend 1,000 g Gallussäure) in 200 cm³ Wasser gelöst, zur Hälfte zu spalten. Einzelheiten s. O. TH. SCHMIDT[1].

Für die präparative Anwendung sei ein Beispiel angeführt (K. FREUDENBERG, FR. BLÜMMEL[2]). Eine Menge krystallinen Hamameli-Tannins, die 10 g Trockensubstanz entspricht, wird in 2 l Wasser gelöst; in einigen Kubikzentimetern dieser Flüssigkeit werden 0,2 g Tannase vom Spaltwert 35 aufgenommen. Von Tannase von schlechterem Spaltvermögen muß entsprechend mehr genommen werden. Die Lösungen werden vereinigt und bei 33° steril aufbewahrt. Die erste Titration wird nach 5 Tagen ausgeführt; in einzelnen Fällen ist der Abbau schon beendet (20 cm³ der Lösung verbrauchten alsdann 16,7 cm³ n/40-Lauge), meistens muß die Lösung noch einige Tage stehen, bis die Säurezunahme aufhört. Die Lösung wird bei Unterdruck eingeengt, bis die Gallussäure zu krystallisieren beginnt; nach Einstellen in Eis wird abgesaugt, mit wenig Eiswasser nachgewaschen und Mutterlauge nebst Waschwasser im Apparat 24 Stunden ausgeäthert. Falls der Abbau nicht beendet war, wird die ausgeätherte Lösung vom Äther befreit, mit Wasser so weit verdünnt, daß sie $^1/_3$—$^1/_2$ % gebundene Gallussäure enthält und erneut mit wenig Tannase behandelt. Die Gallussäure wird nach der Konzentration wiederum ausgeäthert. Sie wird vom Äther befreit, mit Wasser in ein gewogenes Schälchen gespült, an der Luft bei 20° eingetrocknet, mit sehr wenig Wasser gewaschen, wieder an der Luft getrocknet und mit einem Krystallwasser in Rechnung gestellt. Statt der für eine Digalloylhexose zu erwartenden 70,2% werden 68,2—68,9% wasserfreie Gallussäure erhalten. Sie ist einheitlich und liefert bei der Acetylierung reine Triacetylgallussäure.

Die vom Äther befreite Zuckerlösung wird mit Wasser verdünnt und 15 Stunden mit 1,5 g Tonerde in Berührung gelassen. Die filtrierte Lösung gibt jetzt meistens keine Reaktion mit Eisenchlorid mehr, sie wird im Vakuum bis zum dünnen Sirup eingeengt und in absolutem Alkohol aufgenommen. Die Tannase bleibt zurück, während der Zucker fast farblos in Lösung geht. Die alkoholische Lösung wird wieder mit Tonerde behandelt, verdampft und der Zucker in Wasser mit Talk geschüttelt. Die Lösung zeigt jetzt keine Eisenchloridreaktion mehr. 1 cm³ wird im Schiffchen über Phosphorsäure-anhydrid bei 100° und 5 mm Druck getrocknet; aus dem Rückstand läßt sich die Gesamtausbeute an Zucker berechnen; statt 37,2% werden 33,2% gefunden. Der Verlust ist zur Hauptsache auf die Adsorption an der Tonerde zurückzuführen.

Die Entgerbung gelingt nicht immer mit Tonerde; sicherer ist das bei der Hydrolyse des chinesischen Gallotannins verwendete Bleiacetat (s. unter chinesischem Gallotannin).

---

[1] Ann. **476**, 257 (1929). [2] Ann. **440**, 45 (1924).

g) Isolierung und Nachweis der Spaltstücke und Begleitstoffe.

Zucker. Der Nachweis von Zucker neben Phenolen und Phenolcarbonsäuren ist eine stets wiederkehrende Aufgabe der Gerbstoffchemie. Da freie Zucker von alkalischen Mitteln zerstört werden, sind meistens die Produkte der sauren oder fermentativen Hydrolyse aufzuarbeiten. Für den letzteren Fall — Isolierung des Zuckers nach dem enzymatischen Abbau des Hamamelitannins — ist im vorigen Abschnitt ein Beispiel mitgeteilt.

Von Säuren werden manche Gerbstoffe (z. B. chinesisches Gallotannin) ungemein schwer hydrolysiert. Glucoside werden dagegen meistens rasch gespalten. Bei der Suche nach Zucker müssen deshalb mehrere Hydrolysen von sehr verschiedener Dauer angesetzt werden. Schwefelsäure zerstört den Zucker weniger als Salzsäure. Die Aufarbeitung der Bestandteile nach der Hydrolyse des chinesischen Gallotannins wird bei diesem beschrieben. Geringste Abweichungen von dieser Vorschrift führte zu Mißerfolgen. Vor allem ist darauf zu achten, daß die zuckerhaltige Lösung keine Spur von Phenolen oder Phenolcarbonsäuren (Eisenchlorid) mehr enthält, weil die meisten dieser Substanzen Fehlings Lösung reduzieren und deshalb bei der Bestimmung des Zuckers stören.

Der Zucker wird gewogen, polarimetrisch und titrimetrisch bestimmt. Mit dem Rest der Lösung wird die Osazon- und gegebenenfalls die Gärprobe (Lohnstein-Apparat) angestellt. Die Erfahrung hat gezeigt, daß der ausführende Experimentator zunächst eine Hydrolyse von chinesischem Gallotannin ausgeführt haben muß, ehe er an einem unbekannten Präparat eine zuverlässige Bestimmung vornehmen kann.

Zuckerähnliche Stoffe, wie Acerit aus Acertannin werden ebenso gewonnen.

Verschiedene Oxyverbindungen, z. B. Chinasäure, Milchsäure, Quercit, Inosit, Mannit, können in derselben Fraktion auftreten und sind gelegentlich mit Zucker verwechselt worden (z. B. chinasaures Kalium).

Chinasäure unterscheidet sich von den Phenolcarbonsäuren dadurch, daß ihr Kalksalz in heißer überschüssiger Kalkmilch gelöst bleibt. Aus dem eingedampften Filtrat wird mit Alkohol das chinasaure Calcium gefällt; man löst es in Wasser, säuert mit Essigsäure an, fällt Verunreinigungen mit neutralem Bleiacetat und behandelt das Filtrat mit Schwefelwasserstoff. Beim Eindampfen krystallisiert chinasaures Calcium. Die Säure wird mit Essigsäureanhydrid in Triacetylchinid übergeführt und als solches identifiziert.

Citronensäure wird zweckmäßig in Form ihres destillierbaren Trimethylesters identifiziert. Wegen der Schwerlöslichkeit ihres Bleisalzes folgt sie häufig den Gerbstoffen. Vgl. S. 49.

Gallussäure löst sich etwa in 100 Teilen kaltem Wasser. Ihre Abtrennung aus einem Hydrolysengemisch wird beim chinesischen Gallotannin beschrieben und ist für den Fall eines fermentativen Abbaues im Abschnitt ,,Einwirkung von Fermenten" geschildert. Fraktionen, die durch Verdampfen der Äther- oder Essigätherlösung gewonnen sind, müssen unbedingt mit wenig Eiswasser zur Krystallisation gebracht und abgesaugt werden. Aus den Mutterlaugen kann man nach Einengen und Ausäthern mit viel Äther den Rest gewinnen, der jedoch gleichfalls aus Wasser umkrystallisiert werden muß. Niemals dürfen Fraktionen in Rechnung gestellt werden, die nicht aus Wasser krystallisiert sind. Die Säure enthält, wenn sie aus Wasser krystallisiert und an der Luft getrocknet ist, ein Krystallwasser.

Nach der Kalischmelze ist sie häufig mit Oxalsäure vermischt. Sie läßt sich von dieser durch Überführung in das Triacetat trennen. Kleine Mengen werden mit Diazomethan in den Trimethylgallussäure-methylester umgewandelt.

Esterartig gebundene Gallussäure (Gallotannin, Gallussäureester) geht in Berührung mit Alkalien an der Luft in Ellagsäure über.

Protocatechusäure wird nach der Methylierung als Veratrumsäure identifiziert (s. Kalischmelze). Die heiße Schmelze aus 2—5 g wird sofort in Wasser gegossen und der Apparat ausgespült. Unter Eiskühlung wird mit konzentrierter Salzsäure übersäuert (Kongo) und 48 Stunden im Schacherl-Apparat lebhaft ausgeäthert. Der sirupöse schwarzbraune Ätherrückstand wird mit 10 g Wasser und 15 cm^3 einer 50proz. Kalilauge versetzt und unter Turbinieren bei 60° mit 10 cm^3 Dimethylsulfat, das im Verlaufe von 20—30 Minuten zutropft, methyliert. Die alkalische Masse ist klar und wird durch Ausäthern von methylierten Phenolen befreit. Um die harzigen Massen, die beim Ansäuern ausfallen, an der Zusammenballung zu verhindern, werden in die alkalische Lösung einige Gramm Kieselgur eingetragen. Nun wird mit Salzsäure unter Rühren übersäuert und 4 Stunden mit Äther extrahiert. Dem harzigen Ätherrückstand wird durch kochendes Wasser (100, 50 und nochmals 50 cm^3) die Veratrumsäure entzogen. Die trüben Auszüge werden mit 12 cm^3 einer Lösung von neutralem Bleiacetat (2-n) und 8 cm^3 einer gesättigten Lösung von einfachbasischem Bleiacetat versetzt, zum Sieden erhitzt und filtriert. Unter diesen Bedingungen bleibt Veratrumsäure gelöst. Das Filtrat wird mit einigen Kubikzentimetern verdünnter Schwefelsäure übersäuert und 4 Stunden mit Äther extrahiert. Aus dem Äther bleibt die Veratrumsäure bereits ziemlich rein zurück. Sie wird im Exsiccator getrocknet und 2—3mal mit wenig kaltem Benzol gewaschen. In diesem Zustande wird die Säure gewogen. Ihr Schmelzpunkt ist noch etwa 10° unter dem des reinen Präparates, das daraus leicht hergestellt werden kann, indem die Veratrumsäure durch Auflösen in heißem Benzol von geringen Mengen *Isovanillinsäure* (etwa 1 Teil neben 6 Teilen Veratrumsäure) getrennt wird.

Phenole werden mit Dimethylsulfat methyliert und aus der alkalischen Reaktionsflüssigkeit mit Wasserdampf abgeblasen. Aus dem Destillat werden die Methyläther durch Ausäthern von Methylalkohol und Wasser befreit und entweder direkt zur Krystallisation gebracht oder als Bromderivate identifiziert.

Kaffeesäure läßt sich ausäthern und aus Wasser umkrystallisieren.

CO O
OH
HO
OH
HO
O OC

Ellagsäure (Formel nebenstehend) hat einen derart hohen Schmelzpunkt, auch als Acetylderivat, daß besondere Maßnahmen zur Kennzeichnung nötig sind.

Wenn Ellagsäure in Gegenwart von Gerbstoffen oder deren Zersetzungsprodukten aus alkalischer Lösung ausgefällt werden soll, so tritt sie bei Verwendung von überschüssiger Mineralsäure stets sehr dunkel gefärbt auf und bleibt auch zum Teil in Lösung. Zweckmäßiger ist es, sie als saures Natriumsalz abzuscheiden, das beim vorsichtigen Ansäuern der alkalischen Lösung eher ausfällt als die gerbstoffartigen Verunreinigungen. Die Ellagsäure wird in einem Überschuß von 2 n-Natronlauge warm gelöst, die Flüssigkeit sofort abgekühlt und mit so viel 2 n Schwefelsäure versetzt, bis ein Tropfen auf Lackmuspapier eben saure Reaktion anzeigt. Der grün-gelb gefärbte, amorphe Niederschlag hat ungefähr die Zusammensetzung des Mononatriumsalzes der Ellagsäure, das von Fr. Ernst und C. Zwenger[1] auf etwas andere Weise in krystallisierter Form erhalten wurde. Das Salz wird in überschüssiger Natronlauge warm gelöst

---

[1] Ann. **159**, 33 (1871).

und sofort in heiße verdünnte Mineralsäure eingegossen. Nun fällt die Säure schön krystallin und nahezu farblos aus. Verluste treten nicht ein. Dieses ist auch der Fall, wenn derselbe Versuch in Gegenwart von überschüssigem, ellagsäure-freiem Gerbstoff ausgeführt wird. Das lästige Ausfallen von Gerbstoffanteilen wird nicht beobachtet. Zur völligen Reinigung wird die Ellagsäure aus Pyridin umkrystallisiert. Das gelbe Pyridinsalz wird mit viel Wasser verkocht, wobei die reine Säure sich in schön ausgebildeten Krystallen abscheidet.

Zum Nachweis wird die Ellagsäure in das Acetat der Hexaoxy-diphenyl-monocarbonsäure-lactons übergeführt[1].

3 g Ellagsäure werden im Stickstoffstrome mit 400 cm^3 2 n Natronlauge übergossen. Die Lösung wird unter Luftabschluß im gelinden Sieden gehalten, wobei die anfangs braungelbe Farbe der Lösung allmählich in Citronengelb übergeht und die Wandung des Kolbens sich mit einem gleichfarbigen Niederschlage belegt. Nach etwa 20—25 Minuten, nicht später, säuert man die Lösung mit verdünnter Schwefelsäure an, wobei streng darauf zu achten ist, daß keine Luft in den Kolben dringt, solange die Lösung noch alkalisch ist. Die alkalische Lösung des Hexaoxydiphenyl-monocarbonsäurelactons ist außerordentlich empfindlich gegen Sauerstoff und färbt sich, selbst wenn nur die geringsten Spuren von Luft hinzutreten, momentan blutrot. Die angesäuerte, farblose Lösung scheidet beim Erkalten die charakteristischen, stets grünlich gefärbten Nädelchen des Monolactons aus, das in kaltem Wasser so gut wie unlöslich ist. Bei längerem Kochen bildet sich Hexaoxydiphenyl.

Das Monolacton entsteht auch bei Einwirkung von Alkali auf Ellagsäure bei 70^0, also unter den Bedingungen der Gerbstoffhydrolyse. Bei langer Einwirkung geht es auch bei dieser Temperatur in Hexaoxydiphenyl über. Das Monolacton ist luftempfindlich und kann nur mit starker Färbung erhalten werden. Es läßt sich leicht und vollständig in das sehr beständige Acetylderivat überführen.

2 g Lacton werden in 8 cm^3 trockenem Pyridin gelöst und mit 15 cm^3 Essigsäureanhydrid versetzt. Das Gemisch wird 1—2 Stunden bei gewöhnlicher Temperatur stehengelassen und dann in Eiswasser gegossen. Das Acetylprodukt muß noch einige Male aus Eisessig umkrystallisiert werden, bis es konstant zwischen 220—232^0 schmilzt. Die Substanz krystallisiert in kleinen, derben Nadeln.

Quercetin ist einer der häufigsten Pflanzenstoffe. Aus wäßrigen Gerbextrakten, in denen es recht löslich ist, läßt es sich mit Äther im Apparat ausziehen; Essigäther ist noch wirksamer (Vakuumextraktionsapparat, s. S. 49). In beiden Fällen ist das Quercetin meist mit Ellagsäure und Quercitrin (Rhamnosid des Quercetins) sowie anderen Quercetin-glucosiden vermengt.

Will man diese Stoffe nebeneinander bestimmen, so empfiehlt es sich, zunächst die Glucoside durch warmes Wasser, das Quercetin und Ellagsäure zum größten Teil ungelöst läßt, herauszulösen. Das Gemisch von Quercetin und Ellagsäure wird mit kaltem Glycol, Formamid oder warmem Acetonitril behandelt, in welchen Lösungsmitteln die Ellagsäure so gut wie unlöslich ist. Quercetin krystallisiert besonders schön aus Acetonitril beim langsamen Verdunsten. Zu seiner Identifizierung wird es mit Pyridin und Essigsäureanhydrid in die Pentacetylverbindung übergeführt. Diese schmilzt nach mehrmaliger Krystallisation aus Alkohol bei 193^0.

---

[1] Freudenberg, K. und A. Kurmeier; vgl. des letzteren Dissert., Heidelberg 1927; Collegium **1927**, 273.

B. Die einzelnen natürlichen Gerbstoffe und verwandte Naturstoffe.

a) Depside.

(*Ester von Phenolcarbonsäuren mit Phenolcarbonsäuren oder anderen Oxysäuren.*)

Lecanorsäure als Beispiel der Flechtendepside.

In den Flechten finden sich zahlreiche Phenolcarbonsäuren als „Depside“ in esterartiger Verkettung vor. Unter ihnen ist am besten bekannt die von der Orsellinsäure sich ableitende Lecanorsäure (Synthese: E. FISCHER, H. O. L. FISCHER[1]).

Diese Depside sind zwar in die gleiche Klasse von Naturstoffen zu zählen wie die Gerbstoffe; da ihnen aber deren übliche Merkmale, wie Leimfällung und kolloide Löslichkeit in Wasser, abgehen und sie nach Vorkommen und Bau eine Untergruppe für sich bilden, wird hier nicht näher auf sie eingegangen. Die chemische Analogie der Lecanorsäure mit den Gerbstoffen drückt sich auch darin aus, daß sie mit Erythrit verestert vorkommt (als Monolecanorsäureester, Erythrin), ähnlich wie im chinesischen Gallotannin die Gallussäure mit Glucose verbunden ist.

COOH, HO, CH_3, O — CO, HO, CH_3, OH

Chlorogensäure ([3,4-Dioxy-cinnamoyl]-Chinasäure)[2].

HO, HO — H — H — O — C—C—C—O—CH; COOH, COH, H_2C, CH_2, CHOH, C, HOH

Die Säure findet sich in den Kaffeebohnen vor als Monokaliumsalz, das mit einem Mol Coffein verbunden ist, und wird in dieser Form isoliert (PAYEN; K. FREUDENBERG[3]). Grüner Kaffee wird zur Zerstörung der Fermente einige Stunden auf 100° erhitzt; dies geschieht zweckmäßig im Vakuum, weil er sich entwässert leicht zerkleinern läßt. Die gemahlenen Bohnen werden mit kaltem, zur Sterilisation mit etwas Chloroform versetztem Wasser perkoliert. Die Auszüge werden unter vermindertem Druck eingeengt, nach 12 Stunden filtriert und im Vakuum zum sehr dicken Sirup eingedampft, der erst in der Wärme, dann bei Zimmertemperatur mit so viel Alkohol versetzt wird, daß die Lösung bei 0° eben noch klar bleibt. Nach zweitägiger Aufbewahrung im Eisschrank wird abgesaugt, scharf ausgepreßt, zweimal aus 50proz. Alkohol und dreimal aus möglichst wenig Wasser umkrystallisiert; bei der ersten Krystallisation aus Wasser empfiehlt sich die Zuhilfenahme von Tierkohle. Die Ausbeute beträgt bis zu 3%. Zur Entfernung des Coffeins wird die Lösung des Salzes in 2—3 Teilen Wasser in der Wärme achtmal mit dem doppelten Volumen Chloroform ausgeschüttelt, wenn nötig filtriert und mit der berechneten Menge 5 n Schwefelsäure versetzt. Die Chlorogensäure krystallisiert auf Eis in 24 Stunden aus und wird mehrmals aus möglichst wenig Wasser umkrystallisiert, wobei einmal Tierkohle verwendet wird. Ausbeute 1—2% der Kaffeebohnen.

---

[1] Ber. **46**, 1143 (1913); Dps 181.
[2] Stellung der Kaffeesäure nach HERM. O. L. FISCHER.
[3] Ber. **53**, 232 (1920).

Chlorogensäure ist optisch aktiv, $[\alpha]_D$ in 1—3proz. wäßriger Lösung —33,1°. Leim wird in verdünnter Lösung nicht gefällt, wohl aber in Gegenwart von Kochsalz oder in konzentrierter Lösung. Die Säure löst sich schwer in kaltem, leicht in heißem Wasser. Verdünnte Säuren oder Mineralsalze setzen die Löslichkeit stark herab. Nicht ganz reine, konzentrierte Lösungen der Säure gelatinieren leicht. Eisenchlorid erzeugt eine grüne Färbung. Chlorogensäure löst sich in Aceton, Alkohol und Essigäther; Äther nimmt sie schwer auf. Bromwasser wird entfärbt. Chlorogensäure ist eine starke Säure.

Penicillium- und Mucor-arten (GORTER[1]) sowie Tannase (K. FREUDENBERG[2]) zerlegen sie in Chinasäure und die schwer lösliche Kaffeesäure. Beim Kochen mit verdünnten Mineralsäuren und Oxalsäure entstehen Chinasäure, Kaffeesäure und deren Zersetzungsprodukte, worunter viel Kohlensäure. Zur alkalischen Hydrolyse hat GORTER 7,5 g in 40 g 13proz. Kalilauge eingetragen; dabei erwärmte sich die Lösung. Sie blieb noch eine Viertelstunde stehen und wurde mit 46 g 10proz. Schwefelsäure versetzt. Jetzt krystallisierte Kaffeesäure aus; in der Mutterlauge wurde Chinasäure nachgewiesen. Die Acetylierung führt zur Pentacetylchlorogensäure. In heißer alkoholischer Lösung spaltet Anilin oder Kaliumacetat die beiden am Kaffeesäurerest haftenden Acetyle ab. Die Pentacetylverbindung addiert ein Mol Br_2. Chlorogensäure nimmt mit Natriumamalgam 2 Atome Wasserstoff auf, die entstandene Dihydrochlorogensäure wird durch Alkalien und Säuren (ohne CO_2-Entwicklung) glatt in Chinasäure und Dihydrokaffeesäure gespalten (GORTER).

Der sogenannte Kaffeegerbstoff, zuletzt von GRIEBEL[3] erwähnt, muß als ein Gemisch von Chlorogensäure mit anderen Säuren und ihren Zersetzungsprodukten angesehen und aus der Literatur gestrichen werden. In den grünen Kaffeebohnen ist keine leimfällende Substanz enthalten. Das Methoxyl, das GRIEBEL[4] vorfindet, dürfte von der Beimengung oder Einwirkung der von ihm verwendeten Alkohole herrühren.

HLASIWETZ[5] hat in seinem „Kaffeegerbstoff“ Zucker festgestellt; aus seinen Angaben läßt sich herauslesen, daß er zur Hauptsache chinasaures Kalium in Händen gehabt hat.

GORTER (a. a. O.) hat die Chlorogensäure aus arabischen und liberischen Kaffeebohnen isoliert, in denen sie ungefähr 4% ausmachen soll; ferner hat er sie in Substanz gewonnen aus den Kaffeeblättern, dem Milchsaft von Castilloa elastica aus dem Samen von Helianthus annuus, Kopsia flavida und Strychnos nux vomica. Darüber hinaus will er die Chlorogensäure in zahlreichen Pflanzen mit Hilfe einer Farbenreaktion nachgewiesen haben. (Die mit Mineralsäure gekochte Lösung wird ausgeäthert, der blau fluorescierende Ätherauszug nacheinander mit Bicarbonatlösung, Wasser und verdünntem Eisenchlorid ausgeschüttelt. Der Äther färbt sich gelb, die Eisenchloridschicht schwach olivbraun, bei größerer Substanzmenge grauviolett.) Diese Reaktion ist, wie bereits CHARAUX[6] festgestellt hat, nicht nur ein Kennzeichen der Chlorogensäure, sondern auch der Kaffeesäure, denn es ist bei der Anwendung der beiden Säuren kein Unterschied wahrzunehmen. Die Reaktion dürfte auf der Bildung von Dioxystyrol und seinen Umwandlungsprodukten beruhen, und es bleibt abzuwarten, ob nicht auch andere, ähnliche Verbindungen die gleiche Reaktion geben. Es bleibt eine offene Frage, welche der in zahlreichen anderen Pflanzen angetroffenen (WEHMER: Pflanzenstoffe) und als „Kaffeegerbsäure“ bezeichneten Naturstoffe auch Chlorogensäure enthalten. Die Annahme CHARAUX’, daß alle im Pflanzenreich

---

[1] Arch. der Pharm. **247**, 184, 436 (1909); **358**, 327; **359**, 217 (1908); **379**, 110 (1911).
[2] Ber. **53**, 232 (1920).
[3] Dissert., München 1903.
[4] Ztschr. f. Unters. Nahrgs.- u. Genußmittel **19**, 241 (1910).
[5] Ann. **127**, 352 (1863).
[6] Journ. Pharm. et Chim. (7) **2**, 292 (1910).

vorkommende gebundene Kaffeesäure aus Chlorogensäure stamme, entbehrt der Begründung.

Kaffeesäure ist in der Natur beispiellos verbreitet. Inwieweit Chlorogensäure der Träger der bei Pflanzenanalysen sich vorfindenden Kaffeesäure ist, läßt sich vorläufig nicht sagen; bisher ist nur in dem von TUTIN[1] entdeckten Eriodictyol ein weiterer Kaffeesäurebildner bekannt geworden.

m-Digallussäure.

Die Säure ist zwar in der Natur noch nicht frei vorgefunden worden, aber sie wird mit Glucose verestert im türkischen und chinesischen Gallotannin angetroffen und ist synthetisch bereitet worden.

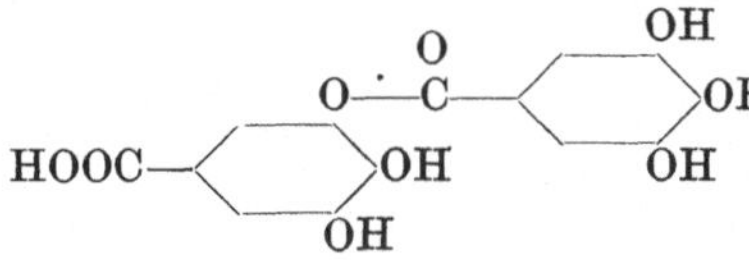

Die Säure krystallisiert mit Krystallwasser. Sie zeigt alle Fällungsreaktionen der Gerbstoffe. Mit der ebenfalls synthetisch bereiteten m-Diprotocatechusäure (E. FISCHER, K. FREUDENBERG[2]; E. FISCHER[3]) hat sie die Eigentümlichkeit gemeinsam, in Berührung mit Wasser in der Hitze leichter zu krystallisieren als in der Kälte. Auf Zimmertemperatur unterkühlte Lösungen neigen zur Gallertbildung. Unreine Präparate bilden in Wasser übersättigte Lösungen. In reinem Zustande löst sich die Säure bei 25° etwa in 1900, bei 100° in 50—60 Teilen Wasser. Die Löslichkeit ist also gegen Gallussäure stark herabgemindert. In Essigäther und Äther löst sie sich schwer.

Die isomere p-Digallussäure ist nicht bekannt.

b) Gruppe der Gallotannine.

(Ester aromatischer Säuren mit mehrwertigen Alkoholen oder Zuckern.)

1. Vacciniin, Dibenzoyl-glucoxylosen, Populin, Benzoyl-helicin, Erythrin usw.

Die hier genannten Naturstoffe stehen am Eingange in das Gebiet der Gerbstoffe vom Gallotannintyp. Das *Vacciniin* ist eine amorphe 6-Monobenzoylglucose (H. OHLE[4]), die GRIEBEL[5] aus Preiselbeeren isoliert hat. E. FISCHER und H. NOTH[6] haben dieselbe Substanz, aber krystallisiert, synthetisch über die Diacetonglucose gewonnen und ihre Identität mit GRIEBELS Präparat, dem vielleicht noch Isomere beigemengt sind, nachgewiesen. Eine *Dibenzoylglucoxylose* haben POWER und SALWAY[7] aus einer Leguminose durch Extraktion mit Amylalkohol isoliert; in den Mutterlaugen hat TUTIN[8] eine zweite, der ersten isomere Dibenzoyl-glucoxylose gefunden. *Populin* ist das im Zuckerrest monobenzoylierte Glucosid des Salicylalkohols, das in verschiedenen Pappeln vorkommt. Daß die Benzoesäure mit einem Hydroxyl des Zuckers verestert ist, wird aus der Tatsache geschlossen, daß sich das Populin zu Benzoylhelicin, dem Benzoylglucosid des Salicylaldehyds, oxydieren läßt. Ein solches *Benzoylhelicin* glaubt JOHANSON[9] in Weidenrinden aufgefunden zu haben. Schließlich gehört in diese Reihe das *Violanin*[10] und das *Erythrin*, das neben freier Lecanorsäure in gewissen Flechten vorkommt und der Monolecanorsäureester des Erythrits sein soll.

[1] Journ. Chem. Soc. London **97**, 2054 (1910). Formel S. 9.
[2] Ann. **384**, 238 (1911); Dps 138. [3] Ber. **52**, 812 (1919); Dps 43.
[4] Ber. **57**, 403 (1924); **58**, 2593 (1925).
[5] Ztschr. f. Unters. Nahrgs.- u. Genußmittel **19**, 241 (1910).
[6] Ber. **51**, 321 (1918). [7] Journ. Chem. Soc. London **105**, 767, 1062 (1914).
[8] Journ. Chem. Soc. London **107**, 7 (1915).
[9] Dissert., Dorpat 1875; Arch. d. Pharm. **209**, 244 (1876).
[10] p-Oxyzimtsäure-ester eines Glucosids. P. KARRER u. G. DE MEURON, Helv. Chim. Acta **16**, 292 (1933).

Den angeführten Vorläufern der Galläpfeltannine folgt die von GILSON[1] im Rhabarber neben Catechin entdeckte von E. FISCHER und M. BERGMANN

```
     H   H   OH  H   H       O       OH
H2C——C———C———C———C———C——O——C——<    >OH
OH   O   OH  H   OH  |               OH
     |_______________|
```

1-Galloyl-β-Glucose

synthetisierte 1-Galloyl-β-glucose, von ihm *Glucogallin* genannt, ferner das von ihm im gleichen Pflanzenmaterial, dem chinesischen Rhabarber, aufgefundene, Zimt- und Gallussäure enthaltende *Tetrarin*. Dieses zerfällt unter Wasseraufnahme folgendermaßen:

$$\underset{\text{Tetrarin}}{C_{32}H_{32}O_{12}} + 3\,H_2O = \underset{\text{Glucose}}{C_6H_{12}O_6} + \underset{\text{Gallussäure}}{C_7H_6O_5} + \underset{\text{Zimtsäure}}{C_9H_8O_5} + \underset{\text{Rheosmin}}{C_{10}H_{12}O_2}$$

Die Elementarzusammensetzung des Tetrarins und das in Eisessig nach dem Gefrierverfahren bestimmte Molekulargewicht und schließlich die Mengenverhältnisse der Spaltstücke passen sehr gut zu dieser Auffassung. Rheosmin ist möglicherweise ein Oxy-cumin-aldehyd (FREUDENBERG[2]).

Neben den krystallisierten Produkten enthält der Rhabarber noch gefärbte, amorphe Substanzen von Gerbstoffcharakter, die mit Säuren Rot liefern, wie dies bei der Gegenwart von Catechin nicht anders zu erwarten ist.

2. Hamameli-tannin.

Die Rinde des nordamerikanischen Strauches Hamamelis virginica enthält neben braunen, nicht krystallisierbaren Gerbstoffen etwa 1—2 % krystallisiertes Hamamelitannin, das GRÜTTNER entdeckt hat, und das nach K. FREUDENBERG und FR. BLÜMMEL[3] sowie nach O. TH. SCHMIDT[4] folgendermaßen dargestellt wird:

20 kg grob gemahlener Rinde werden mit kaltem Aceton erschöpft. Die Extrakte werden vorsichtig, zuletzt bei Unterdruck auf 4 l eingeengt. Die Lösung wird bei vermindertem Druck (s. S. 49[5]) mit Benzol extrahiert, bis dieses farblos abläuft. Das Benzol entfernt große Mengen dunkel gefärbter Harze und fettiger Substanzen. Das der extrahierten Flüssigkeit noch anhaftende Benzol wird bei Unterdruck abgedampft. Nunmehr wird die schwarze sirupöse Flüssigkeit bis zu 140 Stunden bei Unterdruck mit Essigäther extrahiert. Um eine allzulange Berührung des Hamamelitannins mit dem Essigäther zu vermeiden, wird das den Extrakt enthaltende Gefäß nach je 20 Stunden ausgewechselt; der letzte 20stündige Extrakt darf bei der im folgenden beschriebenen Aufarbeitung keine Krystallisation von Hamamelitannin mehr liefern. Die Extrakte werden im Vakuum eingeengt, mit Wasser versetzt und wiederum zur Entfernung der letzten Spuren des Essigäthers konzentriert, alsdann vereinigt und mit Wasser auf 3 l verdünnt. Man gibt unter gelindem Erwärmen so lange Talk in kleinen Portionen zu, bis sich dieser nicht mehr anfärbt und eine filtrierte Probe keine Trübung mehr zeigt. Nach der Filtration wird tropfenweise 10proz. Bleiacetatlösung zugesetzt, bis auf den anfangs ausfallenden, sehr dunklen Niederschlag hellgelbe Fällungen folgen. Dazu sind 30—40 cm³ nötig. In dem Filtrat wird durch Schwefelwasserstoff in gelinder Wärme das Blei gefällt. Die filtrierte Lösung wird bei Unterdruck zum dünnflüssigen Sirup eingeengt, der

---

[1] Bull. Acad. med. Belg. (4) **16**, 827 (1907).
[2] Chemie der natürlichen Gerbstoffe. Berlin 1920.
[3] Ann. **440**, 45 (1924). [4] Ann. **476**, 257 (1929).
[5] Mit E. VOLLBRECHT: Ann. **429**, 284 (1922). — A. KURMEIER: Collegium **686**, 273 (1927).

meist über Nacht zum Krystallbrei erstarrt. Durch Rühren wird die Krystallisation beschleunigt, die erst nach 4—6tägigem Stehen auf Eis beendet ist. Das Krystallisat wird so lange mit Eiswasser ausgewaschen, bis das Filtrat farblos abläuft. Die Mutterlaugen enthalten noch geringe Mengen Hamamelitannin. Sie werden mit der letzten, nicht mehr krystallisierenden Essigätherfraktion vereinigt, im Vakuum bis zur Konsistenz der konzentrierten Schwefelsäure eingeengt und erneut 20 Stunden mit Essigäther extrahiert. Bei der Aufarbeitung wird noch ein geringes Krystallisat erhalten. Die Ausbeute an krystallwasserfreiem Material beträgt 260 g, das ist 1,3% der Rinde.

Das Rohprodukt wird zunächst aus 30 Teilen Wasser umkrystallisiert (impfen!), im Vakuumtrockenschrank durch sehr langsames Erwärmen entwässert, in der 3—4fachen Menge Aceton gelöst und mit Benzol bis zur bleibenden Trübung versetzt. Nach einigen Stunden wird die überstehende klare Lösung durch ein trockenes Filter vom Bodensatz abgegossen und mit wenig Tonerde geklärt, das organische Lösungsmittel bei Unterdruck verjagt (nicht über 40°) und der Rückstand aus 30 Teilen Wasser krystallisiert. Der Bodensatz, der noch eine erhebliche Gerbstoffmenge enthält, wird noch einige Male auf die gleiche Weise behandelt.

Die aus dem Rohprodukt durch Umkrystallisieren und Behandeln mit Aceton und Benzol gereinigte (K. FREUDENBERG und F. BLÜMMEL[1]), übersättigte Lösung des Gerbstoffs wird handwarm über Talkum abgesaugt. Das klare farblose Filtrat wird verschlossen unter Vermeidung jeglichen Impfens allmählich auf 10—15° abgekühlt. Nach einigen Stunden scheidet sich ein Belag von farblosen Gallerten am Boden und an den Wänden des Gefäßes ab. Mitunter, bei zu langem Stehen, beginnt auch die Bildung von Krystallen. Die von den Gallerten abfiltrierte Lösung wird geimpft und im Verlauf von einigen Stunden auf etwa 5° abgekühlt. Dabei beginnt die Krystallisation, die durch eintägiges Stehen im Eisschrank vervollständigt wird und nun ganz frei von der amorphen Abscheidung ist. Von den abgetrennten Gallerten wird wiederum eine handwarme, übersättigte Lösung bereitet und genau so weiterbehandelt wie das erstemal, so daß auch von diesem Anteil die Hauptmenge wohlkrystallisiert gewonnen wird. Die Gallertenbildung nimmt sehr rasch ab. Zwei- bis dreimalige Anwendung des Verfahrens genügt in der Regel zur Umwandlung der amorphen Abscheidungen in Krystalle. Da die Löslichkeit des Tannins in Wasser bei 0° sehr klein ist, sind die Verluste insgesamt unbedeutend.

Der Gerbstoff hat die Zusammensetzung einer Digalloyl-Hexose und enthält 6 Krystallwasser. $[\alpha]_{546}$ in wäßrigem Methylalkohol $+ 14{,}3$ bis $+ 15{,}3^{\circ}$.

Die spezifische Drehung beträgt in 1proz. wäßriger Lösung etwa $[\alpha]_D = + 35^{\circ}$. In stärkerer Lösung ist die Drehung ähnlich wie beim chinesischen Gallotannin niedriger als dieser Grenzwert. Der Gerbstoff löst sich leicht in heißem Wasser, schwer in kaltem (weniger als 1%). In unreinem Zustande gelatiniert die wäßrige Lösung häufig. Sie fällt Leim, aber nicht so stark wie die Galläpfeltannine, und der Niederschlag löst sich nicht schwer in der Wärme. Alle übrigen Gerbstoffreaktionen fallen positiv aus. In Alkohol, Aceton und Essigäther löst sich der Gerbstoff leicht, in Äther dagegen kaum.

Die Acidität, durch Titration bestimmt, gleicht der des Pyrogallols. Demnach ist kein freies Carboxyl vorhanden. Damit stimmt auch das Ergebnis der Untersuchung des methylierten Gerbstoffes überein. Mit Diazomethan entsteht ein amorphes Methylderivat, das bei der alkalischen Hydrolyse nur Trimethylgallussäure gibt. Die Gallussäurereste sind demnach jeder für sich mit einem Hydroxyl des Zuckers verestert.

Der Gerbstoff zerfällt unter der Einwirkung heißer verdünnter Schwefelsäure (vgl. Hydrolyse des chinesischen Gallotannins) in Gallussäure und Zucker (ungefähr 70 und 30%). Die Hydrolyse ist in etwa der halben Zeit

[1] Ann. **440**, 45 (1924); SCHMIDT, O.: Ann. **476**, 257 (1929).

wie beim chinesischen Tannin beendet, weil weniger Gallussäuregruppen abzuspalten sind.

Die Carbonylgruppe des Zuckers ist unbesetzt, denn der Gerbstoff färbt fuchsinschweflige Säure in der Wärme und läßt sich in monomolarer Reaktion in das Methylglucosid verwandeln, ohne Gallussäure zu verlieren. Tannase zerlegt den Gerbstoff in 2 Moleküle Gallussäure und 1 Molekül Hexose.

O. Th. Schmidt hat den Gerbstoff mit Methylalkohol acetalisiert und nun mit Alkalien in Gallussäure und Methylhexosid zerlegt, das die Eigenschaften eines γ-Glucosids hat und mit verdünnter Säure leicht Methylalkohol und den Zucker, die Hamamelose, liefert.

Diese ist eine Aldose, die kein Osazon gibt. Ihr Oxydationsprodukt, eine Hexonsäure, wird mit Jodwasserstoff zu Methyl-propyl-essigsäure reduziert.

Es ist hierdurch bewiesen, daß die Konstitution des Zuckers aus Hamameli-tannin (Hamamelose) durch Formel I richtig wiedergegeben wird.

Was die feinere Struktur des Hamameli-tannins anlangt, so hat das Formelbild II die größte Wahrscheinlichkeit für sich.

```
                          O           OH
                   H2C—O—C—⟨     ⟩OH
                    |                  OH
H2COH               |          H
 |                  |         /
HOC—CHO            HOC————C—OH
 |                  |        |
CHOH               CHOH      |
 |                  |        |
CHOH               CHO———————
 |                  |                 OH
H2COH              H2C—O—C—⟨     ⟩OH
                          O           OH
 I                        II
```

Der Sitz der Gallussäuremoleküle an den beiden primären Hydroxylgruppen erscheint naheliegend, da die Aldehydgruppe mit Sicherheit frei ist, die tertiäre OH-Gruppe nicht in Frage kommt, eine Verschiedenheit in der Haftfestigkeit nicht beobachtet wurde, und schließlich die beiden primären die einzigen gleichartigen Hydroxyle im Molekül sind, wenn der wahrscheinlich gemachte Furanring zutrifft.

3. Acertannin.

A. G. Perkin und Y. Uyeda[1] beschreiben diesen Digalloyl-anhydrohexit folgendermaßen:

500 g lufttrockene Blätter von Acer ginnale (Korea) werden 2mal 3 Stunden lang mit je 3 l absolutem Alkohol ausgekocht. Dann wird auf 200 cm^3 eingeengt, mit 250 cm^3 Wasser versetzt und der Alkohol weggekocht. Chlorophyll und Wachs werden ausgeäthert; die vom Äther befreite wäßrige Lösung wird mit 15 g Natriumbicarbonat versetzt und mit Äthylacetat erschöpft. Die Auszüge werden mit Natriumchlorid geschüttelt, filtriert und im Vakuum eingeengt.

Die hellgelbe aufgeblähte Masse (37 g) gleicht Gallotannin. Mit der doppelten Menge warmem Wasser geht sie zur Hauptsache in Lösung, erstarrt aber beim Aufkochen unter Abscheidung von Krystallen (22 g). Sie werden aus 30 Teilen heißem Wasser umkrystallisiert.

Der Gerbstoff schmilzt bei 164—166° und enthält 2 oder 4 Krystallwasser. Er löst sich etwa in 500 Teilen kaltem und 30 Teilen heißem Wasser, in Alkohol ist die Löslichkeit groß, in Aceton gering. Der Niederschlag mit Bleiacetat ist farblos. Eisenchlorid erzeugt Blaufärbung. Gegen Gelatine und basische Farbstoffe verhält sich das Acertannin wie ein Gerbstoff. $[\alpha]_D$ in Aceton $+ 20{,}6^0$. Die Dissoziationskonstante, $1 \cdot 10^{-7}$, ist die des Gallotannins.

Das krystalline Octacetat gibt in Naphthalin das Molekulargewicht 795 statt 804.

Die Hydrolyse mit 5proz. Schwefelsäure nach E. Fischer und K. Freudenberg[2] bei 100° ausgeführt, ist bereits nach 20 Stunden beendet. Außer 2 Molekülen Gallussäure entsteht der Acerit[3], ein Anhydrohexit, der, aus Alkohol

[1] Journ. Chem. Soc. London **121**, 66 (1922).

[2] Ber. **45**, 919 (1912); Dps 269.

[3] Aceritol im englischen Original.

oder Wasser krystallisiert, rechts dreht und FEHLINGs Lösung nicht reduziert. Er liefert ein Tetra-acetat.

Die Gallussäure ist als solche, nicht als Digallussäure, mit dem Acerit verestert, denn nach der Methylierung des Gerbstoffs mit Diazomethan und nachfolgender Hydrolyse wird nur Trimethylgallussäure erhalten.

Über die Konstitution des Acerits $C_6H_{12}O_5$ ist nichts Endgültiges bekannt. Er ist ein Anhydrohexit, etwa der nebenstehenden Formel. Er ist isomer mit dem Styracit von Y. ASAHINA[1]. Im Acertannin sind 2 der Hydroxyle mit Gallussäure verestert.

```
      HOH   HOH
       C-----C
       |     |
       |     |H   OH    OH
     H2C     C----C-----C
        \   /     H     H2
          O
```

Als Begleitstoffe des Acertannins verdienen Interesse Ellagsäure, Quercetin und ein amorpher Gallussäureester des Acerits.

4. Chebulinsäure und Di-galloyl-glucose.

Im Gerbstoffgemisch der Myrobalanen, der Früchte von Terminalia Chebula, befindet sich neben einer amorphen Ellagengerbsäure ein Gerbstoff der Tanninklasse, die krystallisierte Chebulinsäure, deren Auffindung FRIDOLIN[2] in seiner beachtenswerten Gerbstoffuntersuchung beschreibt. Die letzte Untersuchung stammt von K. FREUDENBERG und TH. FRANK[3].

Nach J. PAESSLER und W. HOFFMANN werden 120 g feingemahlene entkernte Myrobalanen in mehreren Teilen in der KOCHschen Auslaugevorrichtung[4] mit kaltem Wasser zu insgesamt 8 l ausgelaugt und sofort durch Berkefeldfilterkerzen filtriert.

Die Krystallisation beginnt schon nach wenigen Stunden. Die Lösung bleibt 5—6 Tage vor Keimen geschützt stehen, die Ausscheidung wird mit kaltem Wasser gewaschen und mit 60proz. Alkohol bei 50—60° ausgelaugt. Das Filtrat wird unter vermindertem Druck eingedampft, in Wasser gegossen und die abgeschiedene Säure mehrmals vorsichtig aus Wasser umkrystallisiert. Die Ausbeute beträgt bis zu 4%.

Da der Gerbstoff von heißem Wasser verändert wird, ist beim Umkrystallisieren Vorsicht geboten. 100 g des Rohprodukts werden in 2 l Wasser von 85° eingetragen. Die rotbraune Lösung wird von Ellagsäure und anderen Beimengungen durch ein geheiztes Filter befreit. Die Säure fällt sofort als dicker Brei aus und wird nach raschem Abkühlen abgesaugt und gut gewaschen. Die gelbe Mutterlauge enthält keine krystallisierenden Anteile mehr. Verlust 12%.

Zur weiteren Reinigung wird im Vakuum bei 40—50° entwässert. 25 g werden in 100 cm³ trockenem Aceton gelöst und mit so viel Benzol versetzt, daß etwa $^1/_5$ des Gerbstoffs mitsamt den Verunreinigungen ausgefällt wird. Die überstehende helle, klare Flüssigkeit wird abgegossen und der Rückstand erneut durch wenig Aceton und Benzol gereinigt. Der Abguß wird dem ersten zugefügt, mit Wasser versetzt und so lange im Vakuum eingeengt, bis die organischen Lösungsmittel vertrieben sind. Dabei fällt die Chebulinsäure aus. Sie wird abgesaugt, noch feucht mit Methylalkohol gelöst und durch Wasser gefällt;

[1] Arch. der Pharm. **245**, 325 (1907); **247**, 157 (1919).

[2] Dissert., Dorpat 1884; Sitzungsber. Dorp. Naturforsch. Ges. **7**, 131 (1884).

[3] Ann. **452**, 305 (1927).

[4] DINGLER: **267**, 513 (1888); PROCTER-PAESSLER: Leitfaden für gerbereichem. Untersuchung 105 (Berlin 1901); J. PAESSLER: Das Verfahren zur Untersuchung der pflanzlichen Gerbemittel. Deutsche Gerberschule, Freiberg 1912, S. 7. Nebst anderen Filtriervorrichlungen für Gerblösungen erhältlich bei Arthur Meißner, Freiberg in Sachsen.

die Mutterlauge liefert beim Eindampfen im Vakuum noch weitere Anteile (FREUDENBERG und FRANK).

Der Gerbstoff hat die Zusammensetzung $C_{41}H_{34}O_{27}$. 9 aq und die Drehung $[\alpha]_{578}$ in Alkohol-Wasser $= + 65^0$.

Der Gerbstoff ist sehr schwer in kaltem Wasser löslich; in heißem löst er sich spielend. Beim Erkalten scheidet er sich erst milchig ab und krystallisiert sofort. Alkohol, Aceton und Essigäther lösen leicht, Eisessig und Äther dagegen kaum. Die Krystalle sind wasserhaltig und schmecken süß. Chebulinsäure gibt alle Gerbstoffreaktionen. Wäßriges vanadinsaures Ammonium bewirkt eine olivgrüne Farbe. Wird diese Lösung mit wenig Schwefelsäure erwärmt, so entsteht eine beständige grasgrüne Färbung (PAESSLER, HOFFMANN[1]).

Der mit Alkali neutralisierten wäßrigen Lösung wird die Chebulinsäure durch Essigäther nicht entzogen. Da sie außerdem Natriumacetat zerlegt, darf auf die Anwesenheit einer Carboxylgruppe geschlossen werden. Über die Bestimmung des Molekulargewichts ist bereits weiter vorn berichtet worden.

Die Hydrolyse verläuft sehr merkwürdig. Sie sollte zu 53 % Gallussäure, 37 % einer unaufgeklärten Spaltsäure und 18,8 % Glucose führen. Mit 5 % Schwefelsäure 72 Stunden auf 100^0 erhitzt, spaltet sich Chebulinsäure in Glucose (bis 10,5 %) und Gallussäure (bis 55 %). Wenn man die bei solchen Hydrolysen auftretenden Verluste, insbesondere an Glucose, die gegen 55 % betragen, in Rechnung stellt, so kommen diese Zahlen den zu erwartenden einigermaßen nahe. Mehr als 40 % des Moleküls werden jedoch in Form von Zersetzungsprodukten gefunden. Tannase spaltet zwar alle Gallussäure ab (gefunden 51 %), läßt aber offenbar die glucosidische Bindung zwischen Glucose und Spaltsäure unberührt. Auch Säuren oder Wasser allein zerlegen das Glucosid unvollständig, weil Spaltsäure und Glucose sich offenbar miteinander kondensieren. Dagegen wird die Glucosidbindung schon durch kochendes Wasser leicht getrennt, solange der Zucker noch mit den Gallussäureresten beladen ist. Die Chebulinsäure zerfällt hierbei in die Spaltsäure, Gallussäure und ein Gemisch von Gallussäure-glucoseestern, aus dem große Mengen einer krystallisierten Di-galloyl-glucose abtrennbar sind. Zucker wird aber nur freigelegt, wenn jetzt Tannase auf die Hydrolysenmasse einwirkt. Durch diese wäßrige Hydrolyse mit nachfolgender Tannaseeinwirkung werden schließlich 51 % Gallussäure (statt 53,2), 30 % Spaltsäure (statt 37,0) und 17,4 % Glucose (statt 18,8) gefunden. Der Zerfall wird ausgedrückt durch das Schema:

$$C_{41}H_{34}O_{27} + 5\,H_2O = \underset{\text{Gallussäure}}{3\,C_7H_6O_5} + \underset{\text{Glucose}}{C_6H_{12}O_6} + \underset{\text{Spaltsäure}}{C_{14}H_{14}O_{11}}$$

Von den 5 bei der Hydrolyse aufgenommenen Wasser werden 3 zur Abspaltung der Gallussäure benötigt. Da aus Methyl-chebulinsäure nur Trimethylgallussäure gewonnen wurde (W. RICHTER[2]), sind die Carboxyle aller 3 Gallussäuremoleküle an der Bindung beteiligt. 2 davon sind mit der Glucose verestert. Das dritte ist vielleicht in Depsidbindung an der Spaltsäure angeheftet; es wird leichter als die übrigen abgespalten. Für die Abtrennung der Spaltsäure werden 2 Moleküle Wasser benötigt. Offenbar wird eine Glucosidbindung gelöst. Da gleichzeitig das eine Carboxyl der Spaltsäure in Freiheit gesetzt wird — das andere ist schon von vornherein frei —, scheint dieses Carboxyl in Lacton- oder in Esterbindung mit einer Hydroxylgruppe der Glucose zu stehen. Das obige Schema kann demnach folgendermaßen präzisiert werden, wobei die Stellung der beiden Gallussäurereste in der Glucose willkürlich gewählt ist:

---

[1] Leder-Ind. (Ledertechn. Rdsch.) **1913**, 129.

[2] Dissert., Erlangen 1911; Arb. Pharmaz. Inst. Berlin **9**, 85 (1912).

```
                        HC·O———————┬─────┬——COOH        OH
                         |         │ C12 │
    HO                  HC·O——C——  │ H10 │——O——C——<    >OH
                         |    |    │ O6  │      |
  HO<    >——C——O·CH       O    └─────┘      O         OH
            |    |
  HO        O   HC·OH
                 |
                HC·O—
                 |                 OH
               H2C·O——C——<    >OH
                      |
                      O        OH
```

Die Spaltsäure, die bisher nur in Form ihres Thallium- und Brucinsalzes krystallisiert erhalten wurde, ist eine sehr sauerstoffreiche Dicarbonsäure. Sie liefert bei der Zersetzung Pyrogallol. Ihre Eigenschaften, von denen noch die optische Aktivität zu nennen ist, könnten sich ungefähr durch die folgende Formel I

```
COOH                              COOH
|                                 |
CO                                CO
|  H           OH                 |  H           OH                OH
HOC—C—C = C—<    >OH              HOC—C—C = C—<    >OH
|  OH H  H                        |  OH H  H         O—C—<    >OH
HCOH           OH                 :—CH                 |
|                                 :  |                 O       OH
COOH              I               :—CO          II
```

wiedergeben lassen, die jedoch durchaus unbewiesen ist und lediglich dazu dienen soll, den ungefähren Typus darzutun. Der rechts von der punktierten Linie gelegene Teil der obigen Formel wäre alsdann etwa nach II zu formulieren. Es sei jedoch ausdrücklich darauf hingewiesen, daß diese Fassung eine von vielen unbewiesenen Möglichkeiten ist.

Die erwähnte Di-galloyl-glucose besitzt große Ähnlichkeit mit Hamamelitannin.

5. Türkisches Gallotannin.

Den älteren Forschungen am Handelstannin — bis gegen 1870 — liegt hauptsächlich sogenanntes türkisches Gallotannin zugrunde, das vorwiegend aus den Zweiggallen von Quercus infectoria, den Aleppogallen, gewonnen wird; später überwiegen im Handel Präparate, die zumeist aus „chinesischem Tannin" bestehen, das aus den Blattgallen einer Sumachart stammt, die in Ostasien, besonders in China, beheimatet ist. Die beiden Gerbstoffarten weisen trotz großer Ähnlichkeiten erhebliche Unterschiede auf, worauf erst GAUTIER[1] später K. FEIST[2] hingewiesen haben. Daß die Forschung die Herkunft der Handelspräparate außer acht ließ, war eine der Ursachen für die Jahrzehnte dauernde Verwirrung in der Tanninchemie. Der Fall beweist, wie notwendig es ist, auf die Rohstoffe selbst zurückzugreifen. Neuere Arbeiten stammen von E. FISCHER und K. FREUDENBERG[3] sowie von P. KARRER, R. WIDMER, M. STAUB[4].

Zerkleinerte Aleppogallen werden mit kaltem Wasser, das etwas Chloroform enthält, perkoliert und die Auszüge im Vakuum eingeengt. Vorher müssen die Gallen kurze Zeit auf 100° erwärmt werden, um die Wirkung der meistens

---

[1] Bull. Soc. Chim. **32**, 609 (1879).

[2] Arch. der Pharm. **250**, 668 (1912); **251**, 468 (1913); Chem.-Ztg. **32**, 918 (1908); Zentralblatt **1908 II**, 1352; Ber. **45**, 1493 (1912); Ztschr. f. angew. Ch. **33**, 311 (1920).

[3] Ber. **47**, 2485 (1914); Dps 337. [4] Ann. **433**, 288 (1923).

in ihnen vorkommenden Schimmelpilze auszuschalten. Der sehr dicke wäßrige Sirup wird unter Schütteln mit wenig festem Natriumcarbonat versetzt, bis ein Tropfen nach der Verdünnung nur noch sehr schwach sauer reagiert. Die neutralisierte Lösung wird mit Essigäther sehr oft ausgeschüttelt. Die vereinigten Auszüge werden mit sehr wenig Wasser gewaschen und unter geringem Druck, zuletzt nach Zugabe von Wasser, eingedampft. Der Sirup wird im Vakuum über Phosphorpentoxyd getrocknet und geht dabei in eine spröde Masse über.

Der Gerbstoff dreht in Wasser (7 % und darunter) schwach nach rechts: + 2,5 bis + 5°, in Aceton + 23°. Das Lösungsmittel übt demnach einen sehr starken Einfluß auf das Drehungsvermögen aus.

Wie das chinesische Gallotannin, ist das türkische sehr geeignet, die Haut in Leder überzuführen. Die gegenteilige Behauptung, die von einem Handbuch in das andere übernommen wurde, ist falsch.

Das von E. Fischer und K. Freudenberg untersuchte, nach einem etwas anderen Verfahren gewonnene türkische Gallotannin ist nicht einheitlich. Es enthält eine Beimengung von den typischen Eigenschaften eines Ellagengerbstoffes, die nach der Art eines Glucosides schon bei gelinder Einwirkung, z. B. Kochen mit Wasser, kurzem Erwärmen mit verdünnten Säuren, die unlösliche Ellagsäure abspaltet. Neben diesen Bestandteilen kommt in den Aleppogallen eine nicht geringe Menge Gallussäure vor, die sich mit Äther extrahieren läßt (Dizé), bei dem hier beschriebenen Verfahren aber vom Gallotannin abgetrennt wird. Früher glaubte man aus Aleppogallen auch einfachere Gallussäurezuckerverbindungen isoliert zu haben, was sich als ein Irrtum herausgestellt hat; daß das Vorkommen solcher Verbindungen möglich ist, braucht deshalb nicht bestritten zu werden.

Durch Einwirkung von Ammoniak entsteht Gallamid. Am türkischen Tannin hat Strecker[1] die erste brauchbare Hydrolyse mit Schwefelsäure ausgeführt. Er erhielt außer Gallussäure 15—22 % Glucose. Fischer und Freudenberg, die sein Verfahren etwas abgeändert haben, gewannen nur 11,5—13,8 % Glucose. P. Karrer, R. Widmer und M. Staub fanden 12,2—12,7 % Glucose. Der Unterschied kann vielleicht daraus erklärt werden, daß Streckers Gallotannin, das mit Säure umgefällt war, glucosereichere Verbindungen enthielt als das von Fischer und Freudenberg nach dem Essigätherverfahren gereinigte Präparat. Auch van Tieghem[2], der türkisches Gallotannin mit Pilzen zerlegte, erreichte nicht ganz Streckers Glucosewerte. Außer Glucose gewannen Fischer und Freudenberg 81,8—84,8 % Gallussäure und 2,7—3,8 % Ellagsäure.

Sieht man von der Ellagsäure ab, über die weiter unten mehr gesagt wird, so deutet die gefundene Menge von Gallussäure und Glucose (der etwa 55 % Verlust zuzurechnen ist) auf ein Verhältnis von ungefähr 5 Gallussäure und 1 Glucose. Eine Pentagalloylglucose dürfte nach der Methylierung und Hydrolyse nur Trimethylgallussäure liefern, statt dessen wurden nur $^6/_7$ der wiedererhaltenen Gallussäure als Trimethyläther gewonnen, während $^1/_7$ als m-p-Dimethyläthergallussäure auftrat, die von der ersten nach einem ziemlich mühsamen und verlustreichen Verfahren abgetrennt wurde (E. Fischer, K. Freudenberg). Das Verhältnis 6 : 1 der beiden Säuren dürfte den Anteil an Dimethyläthersäure zu klein angeben, denn sie ist erstens schwerer zu erfassen als der Trimethyläther, zweitens fand sich in der Hydrolysenmasse ein geringer Anteil (7 %) einer Substanz, die nach Herkunft und Eigenschaften der Methylester der Dimethyläthersäure sein könnte. Das Verhältnis 5 : 1 dürfte zutreffender sein (Karrer nimmt sogar 3 : 1 an). Das bedeutet für den Aufbau des türkischen Tannins, daß von den 5 Hydroxylen der Glucose *durchschnittlich* eins frei, ein anderes mit Digallussäure besetzt ist, während 3 mit Gallussäure verestert sind.

---

[1] Ann. **81**, 248 (1852); **90**, 328 (1854).

[2] Ann. science nat. Bot. (5) **8**, 210 (1867).

P. Karrer, R. Widmer und M. Staub haben das schon fruher als uneinheitlich erkannte türkische Gallotannin durch Aluminiumhydroxyd (s. chinesisches Gallotannin) in Fraktionen von verschiedenem Drehwert zerlegt ($[\alpha]_D$ in Alkohol + 15,6 bis + 46,8). In ihnen wurde ein gleicher Glucosegehalt (12,2—12,7 %) gefunden, während die Ellagsäure, die bei der höchstdrehenden Fraktion 2,1 % betrug, bis auf 8,8 % bei der am tiefsten drehenden anstieg. Gallussäure ergab das umgekehrte Bild: 82 % im hochdrehenden, 76 % im tiefdrehenden Anteil. Demnach ersetzt die Ellagsäure einen Teil der Gallussäure in den tiefer drehenden Anteilen. Da der Zuckergehalt aber der gleiche ist, scheint sonst kein tiefer greifender Unterschied vorzuliegen. Mit dem Gehalt an Ellagsäure ändert sich die Drehung stark; auch wird die Ellagsäure leicht abgespalten. Dies führt zu dem Schluß, daß diese Säure am 1-Kohlenstoff der Glucose haftet und entweder uber ein Phenolhydroxyl gebunden ist oder wahrscheinlicher über eines ihrer Carboxyle. Denn die Ellagsäure ist in solchen Verbindungen eher in ihrer Hydratform als der Dilactonform anzunehmen.

Die Behandlung mit Eisessig-Bromwasserstoff und nachfolgende Acetylierung haben P. Karrer — vergleiche chinesisches Gallotannin — zu dem Schluß geführt, daß nicht alle alkoholischen Hydroxyle der Glucose mit Gallussäure oder Digallussäure besetzt sind, sondern daß das türkische Gallotannin eine Mischung von Produkten umfaßt, in denen auch Verbindungen mit unvollständig galloyliertem Zuckerrest vorhanden sind. Tatsächlich nimmt der mit Diazomethan hergestellte methylierte Gerbstoff, in dem voraussichtlich alle aromatischen, aber nicht die aliphatischen Hydroxyle methyliert sind, Acetylgruppen auf. Da keine Gewähr besteht, daß die Methylierung der Phenolgruppen vollständig ist, kommt dem Versuch allerdings keine große Beweiskraft zu.

Die saure Hydrolyse des türkischen Gallotannins verlangt wie die des chinesischen sehr energische Mittel und eine lange Dauer. Daher wird ein Teil der Gallussäure und ein noch größerer der Glucose schon während des Abbaues zerstört. Ältere Versuche (E. Fischer und K. Freudenberg[1]) haben ergeben, daß der gebundenen Gallussäure unter diesen Umständen 5 %, der Glucose sogar 55 % zuzurechnen ist, wenn man dem wirklichen Wert einigermaßen nahekommen will. Obwohl diese Zahlen sehr ungenau sind, lohnt es sich, nach ihnen die Hydrolysenergebnisse zu berechnen. Hierbei wird, was nach den obigen Ausführungen erlaubt ist, die Ellagsäure der Gallussäure zugerechnet. Alsdann ergeben die Hydrolysen:

	Fischer	Karrer	Berechnet
Gallussäure + Ellagsäure	91,1	87,5	90,4
Glucose	19,7	19,1	19,1
	110,8	106,6	109,6

Der Berechnung ist eine Pentagalloyl-glucose zugrunde gelegt. Die gute Übereinstimmung zeigt, daß auf eine Glucose *durchschnittlich* 5 Gallussäurereste kommen, die teilweise zu Ellagsäure kondensiert sind.

Das so gewonnene Bild läßt sich durch folgendes Schema des türkischen Gallotannins ausdrücken, in dem auf die Konfiguration der Glucose keine Rücksicht genommen ist:

```
        O ————————————
 H₂ |   H  H  H   |
 C—C—C—C—C—CH
 .        .  .  .  .
 O  H  O  O  O  O
 .        .  .  .  .
 a        b  c  d  e
```

Folgende, in Vertikalspalten angeordnete Kombinationen sind möglich:

Typus I. (20 Kombinationen.)

H (Hydroxyl) .	a	a	a	a	b	c	d	e
Gallussäure . .	b	b	b	c	a	usw.		
,, . .	c	c	d	d	c			
,, . .	d	e	e	e	d			
Digallussäure . .	e	d	c	b	e			

Typus II.

H (Hydroxyl) .	a	b	c	d
Gallussäure . .	b	a	a	a
,, . .	c	c	b	b
,, . .	d	d	d	c
Ellagsäure . . .	e	e	e	e

[1] Ber. 45, 919 (1912); Dps 269.

Im rohen Gerbstoff macht der Typus II 10—15 % aus. Weitere Variationen entstehen, wenn in beiden Typen Gallussäure durch Digallussäure vertreten wird und dafür weitere Hydroxyle freibleiben. Außerdem ist es möglich, ja wahrscheinlich, daß im Gemisch Moleküle mit weniger und mit mehr als 5 Gallussäureresten vorkommen. Die zahllosen Möglichkeiten erläutert P. KARRER an den folgenden 3 Beispielen:

H
—CO · Ellagsäure
HCO · Gallussäure
HCO · Gallussäure
HCOH
—OCH
H_2CO · Gallussäure · Gallussäure

H
—CO · Gallussäure
HCO · Gallussäure
HCO · Gallussäure · Gallussäure
HCO · Gallussäure · Gallussäure
—OCH
H_2CO · Gallussäure

H
—CO · Gallussäure
HCO · Gallussäure · Gallussäure
HCOH
HCOH
—OCH
H_2CO · Gallussäure · Gallussäure

6. Sumachgerbstoff.

Über den Gerbstoff des sizilianischen Sumachs aus den Blättern von Rhus coriaria liegen in der älteren Literatur nur spärliche Angaben vor. STENHOUSE[1] fand bei der Hydrolyse mit Wasser oder verdünnter Mineralsäure in der Hitze Gallussäure; BOLLEY[2] bestätigte diesen Befund. LÖWE[3] stellte daneben noch eine geringe Menge Ellagsäure fest. Nach GÜNTHER[4] wird dabei gleichzeitig Glucose frei. A. G. PERKIN und ALLEN[5] isolierten aus den Sumachblättern eine geringe Menge Myricetin (0,12 % des Trockengewichts; Formel S. 9).

Aus der Löslichkeit der Elementarzusammensetzung und verschiedenen Reaktionen glaubte LÖWE den Schluß ziehen zu dürfen, daß der Sumachgerbstoff mit dem Galläpfeltannin identisch sei. Doch sind die angeführten Beweise nicht stichhaltig; bei dem damaligen Stande der Gerbstoffchemie war ein solcher Beweis ja auch außerordentlich schwer zu führen.

Aus den Ergebnissen der früheren Untersuchungen geht immerhin hervor, daß der Sumachgerbstoff sehr wahrscheinlich zur Klasse der Galläpfeltannine gehört. Aus der Elementarzusammensetzung ist auf eine nahe Verwandtschaft mit dem türkischen Gallotannin zu schließen.

Erst aus dem Jahre 1929 liegt eine Heidelberger Dissertation (W. MÜNZ[6]) vor.

2 kg trockene Blätter von Rhus coriaria werden 2 Stunden im Trockenschrank zur Sterilisierung auf 100° erhitzt. Dann werden sie mit 8 l destilliertem Wasser, dem etwas Toluol zugesetzt wird, 24 Stunden bei 30—35° stehen ge-

---

[1] Ann. **45**, 11 (1843). [2] J. f. prakt. Ch. **103**, 484 (1868).
[3] Ztschr. f. anal. Ch. **12**, 128 (1873). [4] Dissert., Dorpat 1871.
[5] Journ. Chem. Soc. London **69**, 1299 (1896). [6] Collegium **1929**, 714.

lassen. Nach Ablauf dieser Zeit wird der wäßrige Auszug abgegossen und das Blättermaterial mit 4 l destilliertem Wasser erneut ausgelaugt. Dann wird wieder abgegossen und die Auslaugung mit je 4 l Wasser noch einmal durch je 24 Stunden wiederholt. Zuletzt werden die Blätter abgepreßt. Die vereinigten Auszüge werden im Vakuum bei 50° zum Sirup eingeengt. An einer abgemessenen Probe wird die Acidität mit n/40 Natronlauge festgestellt und dann dem Sirup etwas weniger als die daraus berechnete Menge fein gepulverter Soda unter beständigem Rühren zugesetzt. Dann wird anhaltend mit stets erneuten Mengen neutralem Essigester ausgeschüttelt, bis der Essigester farblos bleibt. Die Essigesterlösung wird mit sehr wenig Wasser gewaschen und unter vermindertem Druck zum Sirup eingeengt. Nun wird noch zweimal etwas Wasser zur vollständigen Entfernung des Essigesters hinzugegeben. Der zum Schluß zurückbleibende Sirup wird im Vakuumexsiccator zur Trockene gebracht und dann fein zerrieben. Ausbeute: 140—160 g = 7—8 % des Blattmaterials.

Der Gerbstoff ist nicht methoxylhaltig, wie GSCHWENDNER[1] angibt. Die Acidität des gereinigten Gerbstoffes, welche nach der Tüpfelmethode (FREUDENBERG und VOLLBRECHT[2]) mit n/40 Natronlauge festgestellt wurde, ist ziemlich hoch. 1 g Gerbstoff verbraucht etwa 62 cm^3 n/40 Natronlauge. Trotzdem ist im Sumachgerbstoff keine freie Carboxylgruppe anzunehmen, da er aus alkalischer Lösung mit Essigester ausgezogen wird.

Die Zusammensetzung stimmt auf eine Penta-galloyl-glucose. Die Drehung steigt in wäßriger Lösung mit der Verdünnung von $[\alpha]_D + 53^0$ einer 5proz. Lösung auf $+ 70^0$ bei einer 0,3proz. Lösung.

Bei einer Hydrolysendauer von 24 Stunden (100°, 5proz. Schwefelsäure) wurden 55,6 % Gallussäure und 4,7 % Glucose gefunden. Die Dauer der Hydrolyse wurde bis zu 75 Stunden gesteigert, wobei das Maximum an Gallussäure und Zucker erhalten wurde, nämlich 82,2 % Gallussäure und 6 % Zucker. Ellagsäure wurde nicht beobachtet. Dem Abbau mit Säuren kommt nur ein orientierender Wert zu, da bei der langen Dauer des Versuches immer Gerbstoff und Spaltstücke zerstört werden.

Größere Bedeutung hat der Abbau mit Tannase. Hier wurden bis jetzt 88 % Gallussäure und 8,2 % Glucose erhalten. Eine Pentagalloylglucose verlangt 90,4 % Gallussäure und 19,1 % Glucose. Also bleibt immer noch eine ziemlich große Differenz. Es ist möglich, daß der Zucker noch an eine dritte Komponente gebunden ist, die von Tannase schwer abgetrennt und mit dem fehlenden Zucker (zusammen fehlen etwa 13 %) als „Gerbstoffrest" entfernt wird. Die Analogie mit der Chebulinsäure liegt nahe.

Beim chinesischen und türkischen Gallotannin war es ILJIN[3] und KARRER[4] möglich gewesen, durch fraktionierte Fällung mit Aluminiumhydroxyd eine Entmischung in Anteile verschiedener optischer Aktivität zu erreichen. Dasselbe gelang beim Sumachgerbstoff. Es wurden Fraktionen mit Drehungswerten von + 43,3 bis + 87,9 erhalten. Es liegen also verschiedene Isomere oder ähnliche Formen im Sumachgerbstoff vor. Hierfür spricht auch das Ergebnis des Abbaues mit Eisessig-Bromwasserstoff nach P. KARRER. Es konnten hierbei nur ca. 60 % der für eine Pentagalloylglucose zu erwartenden Menge Tetra-(tri-acetyl-galloyl)-l-acetyl-glucose erhalten werden. Da nach KARRER bei dieser Behandlung nur die depsidartig gebundene und am Acetal-hydroxyl haftende Gallussäure abgetrennt wird, hätte bei einer normalen Pentagalloylglucose die Ausbeute quantitativ sein müssen. Dies wurde von KARRER tatsächlich am synthetischen Material gezeigt. Immerhin ist durch den Versuch bewiesen, daß einem beträchtlichen Teile des Sumachgerbstoffes die Pentagalloylglucose zugrunde liegt.

---

[1] Dissert., Erlangen 1906. — STRAUSS u. GSCHWENDNER: Ztschr. f. angew. Ch. **19**, 1124 (1906). [2] Ztschr. f. physiol. Ch. **116**, 277 (1921).
[3] Ber. **47**, 985 (1914). [4] Ann. **433**, 288 (1923).

Um zu entscheiden, wie die Gallussäurereste im Molekül des türkischen Gallotannins angeordnet sind, haben E. Fischer und K. Freudenberg[1] den Gerbstoff mit Diazomethan methyliert und den Methylgerbstoff alkalisch gespalten. Aus dem Mengenverhältnis der dabei entstehenden Trimethylgallussäure und m-p-Dimethylgallussäure konnte man schließen, wieviel Gallussäure depsidartig gebunden ist. Wenn man den mit Diazomethan methylierten Sumachgerbstoff mit methylalkoholischer Kalilauge hydrolysiert, erhält man nur zwei Drittel des Ausgangsmaterials als Säuren zurück. Das aus dem Hydrolysat von 5 g methyliertem Sumachgerbstoff gewonnene Säurengemisch besteht zu 2,34 g aus Trimethylgallussäure und zu 0,46 g aus m-p-Dimethylgallussäure. Auch durch diesen Befund wird die Vermutung gestützt, daß der Sumachgerbstoff keine einheitliche Pentagalloylglucose ist.

Bei der alkalischen Hydrolyse des methylierten Sumachgerbstoffes treten immer ölige, alkaliunlösliche Produkte auf, vielleicht methylierte Phenole. Um Pyrogallolmethyläther handelt es sich nicht, vielleicht aber um Spaltstücke einer unbekannten Komponente. Es ist nicht gelungen, etwas Krystallinisches aus dieser Masse zu gewinnen. Es müßte geprüft werden, ob hier die Ester von Trimethyl- und Dimethylgallussäure vorliegen.

Es kann also zusammenfassend gesagt werden, daß dem Gerbstoff des sizilianischen Sumachs zum größten Teil Pentagalloylglucose zugrunde liegt. Ob noch eine andere Komponente am Aufbau des Sumachgerbstoffes beteiligt ist oder worauf sonst die Differenzen zwischen Berechnung und Ergebnis beim Abbau des Sumachgerbstoffes zurückzuführen sind, konnte noch nicht entschieden werden. Die alkoholischen Hydroxyle der Glucose sind im Hauptanteil des Gerbstoffgemisches sämtlich besetzt, und zwar zum Teil mit Digallussäure. Dem chinesischen Gallotannin, das auch ein Rhusgerbstoff ist, steht der Sumachgerbstoff näher als das türkische Gallotannin.

7. Das chinesische Gallotannin

ist der am besten untersuchte Gerbstoff. Es wird bereitet aus den Blattgallen der in Ostasien (China, Japan) verbreiteten Sumachart Rhus semialata. E. Fischers Untersuchungen (mit K. Freudenberg[2] sowie M. Bergmann[3]) beziehen sich auf Präparate, die mit dem aus sogenannten chinesischen Zackengallen stammenden Gerbstoff übereinstimmen; ob die Gallen anderer Form oder anderer Herkunft, z. B. aus Japan, genau das gleiche Tannin enthalten, bleibt dahingestellt.

Wer Handelspräparate verwendet, sollte sie stets nach dem „Essigätherverfahren" reinigen, das wie kein anderes die verschiedensten Beimengungen entfernt (S. 16 u. 37). Nie darf versäumt werden, die Reste des anhaftenden Essigäthers durch Lösen in Wasser und Eindampfen im Vakuum wegzuschaffen. Da die käuflichen Handelspräparate meistens Alkohol oder Äther enthalten, ist die Vornahme dieser letzteren Operation unter allen Umständen angezeigt.

Das aus der wäßrigen Lösung stammende Gallotannin ist eine spröde, zerreibliche Masse, die nicht klebt. Im Vakuum bei 100° verliert sie glatt alles Wasser (mehrere Prozent), das sie an der Luft mit großer Begierde wieder ansaugt, ohne klebrig zu werden. Mit Wasser übergossen quillt der Gerbstoff auf und geht in Lösung. Beim Abkühlen auf 0° trüben sich selbst verdünnte Lösungen milchig, und starke wäßrige Lösungen mancher Präparate bilden schon bei Zimmertemperatur zwei Schichten.

Schon die älteren Tanninchemiker haben festgestellt, daß starke, wäßrige Gallotanninlösungen mit Äther oder Ätheralkohol bzw. Aceton drei Schichten bilden, von denen die unterste den meisten Gerbstoff enthält. Alkohol, Aceton, Essigather und Pyridin lösen

[1] Ber. **47**, 2485 (1914).
[2] Ann. **384**, 238 (1911), Dps 138; **45**, 919 (1912), Dps 269; **47**, 2485 (1914), Dps 337.
[3] Ber. **51**, 1760 (1918), Dps 349; **52**, 829 (1919), Dps 395.

das chinesische Gallotannin in jedem Verhaltnis. Der vollkommen trockene Gerbstoff wird in Berührung mit reinem Äther klebrig und löst sich bei gewöhnlicher Temperatur etwa zu einem halben Prozent darin auf. Diese Lösung trübt sich beim Erwärmen. Beim Eindampfen, auch im Vakuum bei erhöhter Temperatur, werden die organischen Lösungsmittel nicht vollständig abgegeben. Die Präparate fühlen sich meist klebrig an und können nur durch Auflösen in Wasser und Eindunsten von dieser Beimengung befreit werden.

In optischer Hinsicht zeigt das chinesische Gallotannin ein sehr bemerkenswertes Verhalten, das im Zusammenhang von NAVASSART[1] untersucht worden ist. In wäßriger 20proz. Lösung hat der Gerbstoff eine spezifische Drehung von $+ 45$ bis $+ 53^0$. Mit der Verdünnung steigen diese Werte erst langsam, dann schnell; ein Präparat, das in 5proz. Lösung etwa $+ 60^0$ dreht, zeigt in 1proz. Lösung eine bis zu 10^0 höhere Drehung. Bei noch geringeren Konzentrationen verliert sich die Kurve schnell im Bereich der Beobachtungsfehler; aber der Zug der Kurve veranschaulicht deutlich, daß auch bei 1proz. Verdünnung noch kein Maximum erreicht ist. Die bisherige Gepflogenheit, die Drehung des chinesischen Gallotannins in etwa 1proz. Lösung zu bestimmen, verliert damit die Begründung. Besser werden, wenn die Löslichkeit es irgend zuläßt, stärkere (etwa 5proz.) Lösungen verwendet, weil bei dieser Stärke die Drehung weit weniger mit der Konzentration wechselt. Außerdem sind die Versuchsfehler geringer, und schließlich scheint es, daß das Drehungsvermögen in verdünntester Lösung in einem besonders hohen Maße von Beimengungen oder unbekannten Zufälligkeiten abhängt, die von Einfluß auf die Dispersität sind. Aus den in wäßriger Lösung, vor allem, wenn sie sehr verdünnt ist, gewonnenen Werten dürfen deshalb, wie auch E. FISCHER und M. BERGMANN (a. a. O.) betont haben, keine zu weitgehenden Schlüsse gezogen werden. Für Vergleichszwecke wird es am besten sein, die Drehung bei verschiedener Konzentration zu bestimmen und mehr Gewicht auf die Struktur der Kurve als auf die einzelnen Zahlenwerte zu legen.

Weit wichtiger sind die Befunde in organischen Lösungsmitteln, weil sich in ihnen die spezifische Drehung nur in einem geringen Maße mit der Konzentration verändert. In diesen Medien zeigt das chinesische Tannin ein bedeutend geringeres Drehungsvermögen als in wäßriger Lösung. Es dreht stets nach rechts.

Das Molekulargewicht ist zwischen 1460 und 1790 gefunden worden (vgl. Abschnitt Molekulargewicht). Das wirkliche Molekulargewicht dürfte von Präparat zu Präparat schwanken und durchschnittlich bei 1550 liegen.

Der Gerbstoff ist infolge der Häufung von Hydroxylen trotz Abwesenheit einer Carboxylgruppe ausgesprochen sauer. Zur Neutralisation von 1 g sind etwa 6 cm^3 n/10 Natronlauge nötig. Die Elementarzusammensetzung entscheidet nicht zwischen einer Okta-, Nona- oder Deka-galloyl-glucose.

Ebensowenig vermögen die Ergebnisse der Hydrolyse über diesen Punkt Klarheit zu schaffen[2].

	Mol.-Gew.	C	H	Gallussäure %	Glucose %
Okta-galloyl-Glucose . .	1396	53,28	3,18	97,4	13,0
Nona- „ „ . .	1548	53,47	3,12	98,9	11,6
Deka- „ „ . .	1700	53,63	3,08	100,0	10,6
Gefunden	1460—1700	53,5	3,3	98,6	11,4

Die beiden zuletzt angegebenen Werte (98,6% Gallussäure und 11,4% Glucose) enthalten eine Korrektur. In Wirklichkeit sind bei sorgfältig durchgeführter Hydrolyse 93,6—94% Gallussäure und 6,8—7,9% Glucose gefunden worden. Durch blinde Versuche wurde festgestellt, daß während der Hydrolyse Gallussäure und Glucose zerstört werden, und zwar so viel, daß der gefundenen Menge der ersteren 5%, der letzteren 55% zugezählt werden müssen. Obwohl die Werte einer Nona-galloyl-glucose am nächsten liegen, schließen sie die Okta- oder Dekaester nicht aus, weil sie zu ungenau sind.

[1] Kolloidchem. Beihefte **5**, 299 (1914).

[2] Ber. **45**, 919 (1912), Dps 269. — SCHMIDT, O. TH.: Ann. **479**, 1 (1930).

Da die Glucose unmittelbar nur 5 Gallussäurereste binden kann, müssen bei der Annahme einer Nona-galloyl-glucose mindestens 4 Gallussäuremoleküle ihrerseits an Gallussäure gebunden sein. Tatsächlich liefert das mit Diazomethan methylierte chinesische Gallotannin bei der alkalischen Hydrolyse ein Gemenge von Trimethyl- und m-p-Dimethylgallussäure (HERZIG[1]).

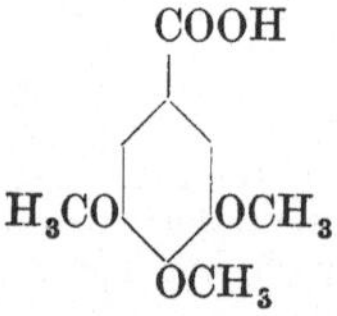

COOH

H_3CO OCH_3

OCH_3

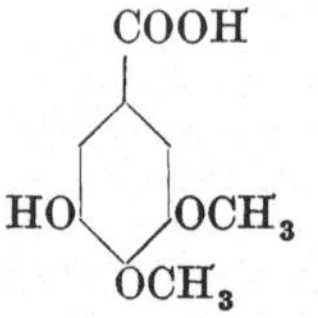

COOH

HO OCH_3

OCH_3

Das Mengenverhältnis beider ist noch nicht genau festgestellt; soweit bis jetzt Angaben vorliegen, scheint dieses Gemisch zum mindestens aus der Hälfte, wenn nicht aus mehr Trimethylgallussäure zu bestehen. Für das Auftreten anderer Gallussäurederivate liegen keine Anzeichen vor. Da am rohen Gemisch der Säuren keine Eisenchloridreaktion beobachtet wurde, darf die Gegenwart von freier Gallussäure oder ihres Monomethyläthers als ausgeschlossen gelten. Aber weder ein solcher noch Syringasäure (m-m-Dimethylgallussäure) ist beobachtet worden. Die eine Gallussäure ist also mit der anderen über das m-Hydroxyl verknüpft, also ist m-Digallussäure ein Bauelement des Gerbstoffs. Tatsächlich ist es J. HERZIG[2] gelungen, die m-Digallussäure bei der Methylierung von Gallotannin mit Diazomethan in Gegenwart von Methylalkohol abzutrennen in Form ihres permethylierten Esters, des Pentamethyl-m-digallussäure-methylesters folgender Konstitution:

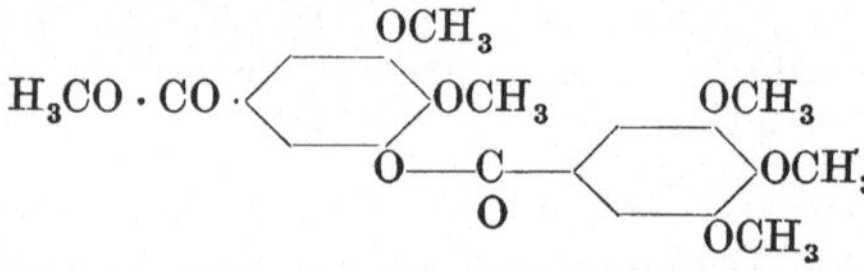

OCH_3

$H_3CO \cdot CO \cdot$ ⟨ ⟩ OCH_3 — OCH_3

O—C(=O)—⟨ ⟩ OCH_3

OCH_3

Auf Grund dieser Feststellungen folgt als die einfachste Annahme, daß der Hauptanteil des chinesischen Gallotannins etwa nach dem nebenstehenden Schema aufgebaut ist.

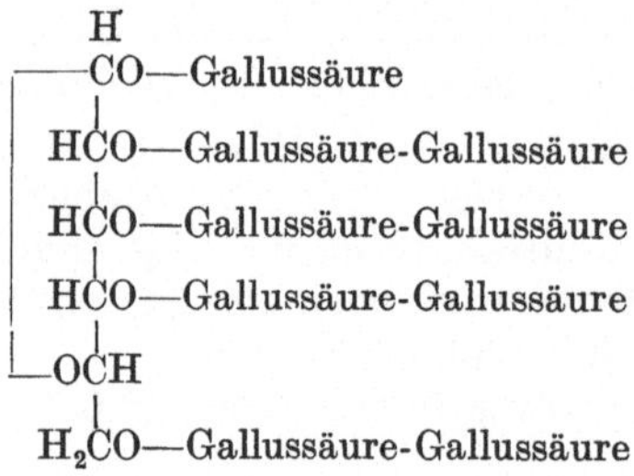

H
CO—Gallussäure
HCO—Gallussäure-Gallussäure
HCO—Gallussäure-Gallussäure
HCO—Gallussäure-Gallussäure
OCH
H_2CO—Gallussäure-Gallussäure

Es wird jedoch gezeigt werden, daß diese Formel nur das durchschnittliche Bild für den Hauptanteil wiedergibt.

EMIL FISCHER, der mit seinen Schülern durch Abbau und Synthese die Art der Bindung zwischen Gallussäure und Glucose aufgeklärt hat, stellte in den Vordergrund seiner Betrachtung eine Penta-digalloyl-glucose, also eine Verbindung von einer Glucose mit 10 Gallussäureresten (Formel S. 4). — Er machte jedoch Vorbehalte.

Die Ergebnisse der in Richtung auf das chinesische Gallotannin unternommenen Synthesen können dahin zusammengefaßt werden, daß die Bereitung der Penta-(m-digalloyl)-α-glucose, vermischt mit etwas des β-Isomeren, und umgekehrt die Gewinnung der β-Verbindung, vermengt mit etwas α-Derivat, gelungen ist (E. FISCHER und M. BERGMANN[3]). Die Übereinstimmung dieser Präparate mit dem chinesichen Gallotannin erstreckt sich auf die Elementarzusammensetzung der Gerbstoffe, ihrer Methyl- und Acetylderivate; auf den Acetylgehalt der letzteren, auf die Löslichkeit der Gerbstoffe, ihrer Methyl- und Acetylderivate in den organischen Lösungsmitteln und auf sämtliche Gerbstoffreaktionen. Die Zerlegung der Gerbstoffe durch verdünnte Schwefelsäure erfordert die gleiche Zeit und ergibt die Komponenten im gleichen Mengenverhältnisse. In der Drehung zeigen sich jedoch kleine Unterschiede.

L. ILJIN[4] und später P. KARRER[5] haben durch Aufteilung in Fraktionen den Beweis erbracht, daß das chinesische Gallotannin ebenso wie das

[1] Monatshefte **30**, 543 (1909); **33**, 843 (1912); Ber. **38**, 989 (1905).
[2] Ber. **56**, 221 (1923). [3] Ber. **52**, 829 (1919), Dps 395.
[4] Ber. **47**, 985 (1914).
[5] KARRER, P., H. SALOMON u. J. PEYER: Helv. chim. Acta **6**, 17 (1923).

türkische (und der Sumachgerbstoff)[1] aus einem Gemisch einander sehr nahestehender Formen besteht. ILJIN fraktionierte mit Zinkacetat, KARRER mit Aluminiumhydroxyd.

KARRER trägt Aluminiumhydroxyd in kleinen Mengen in die wäßrige Tanninlösung ein. Es löst sich zunächst, nach kurzer Zeit fällt ein Niederschlag aus. Diesen zersetzt man mit der gerade dazu notwendigen Menge von Schwefelsäure oder Salzsäure in der Kälte und zieht das frei gemachte Tannin schnell mit Essigester aus. Den Essigesterextrakt bringt man im Vakuum zur Trockene, vertreibt die letzten Essigesterreste durch Abdampfen des Trockenrückstandes mit Wasser, trocknet das Tannin und polarisiert in Wasser oder Pyridin. Fraktionen mit annähernd gleich hohen Drehungen werden hierauf wieder vereinigt und von neuem durch portionenweises Eintragen von Aluminiumhydroxyd in die wäßrige Lösung fraktioniert.

Die niedrig drehenden Fraktionen fallen zuerst aus: $[\alpha]_D$ in Wasser $+ 30$ bis 40^0, in Pyridin $+ 40$ bis 41^0; die hohen erscheinen zuletzt: $+ 150$ bis 158^0 in Wasser, $+ 50$ bis 51^0 in Pyridin. Obwohl die Drehung in Wasser stark beeinflußt wird vom Dispersitätsgrad und von geringfügigen Beimengungen, sind sie nicht die alleinige Ursache der Verschiedenheit. Denn entscheidend ist, daß genügend weit fraktionierte Tanninpräparate auch in organischen Lösungsmitteln stark verschiedene spezifische Drehung aufweisen und beim Abbau gewisse Unterschiede erkennen lassen.

Auf diese Fraktionen wendet KARRER sein Abbauverfahren mit Eisessig-Bromwasserstoff an. Innerhalb 8—10 Tagen werden durch dieses Reagens nur die depsidartig gebundenen und die am Acetalhydroxyl der Glucose haftenden Gallussäurereste abgespalten, und eine Verseifung der die Alkoholgruppen der Glucose veresternden Gallussäuremolekel findet in nachweisbarer Menge nicht statt. Auch nach zweimonatiger Einwirkung der Eisessig-Bromwasserstoff-Mischung ist die Spaltung, wie ausdrucklich gezeigt wurde, nur sehr wenig weitergegangen. Aus den Fraktionen des chinesischen Tannins, deren Drehung in Wasser über ca. $+ 80^0$ lagen, wurde eine Tetragalloyl-l-brom-glucose erhalten, der die wahrscheinlichste Formel I zugewiesen werden muß. Sie wurde, weil schlecht zu reinigen, in ihr Acetylderivat, die Tetra-(triacetyl-galloyl)-l-bromglucose II, verwandelt. Auch diese Verbindung krystallisiert nicht; aber sie läßt sich dank ihrer angenehmen Löslichkeitsverhältnisse leicht von allen anderen etwa in Frage kommenden Beimengungen abtrennen und ihre Analyse, die infolge des Bromgehaltes charakteristische Werte liefert, bestätigt ihre Reinheit.

I	II
H	H
—C · Br	—C · Br
$HCO \cdot CO \cdot C_6H_2(OH_3)$	$HCO \cdot CO \cdot C_6H_2(OCOCH_3)_3$
$HCO \cdot CO \cdot C_6H_2(OH)_3$	$HCO \cdot CO \cdot C_6H_2(OCOCH_3)_3$
$HCO \cdot CO \cdot C_6H_2(OH)_3$	$HCO \cdot CO \cdot C_6H_2(OCOCH_3)_3$
—OC · H	—OCH
$H_2CO \cdot CO \cdot C_6H_2(OH)_3$	$H_2CO \cdot CO \cdot C_6H_2(OCOCH_3)_3$

Die aus den hochdrehenden Fraktionen des chinesischen Tannins auf diese Weise gewonnene Tetra-(triacetyl-galloyl)-l-brom-glucose ist identisch mit einem Präparat, das man aus der synthetischen, der Struktur nach bekannten Penta-(-triacetyl-galloyl)-glucose durch analoge Einwirkung von Eisessig-Bromwasserstoff gewinnt.

Sowohl die aus Tannin gewonnene als auch die aus synthetischer Penta-(triacetyl-galloyl)-glucose erhaltene Tetra-(triacetyl-galloyl)-l-bromglucose geht, mit Natriumacetat und Essigsäureanhydrid erwärmt, in Tetra-(triacetyl-galloyl)-l-acetyl-glucose III über. Beide Präparate sind identisch:

III	IV
H	H
$—C \cdot OCOCH_3$	$—C \cdot OCH_3$
$HC \cdot O \cdot COC_6H_2(OCOCH_3)_3$	$HC \cdot O \cdot COC_6H_2(OCOCH_3)_3$
HC · O—	HC · O—

[1] FREUDENBERG, K. u. W. MÜNZ: S. 36.

Und endlich gaben beide Tetra-(triacetyl-galloyl)-l-brom-glucose-Präparate, dasjenige aus Gallotannin und jenes aus synthetischer Penta-(triacetyl-galloyl)-glucose, beim Umsatz mit Methylalkohol und Silbercarbonat identische Tetra-(triacetyl-galloyl)-methylglucoside IV.

Schließlich ist der Ring der Beweisführung in betreff der Konstitution dieser Verbindungen durch die Beobachtung geschlossen worden, daß die aus Tannin und aus synthetischer Penta-(triacetyl-galloyl)-glucose erhaltenen Präparate von Tetra-(triacetyl-galloyl)-methylglucosid fast genau die gleiche spezifische Drehung besitzen wie Tetra-(triacetyl-galloyl)-β-methylglucosid, das aus krystallisiertem β-Methylglucosid und Triacetyl-gallussäurechlorid bereitet wurde, und über dessen Konstitution und Konfiguration ein Zweifel daher nicht bestehen kann.

$[\alpha]_D$ in Aceton betrug für

Tetra (triacetyl-galloyl)-methyl-glucosid aus Tannin	$+31,8^0$
„ „ „ „ „ „ Penta-(triacetyl-galloyl)-glucose .	$+31,5^0$
„ „ „)-β-methyl-glucosid aus β-Methyl-glucosid	$+32,9^0$

Das Tetra-(triacetyl-galloyl)-α-methylglucosid (aus α-Methyl-glucosid und Triacetyl-gallussäurechlorid bereitet) zeigt in Aceton die spezifische Drehung $+ 42,3^0$.

Die aus Tannin und aus synthetischer Penta-(triacetyl-galloyl)-glucose über die Bromverbindung erhaltenen Penta-(triacetyl-galloyl)-methylglucoside sind somit Derivate der β-Glucose und daher als Penta-(triacetyl-galloyl)-β-methylglucoside zu bezeichnen. Über die Zugehörigkeit der l-Brom-tetra-(triacetyl-galloyl)-glucose und der l-Acetyl-tetra-(triacetyl-galloyl)-glucose zur α- bzw. β-Glucosereihe kann dagegen nichts Sicheres ausgesagt werden; wahrscheinlich ist es, daß auch sie β-Formen sind oder in ihnen die β-Formen wenigstens überwiegen.

Damit ist bewiesen, daß den hochdrehenden Gallotanninfraktionen eine Tetra-galloyl-glucose bzw. Penta-galloyl-glucose zugrunde liegt (daß die Acetalhydroxylgruppe der Glucose im chinesischen Tannin galloyliert auftritt, ist nicht zu bezweifeln). Die weiteren, noch in der Tanninmolekel auftretenden Gallussäurereste müssen depsidartig in die Penta-galloyl-glucose eingreifen. Hierzu steht eine große Variationsmöglichkeit offen, die in zwei Grenztypen ihre natürlichen Grenzen findet (FREUDENBERG[1]). Die erste Grenzform ist auf S. 40 wiedergegeben, die zweite ist die folgende:

```
  H
┌─CO · Gall
│  |
│ HCO · Gall
│  |
│ HCO · Gall      Gall = Gallussäure
│  |
│ HCO · Gall
│  |
└─OCH
   |
 H2CO · Gall · Gall · Gall · Gall · Gall
```

Da nun die hochdrehenden Tanninfraktionen (etwa mit den Drehungswerten 85—158⁰ in Wasser) bei den oben geschilderten Abbaureaktionen dieselben Derivate der Tetragalloyl-glucose ergeben, so kann ihre Verschiedenheit, die sich in der Drehung, in ihrer verschieden leichten Fällbarkeit durch Aluminiumhydroxyd äußert, nur durch folgende zwei Ursachen bedingt sein:

a) durch sterische Verschiedenheit am Kohlenstoffatom 1 (der Glucose, α- und β-Formen);

b) durch verschiedene Zahl oder verschiedene Anordnung der Gallussäurereste, die mit der Penta-galloyl-glucose, dem Grundkörper, depsidartig verbunden sind.

Die niedrigdrehenden Tanninfraktionen, ebenso das ungereinigte Tannin levissimum purissimum Merck, führten dagegen beim Abbau mit Eisessig-Bromwasserstoff zu Tetra-(triacetyl-galloyl)-brom-glucose-präparaten, die sich von den aus synthetischer Penta-galloyl-glucose erhaltenen in der Drehung nicht unwesentlich unterschieden.

Welcher Art die Beimengungen bzw. Verunreinigungen sind, welche in den tiefdrehenden Tanninfraktionen und im unfraktionierten Tannin vorkommen, bleibt dahingestellt. Sie müssen die Ursache der beobachteten Differenzen sein. Es ist nicht gesagt, daß sie tanninähnlicher Natur zu sein brauchen, man kann auch an gröbere Verunreinigungen denken.

Die Verwandlung der synthetischen Penta-(triacetyl-galloyl)-glucose über die Tetra-(triacetyl-galloyl)-l-bromglucose II in die Tetra-(triacetyl-galloyl)-l-acetylglucose III verläuft annähernd quantitativ. So entstanden aus 7,42 g Penta-(triacetyl-galloyl)-glucose 6,17 g Tetra-(triacetyl-galloyl)-l-acetyl-glucose, während die Theorie 6,30 verlangt. Der Verlust beträgt nur 2 %.

---

[1] Chem. d. nat. Gerbstoffe. 1920.

Die Ausbeute an Tetra-(triacetyl-galloyl)-l-acetyl-glucose, die man unter analogen äußeren Bedingungen aus den Tanninfraktionen isolieren kann, muß daher auch über die durchschnittliche Menge von Gallussäure Auskunft geben können, die in den Tanninmolekeln, aus denen die einzelnen Fraktionen zusammengesetzt sind, vorkommt.

Denn man kann theoretisch im Maximum an Tetra-(triacetyl-galloyl)-l-acetyl-glucose erhalten:

aus 10 g einer Deka-galloyl-glucose . . . . . . 7,8 g
aus 10 g einer Nona-galloyl-glucose . . . . . . 8,6 g
aus 10 g einer Okta-galloyl-glucose . . . . . . 9,5 g
aus 10 g einer Hepta-galloyl-glucose . . . . . 10,7 g

Entstehen aus 10 g einer Tanninfraktion mehr als 7,8 g Tetra-(triacetyl-galloyl)-l-acetylglucose, so ist eindeutig bestimmt, daß in dieser Tanninfraktion weniger als 10 Gallussäurereste auf 1 Mol. Traubenzucker treffen.

Diese Differenzen sind groß genug, um ein klares Bild von der Menge der gebundenen Gallussäurereste im Tannin zu vermitteln. Sie sind viel bedeutender als jene, die durch Elementaranalyse an solchen verschieden weit galloylierten Glucosen nachgewiesen werden können.

KARRER erhielt:

aus 10 g Tannin. Fraktion $[\alpha]_D = +30^0$ . . . . . . 7,86 g Tetra-(triacetyl-galloyl)-l-acetyl-glucose
aus 10 g „ „ $[\alpha]_D = +85^0$ . . . . . . 8,74 g dgl.
aus 10 g „ „ $[\alpha]_D = +130—135^0$ . . . 8,9 g dgl.
aus 10 g „ „ $[\alpha]_D = +145—147^0$ . . . 8,83 g dgl.
aus 10 g „ „ $[\alpha]_D = +105^0$ (aus einem anderen Tannin stammend) . . . . 9,2 g dgl.
aus 10 g ungereinigtem Tannin . . . . 8,3 g dgl.
aus 10 g desselben, nach der Estermethode gereinigten, selbstextrahierten Tannins . . . . 9,2 g dgl.
aus 10 g käuflichem, sehr stark gallussäurehaltigem Tannin, das nach der Essigestermethode von Gallussäure befreit worden ist . . . . 9,0 g dgl.

Diese Ausbeuten an Tetra-(triacetyl-galloyl)-l-acetyl-glucose zeigen, daß in den höher drehenden Tanninfraktionen durchschnittlich ungefähr 8—9 Gallussäurereste auf 1 Mol. Glucose treffen. Dies bedeutet nicht, daß die Fraktionen eine einheitliche Nona-galloyl-glucose enthalten, viel eher ist an eine Mischung von verschiedenen Deka-Nona- und Okta-galloyl-glucosen zu denken mit dem durchschnittlichen Gallussäuregehalt von 8—9 Gallussäureresten auf 1 Mol. Traubenzucker.

Die Tanninfraktion $[\alpha]_D = +30$ (in Wasser) sowie das unfraktionierte Tannin liefern ziemlich viel weniger Tetra-(triacetyl-galloyl)-l-acetylglucose. Dies kann zwei Gründe haben: entweder enthalten diese Substanzen noch Verunreinigungen, die sich unter den gewählten Bedingungen nicht in Tetra-(triacetyl-galloyl)-l-acetylglucose überführen lassen, oder die Menge der depsidartig gebundenen Gallussäurereste ist in ihnen etwas größer, so daß durchschnittlich gegen 10 Gallussäuremolekel auf 1 Mol. Glucose treffen. KARRER läßt die Frage offen, neigt aber der ersteren Auffassung zu.

Das ungereinigte, unfraktionierte, mit Aceton aus Zackengallen extrahierte Tannin lieferte eine Ausbeute an Tetra-(triacetyl-galloyl)-l-acetylglucose, die zwischen denjenigen liegt, die man aus den niedrigst drehenden Tanninfraktionen erhält. Sie weist auf Verunreinigungen oder auf einen mittleren Gallussäuregehalt von 9—10 Gallussäuremolekeln pro Glucoserest hin. Wird das Tannin nach der Essigestermethode gereinigt, so steigt, wie oben angegeben ist, die Ausbeute an Tetra-(triacetyl-galloyl)-l-acetylglucose ungefähr auf denselben Betrag an, wie er aus den mittleren und höher drehenden Tanninfraktionen erhalten worden ist. In diesem gereinigten Tannin entspricht der mittlere Gallussäuregehalt daher einer Mischung von Nona-galloyl-glucose und Okta-galloyl-glucose.

1930 hat O. TH. SCHMIDT[1] einige der Gallotanninchemie noch verbliebene Widersprüche im Sinne der obigen Darlegungen aufgeklärt.

Es ist nach alledem nicht leicht, unserer heutigen Kenntnis des chinesischen Gallotannins eine knappe Formulierung zu geben. Unter Verzicht auf Einzelheiten läßt sich sagen: das chinesische Gallotannin ist ein Gemisch, dessen Anteile aus Penta-galloyl-glucose bestehen, der weitere Gallussäurereste — 3, 5,

[1] Ann. **479**, 1 (1930).

vornehmlich aber 4 — derart angegliedert sind, daß sich vorwiegend m-Digalloylgruppen ausbilden, während höhere Depsidketten (Trigalloyl usw.) unwahrscheinlich, aber nicht ausgeschlossen sind. In diesem Sinne sind die Formeln S. 4, 40, 42 zu verstehen. Von früheren Zusammenfassungen (E. FISCHER[1], K. FREUDENBERG[2], P. KARRER[3]) sei eine[2] wiederholt:

Ob dieser Gerbstoff nun 10 Moleküle Gallussäure oder eines mehr oder weniger enthält; ob die Säure stets in der Anordnung der Digallussäure auftritt; ob dem Gerbstoffe die α- oder β-Glucose oder gar eine andere Form dieses Zuckers zugrunde liegt, und ob schließlich in dem Gemenge, das dieser Stoff nun einmal darstellt, diese oder jene isomere Form überwiegt, dies sind alles Fragen untergeordneter Bedeutung gegenüber der durch Abbau und Synthese klargelegten Grundform seiner Konstitution.

c) Ellagsäuregruppe.

Die Ellagengerbstoffe werden gewöhnlich als Glucoside der Ellagsäure angesehen, weil sie unter den Bedingungen, unter denen die Glucoside zerfallen, die unlösliche Ellagsäure abscheiden. In einigen Fällen ist die gleichzeitige Entstehung von Zucker wahrscheinlich gemacht worden; bewiesen ist sie nur beim Gerbstoffe des Granatbaumes. Aber auch hier ist nicht sichergestellt, ob ein wirkliches Glucosid vorliegt, denn die Ellagsäure, ein Diphenylderivat, das sich aus 2 Molekülen Gallussäure ableitet (Formel S. 23), kann nicht nur als Glucosid mit den Phenylhydroxylen am Zucker haften, sondern auch möglicherweise über die Carboxylgruppen mit dem Zucker verestert sein. Außer den Kombinationen der Ellagsäure mit Zucker sind auch solche mit Gallussäure vermutet worden. Bewiesen ist dies bei einem Anteile des türkischen Gallotannins.

Die Ellagsäure ist im Pflanzenreiche ähnlich weit verbreitet wie die Gallussäure, Kaffeesäure oder das Quercetin. Sie wird gewöhnlich in der Begleitung von Gallussäure oder deren Derivaten angetroffen. So sind wir Ellagengerbstoffen bereits als Beimengung der Chebulinsäure, des türkischen Gallotannins und des Sumachgerbstoffes begegnet. H. R. PROKTER[4] bezweifelt überhaupt die Existenz einer Ellagengerbsäure und hält diesen Stoff für kolloid gelöste Ellagsäure. Er dürfte hiermit jedoch nur in einzelnen Fällen das Richtige treffen.

Ellagengerbstoff aus Punica granatum (FRIDOLIN[5]; REMBOLD[6]). Einige Kilogramm der Fruchtschalen, Wurzel- oder Zweigrinde des Granatbaumes werden mit 95% Alkohol erschöpft; der Auszug wird unter vermindertem Druck eingedampft und der Rückstand in so viel Wasser aufgenommen, bis keine weitere Fällung mehr entsteht. Die Lösung wird mit Kochsalz gesättigt und nach Entfernung des entstandenen Niederschlages in vielen Portionen mit Essigäther ausgeschüttelt. Von diesen Auszügen werden jeweils mehrere zueinandergehörende zu insgesamt 5 Fraktionen vereinigt, der Essigsäther wird unter vermindertem Druck abdestilliert, der Rückstand in Wasser gelöst, ausgeäthert und im Vakuum zur Trockene gebracht. Die Präparate sind nicht einheitlich. Die erste Fraktion (C 52,4, H 3,4) ist in 13proz. Kochsalzlösung nicht klar löslich. Die drei letzten Fraktionen (C 50,9, H 3,4) lösen sich auch in gesättigter Kochsalzlösung klar auf.

Der Gerbstoff fällt Leim und färbt Eisensalze blauschwarz. Zur Hydrolyse hat FRIDOLIN mit 15 Teilen 1,5proz. Schwefelsäure 4 Tage lang auf 100° erhitzt. Er erhielt 54—66% Ellagsäure, einen vergärbaren Zucker und 2—3% eines

[1] E. FISCHER: Ber. **52**, 812 (1919).
[2] Chem. d. nat. Gerbstoffe, S. 103. 1920.
[3] a. a. O.
[4] Leather Industry Lab. book **1908**.
[5] Dissert., Dorpat **1884**; Sitzungsber. Dorp. Naturforsch. Ges. **7**, 131 (1884).
[6] Ann. **143**, 285 (1867).

krystallinischen, ätherlöslichen Spaltstückes, das vielleicht Gallussäure war. Ein Ellagsäuremonoglucosid (C 51,8, H 3,5) würde 65%, ein Diglucosid (C 48,4, H 4,1) 47% Ellagsäure verlangen.

Rembold fällte den heiß bereiteten wäßrigen Auszug der Granatwurzelrinde mit neutralem Bleiacetat in 2 Fraktionen. Die Niederschläge wurden mit Schwefelwasserstoff zerlegt. Die erste Fraktion enthielt neben Ellagengerbstoff einen Gallusgerbstoff. Die zweite Portion ließ sich, besonders wenn sie noch einmal der gleichen Reinigung unterworfen wurde, völlig frei von gebundener Gallussäure gewinnen und gab bei der Hydrolyse mit Schwefelsäure, die auffallend langsam vonstatten ging, nur Ellagsäure und Zucker. Der Gerbstoff war unlöslich in Alkohol, färbte Eisenchlorid schwarz und fällte Leim. Die Zusammensetzung betrug C 51,8, H 3,3. Rembold vermutet in seinem Gerbstoffe die Verbindung von je einem Mol Ellagsäure und Hexose. Dazu stimmt Fridolins Hydrolysenergebnis einigermaßen.

Im türkischen Gallotannin befindet sich, schätzungsweise in einer Menge von 10% des Ganzen, ein ellagsäurehaltiger Anteil. Ihm liegt Glucose zugrunde, die außer Ellagsäure mehrere Moleküle Gallussäure in Esterbindung trägt.

In den Früchten von *Terminalia chebula* (Myrobalanen) befindet sich neben der von Fridolin entdeckten Chebulinsäure ein anderer Gerbstoff, der leicht Ellagsäure abspaltet und ähnlich zu beurteilen ist wie der entsprechende Anteil des türkischen Gallotannins. Die Trennung dieses Gerbstoffes von der Chebulinsäure und ihren Begleitstoffen ist Fridolin ebensowenig wie späteren Autoren gelungen. Die bei der Hydrolyse neben der Ellagsäure entstehende Gallussäure ist deshalb mindestens zum Teil auf die Rechnung der beigemengten Chebulinsäure zu setzen.

Die Gerbstoffe aus den Früchten von *Caesalpinia brevifolia* (Algarobilla) und *Caesalpinia coriaria* (Divi-divi) enthalten gleichfalls große Mengen teils freier, teils gebundener Ellagsäure. Daneben findet sich gebundene Gallussäure, und auch die Gegenwart von Zucker ist wahrscheinlich gemacht. Versuche zur Darstellung dieser Gerbstoffe sind verschiedentlich angestellt worden. Sie werden hier nicht wiedergegeben, denn diese Gerbstoffe sind sicher Gemische und dem Rohprodukt aus Myrobalanen so ähnlich, daß hier die gleichen Verhältnisse wie bei den Myrobalanen angenommen werden müssen. Solange nicht darauf hingearbeitet wird, den Ellagengerbstoff aus diesen Gemischen in unveränderter Form so abzuscheiden, daß sein Ellagsäuregehalt bei der weiteren Fraktionierung konstant bleibt (ähnlich wie Gilson es beim Glucogallin und Tetrarin durchgeführt hat), bleibt die Frage offen, ob die bei der Hydrolyse neben der Ellagsäure entstehende Gallussäure zu dem Ellagengerbstoffe gehört oder nicht. Wegen der großen gerberischen Ähnlichkeit mit dem Sumach ist anzunehmen, daß hier wie in den Myrobalanen die ellagsäurehaltigen Anteile ähnlich zusammengesetzt sind wie der entsprechende Anteil des türkischen Gallotannins.

Gerbstoffe aus *Nymphaea und Nuphar*, die Fridolin a. a. O. ähnlich wie den Gerbstoff des Granatbaumes abgeschieden hat, liefern bei der Hydrolyse ähnliche Ergebnisse wie die Caesalpiniagerbstoffe.

Der Gerbstoff aus *Polygonum Bistorta* scheidet nach Bjalobrshewski[1] mit verdünnter Salzsäure Ellagsäure ab und färbt Eisenchlorid grün.

Der Gerbstoff aus den Blättern der *Hainbuche* (Carpinus Betulus) ist ähnlich wie die Caesalpiniagerbstoffe zu bewerten. Alpers[2] suchte ihn folgendermaßen zu gewinnen.

Die Blätter werden 2 Tage mit Weingeist von 40 Volumprozenten ausgezogen. Der Gerbstoff wird mit überschüssigem Bleiacetat gefällt, der Niederschlag mit

[1] Chem.-Ztg. Rep. **1900**, 87. [2] Arch. der Pharm. **244**, 575 (1906).

Wasser dekantiert, gut ausgewaschen und noch naß mit Schwefelwasserstoff zerlegt. Das Filtrat vom Schwefelblei wird mit Kohlensäure vom Schwefelwasserstoff befreit und in 2 Fraktionen mit Bleiacetat gefällt. Die erste Fällung wird verworfen, die zweite wie oben beschrieben behandelt und noch zweimal demselben Reinigungsprozeß unterworfen. Schließlich wird der Gerbstoff bei gewöhnlicher Temperatur im Vakuum eingetrocknet.

Wird dieser noch wasserhaltige Gerbstoff auf 100⁰ erhitzt, so löst er sich nicht mehr klar in Wasser, und Ellagsäure bleibt zurück. Ellagsäure spaltet sich auch ab, wenn die wäßrige Lösung des Gerbstoffes auf 100⁰ erhitzt wird. Das Filtrat ist optisch inaktiv. Gleichzeitig wird Gallussäure frei. Ob sie mit der Ellagsäure verbunden ist, wurde nicht festgestellt. Zucker konnte auch nach der Einwirkung verdünnter Säuren nicht nachgewiesen werden.

Bemerkenswert ist hier die Leichtigkeit, mit der die Ellagsäure abgespalten wird. Es ist möglich, daß diese teilweise in freiem Zustande beigemengt ist und durch die gerbstoffhaltige Flüssigkeit in kolloider Lösung gehalten wird.

Die Gerbstoffe der Edelkastanie und der Eichen enthalten ebenfalls Ellagsäure. Wegen gewisser Eigenarten werden diese Gerbstoffe gesondert behandelt.

d) Die Gerbstoffe der Eichen und der Edelkastanie.

(*Quercus pedunculata und sessiliflora, Castanea vesca.*)

Das Ausgangsmaterial der früheren Arbeiten stammt zumeist von den genannten einheimischen Eichen[1].

Der Rindengerbstoff unterscheidet sich von dem Holzgerbstoff in einigen Punkten verschiedenen Gerbstoffreagenzien gegenüber, wie Brom oder Salzsäureformaldehyd. Der Rindenauszug wird durch diese Mittel stärker niedergeschlagen. Was von der Eisenfärbung zu halten ist, die hin und wieder grün, manchmal auch blau ausfällt, ein wie geringer Wert ferner den Analysen oder Methoxylbestimmungen beizumessen ist, wurde bereits früher dargetan. Nach R. Schön[2] sowie K. Feist und R. Schön[3] ist der Rindengerbstoff methoxylfrei und optisch aktiv.

Die früheren Versuche lassen das Bestreben vermissen, die erkannten Spaltstücke oder Beimengungen abzutrennen und den eigentlichen Gerbstoff als Ganzes zu erfassen. Die mannigfaltigen Reinigungsversuche führten dazu, daß nur ein Bruchteil des ursprünglichen Gerbstoffes übrigblieb, der in seiner Zusammensetzung möglicherweise dem Hauptbestandteil keineswegs entsprach, sondern vielleicht nur unwesentliche Begleitstoffe enthielt. Die im folgenden mitgeteilten Versuche zwingen den Verdacht auf, daß gerade der für die bisherige Auffassung des Eichengerbstoffes wichtigste Befund, nämlich der Abbau zu Phloroglucin und Protocatechusäure oder Brenzcatechin, mit dem Eichengerbstoff überhaupt nichts zu tun hat, sondern auf eine dem Gerbstoff fremde Beimengung (Quercetin) zurückzuführen ist.

Im Jahre 1922 haben sich K. Freudenberg und E. Vollbrecht[3] mit dem Gerbstoff aus den Blättern von Quercus pedunculata und sessiliflora befaßt. Ein Unterschied zwischen beiden konnte nicht festgestellt werden. Zur Gewinnung des Gerbstoffes wurde der wäßrige Extrakt aus jungen Blättern mit Bleiacetat gefällt und der noch feuchte Niederschlag durch verdünnte Schwefelsäure zerlegt. Dieses Verfahren wurde mehrfach wiederholt, bis der Gehalt an Mineralbestandteilen unter 1% gesunken war. Zur Entfernung von beigemengtem Quercetin, kleinen Mengen freier Gallussäure und Ellagsäure wurde der Gerbstoff einer Vakuumextraktion mit Essigester unterworfen. Durch Zugabe einer kleinen Menge Bleiacetat und darauffolgende Fällung des Bleies

[1] Ältere Literatur: Ann. **429**, 284 (1922). [2] Dissert., Gießen 1920.
[3] Arch. der Pharm. **258**, 317 (1920).

mit Schwefelwasserstoff wurde ein Teil der den Gerbstoff stets begleitenden dunkel gefärbten Beimengungen und Kondensationsprodukte entfernt. Der so gewonnene Gerbstoff enthielt noch 1—2 % beigemengte und 3—7 % gebundene Glucose, die durch Hydrolyse mit verdünnter Schwefelsäure nachgewiesen wurde. Die im Gerbstoff vorhandene Ellagsäure wurde zu 18—24 % angegeben. Ein Gerbstoff, der, wie es schien, von Ellagsäure und Glucose frei war, wurde durch Abbau mit Tannase oder besser mit lebendem Aspergillusmycel gewonnen.

An diese Versuche knüpften K. FREUDENBERG und A. KURMEIER[1] an. Im Laufe der Untersuchungen wurde festgestellt, daß der Gerbstoff von beigemengtem Zucker und Kondensationsprodukten, sog. Nichtgerbstoffen, durch Fällung mit Bleiacetat in wäßrigem Pyridin befreit werden kann. Zur weiteren Reinigung wurde der Gerbstoff mit Chinolin gefällt und das gerbsaure Chinolin mit verdünnter Essigsäure zerlegt. Aus der essigsauren Lösung wurde der Gerbstoff wieder mit Blei gefällt, das gerbsaure Blei mit verdünnter Schwefelsäure zerlegt und aufgearbeitet. Der resultierende Gerbstoff war sehr arm an Nichtgerbstoffen und erwies sich, so wie er war und nach der Hydrolyse mit verdünnter Schwefelsäure, als zuckerfrei. Er ist optisch aktiv.

Ein weiterer Teil jener Arbeit bestand in einer erneuten Feststellung des Gehaltes der Ellagsäure. Durch Reihenversuche wurde ermittelt, in welcher Zeit sich bei der Hydrolyse des Gerbstoffes das Maximum an Ellagsäure abschied. Dann wurde die bei der alkalischen Hydrolyse, die sich gegenüber der sauren als vorteilhafter erwies, eintretende Zersetzung der Ellagsäure genau studiert und ermittelt, welche Menge der gewonnenen Ellagsäure jeweils zugezählt werden muß. Der so gefundene Gehalt des Eichengerbstoffes an Ellagsäure zu 16—17 % ist viel genauer als der früher zu 18—24 % gefundene.

Schließlich wurde der Gerbstoff mit Diazomethan und Dimethylsulfat methyliert und die Zusammensetzung des methylierten Gerbstoffes mit der des unmethylierten verglichen. Bei der Methylierung wurde eine Trennung des Methylgerbstoffes in einen ätherlöslichen und einen ätherunlöslichen Anteil gefunden. Der unlösliche Anteil entsteht zweifellos aus den kondensierten Anteilen, die also auf diese Weise am besten abzutrennen sind. Bei der Destillation im Hochvakuum ergab der methylierte Eichengerbstoff eine geringe Menge Citronensäuretrimethylester, und zwar etwa 1 % des Gerbstoffs.

Gewinnung des Blattgerbstoffes der Eiche (KURMEIER a. a. O.). 100 kg junge Blätter und Triebe von Quercus sessiliflora (Anfang Mai im Neckartal geerntet) werden spätestens 6 Stunden nach der Ernte in Chargen von 10 kg in je 10 l siedendes destilliertes Wasser eingetragen und durch Einblasen von Wasserdampf schnell abgebrüht (Dauer jeweils ungefähr 10 Minuten). Die Hauptmenge der Flüssigkeit wird abgegossen, der Blätterrückstand zweimal mit warmem Wasser durchgerührt und zuletzt auf einer hölzernen Traubenpresse ausgepreßt. Er enthält jetzt nur noch sehr geringe Anteile an Gerbstoff. Die gesammelten Abgüsse, eine trübe Brühe von 150 l, werden noch warm mit reiner konzentrierter Bleiacetatlösung versetzt. Der blaßgelbe Niederschlag muß mindestens 8—10mal mit destilliertem Wasser dekantiert werden. Das suspendierte Bleisalz wird mit verdünnter Schwefelsäure in geringem Überflusse zerlegt, der in Freiheit gesetzte Gerbstoff erneut mit Bleiacetat gefällt und als Bleisalz 2—3mal dekantiert. Diese Umfällung wird noch viermal wiederholt. Die Abgüsse von den Bleiniederschlägen sind gerbstofffrei. Zuletzt wird das angereicherte Bleisulfat abfiltriert und in der Gerbstofflösung der Überschuß an Schwefelsäure mit verdünnter Barytlösung genau ausgefällt. Ein Überschuß an Bariumhydroxyd ist sorgfältig zu vermeiden. Eine Probe der Gerbstofflösung wird zur Gehaltsbestimmung im Vakuum zur Trockene gebracht. Es sei

[1] KURMEIER: Dissert., Heidelberg; Collegium **1927**, 273.

hier bemerkt, daß sämtliche Trockengewichtsbestimmungen, die im Verlaufe des beschriebenen Reinigungsverfahrens ausgeführt werden mußten, im Vakuum vorgenommen wurden, um den Gerbstoff nach Möglichkeit zu schonen. Die Ausbeute beträgt 870 g Rohgerbstoff von rotbrauner Farbe. Der Aschegehalt ist auf etwa 1% herabgesunken (Asche als Sulfat gewogen).

Reinigung des Rohgerbstoffes. Die Lösung des umgefällten Gerbstoffes wird auf 100 l verdünnt und so lange mit Pyridin versetzt, bis nichts mehr ausfällt. Es sind hierzu etwa 8 l Pyridin erforderlich. Es ist ratsam, das von der Ausfällung der Schwefelsäure herrührende Bariumsulfat in der Lösung zu lassen, da in seiner Gegenwart der durch Pyridin fällbare Anteil des Gerbstoffes besser niedergeschlagen wird. Die Fällung wird abfiltriert und mit verdünnter, etwa 12proz. Essigsäure versetzt, wobei hochmolekulare, dunkel gefärbte Anteile ungelöst bleiben, die auch durch stärker konzentrierte Säure nicht in Lösung zu bringen sind. Diese Kondensationsprodukte sind mit dem Bariumsulfat vermengt. Zur Feststellung des Mengenverhältnisses wird eine Probe des absolut trockenen Gemisches verascht. Die Menge der organischen Substanz beträgt 65 g, das sind von 870 g Rohgerbstoff 7—8%.

Das essigsaure Filtrat, das den vom Pyridin niedergerissenen Gerbstoff enthält, wird mit Bleiacetatlösung versetzt, der Niederschlag gut dekantiert und mit verdünnter Schwefelsäure zerlegt. Die Lösung enthält 223 g Trockensubstanz, also 25—26% vom Ausgangsmaterial. Sie wird auf 22 l verdünnt, mit 2 l Pyridin versetzt, von der nunmehr geringen Fällung filtriert und mit dem ersten pyridinhaltigen Filtrat (ca. 100 l) vereinigt. Die Untersuchung einer Probe der 223 g ergab, daß kein erkennbarer Unterschied von dem Hauptanteil besteht. Aus der vereinigten pyridinhaltigen Lösung wird der Gerbstoff mit Bleiacetat gefällt. Hierbei bleiben etwa 15% Nichtgerbstoffe (auf 870 g bezogen) ungefällt, auf deren Entfernung es vor allem ankommt. Nach gründlichem Dekantieren mit destilliertem Wasser und mehrfachem Umfällen des kanariengelben Niederschlages wird der Gerbstoff in Freiheit gesetzt. Die Lösung wird nach Entfernung der Schwefelsäure und Verdünnung auf ein geeignetes Volumen nochmals mit Pyridin versetzt. Dabei fällt ein sehr geringer Niederschlag, der entfernt wird. Aus dem Filtrat wird der Gerbstoff mit Bleiacetat gefällt und, wie oben beschrieben, regeneriert. Die Lösung enthält 665 g Gerbstoff. Das sind etwa 75% des Rohgerbstoffes. Das Trockenprodukt zeichnet sich durch reine braune Farbe aus.

Die nach der Pyridinreinigung erhaltene Lösung von 665 g Gerbstoff wird bei Unterdruck auf 4 l eingeengt und unter Eiskühlung langsam mit 4 l einer wäßrigen Suspension von 175 cm^3 Chinolin versetzt, das durch Vakuumdestillation frisch gereinigt ist. Dabei ist zu beachten, daß ein Überschuß von Chinolin leicht zu harziger Abscheidung führt. Der schnell abfiltrierte Niederschlag wird in 15proz. Essigsäure gelöst, wobei dunkle Massen zurückbleiben. Aus der essigsauren Lösung wird der Gerbstoff sogleich mit Bleiacetat gefällt. Im Filtrate vom Chinolinniederschlag, der in Wasser merklich löslich ist, befinden sich neben geringen Mengen „Nichtgerbstoff" etwa 10% des angewandten Gerbstoffes. Er wird durch Bleiacetat gefällt, regeneriert, aus 13—15proz., eiskalter, wäßriger Lösung mit dem gleichen Volumen einer nach dem oben angegebenen Verhältnisse bereiteten Chinolinsuspension gefällt, aus dem Niederschlage regeneriert und der Hauptmenge zugesetzt. Ausbeute 646 g. Durch Chinolin nicht gefällt bleiben geringe Mengen Gerbstoff und kaum 1% Nichtgerbstoff (auf 870 g bezogen).

Die Lösung der 640 g wird im Vakuum auf 3 l eingeengt und mit Essigester, der vorher entsäuert worden ist, dreimal 24 Stunden im Dakinschen

Vakuumextraktionsapparat[1] extrahiert. Der Apparat ist in einer verbesserten Form, wie aus der Abb. 1 zu ersehen ist, zur Anwendung gekommen. Die Farbe des überfließenden Essigesters ist zunächst stark gelb. Nach einigen Stunden bleibt sie gleichmäßig hellgelb. Im ganzen werden 70 g Substanz vom Essigester aufgenommen. Die extrahierte Gerbstofflösung wird nach Zugabe von Wasser im Vakuum eingedampft. Der Gerbstoff, der hiermit erstmalig in den trockenen Zustand übergeführt wird, wiegt 570 g.

Der Eichengerbstoff ist amorph, hat im gepulverten Zustande eine gelbbraune Farbe und löst sich leicht in kaltem Wasser, Methyl, Äthylalkohol und Aceton, kaum in Essigester und Äther, gar nicht in Benzol und Chloroform. Der leichter lösliche Anteil entspricht nach Molekulargewicht und Zusammensetzung dem Dreifachen eines Trioxyzimtaldehyds. Es hat den Anschein, als ob ein solches Produkt oder ein Catechin der Pyrogallolreihe in mehr oder weniger kondensiertem Zustande nebst Ellagsäure und manchmal auch Glucose den Eichengerbstoff aufbaue.

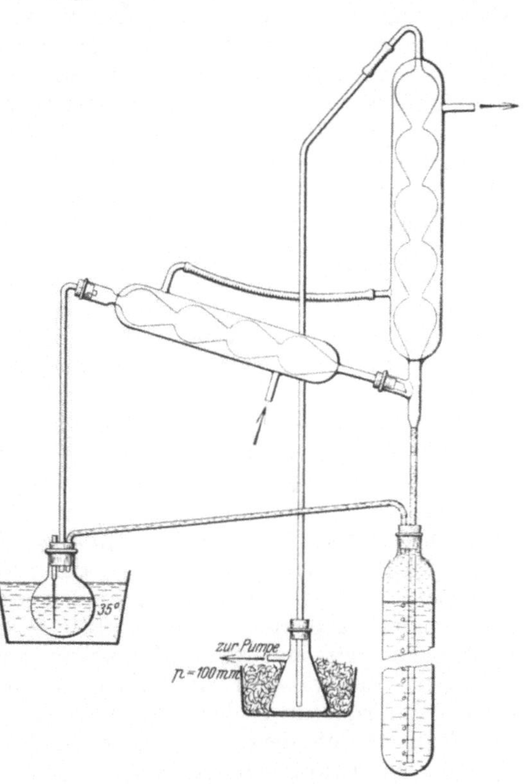

Abb. 1. Vakuumextraktion.

Verdünnte alkoholische Ferrichloridlösung erzeugt eine tiefe Blaufärbung. Der Gerbstoff enthält kein Methoxyl. Der auf obige Weise gewonnene Eichengerbstoff enthält 57% C und 3,4% H. Im Wasser dreht er nach links (etwa 30°). Er enthält weder gebundene noch freie Glucose. Diese wird bestimmt, indem etwa 1 g entwässerter Gerbstoff in 150—200 cm³ Wasser mit 10 g Hautpulver, das zuvor 10 Stunden in 100 cm³ Wasser gequollen war, durch 24stündiges Schütteln entgerbt werden. Die über Talk filtrierte Flüssigkeit wird mit Bleiacetatlösung versetzt, bis kein Niederschlag mehr entsteht und alle eisenchloridfärbenden Anteile entfernt sind, erneut filtriert, mit Schwefelwasserstoff entbleit und im Vakuum einengt. Die Glucose wird durch Titration und Polarisation bestimmt. Durch Kontrollversuche an Gemischen von zuckerfreiem Gerbstoff mit sehr wenig Glucose hat sich ergeben, daß dieses Bestimmungsverfahren ausreichend genau ist.

Zur Bestimmung des gebundenen Zuckers wird 0,5—1 g bei 100° im Vakuum getrockneter Gerbstoff in der 100fachen Menge 2proz. Schwefelsäure 6 Stunden auf dem Wasserbade erhitzt. Alsdann wird die Schwefelsäure mit Bariumhydroxydlösung genau ausgefällt und der Zucker wie oben der freie Zucker bestimmt.

Der Gerbstoff ist stark sauer. Tannase vermag die Ellagsäure nicht vollständig abzuspalten. Es ist möglich, daß die Acidität von einem freien Carboxyl

[1] Journ. Biol. Chem. 44, 512 (1920).

der Ellagsäure herrührt, die in solchen Verbindungen wohl in der Hydratform vorliegt. Mit Diazomethan entstehen 2 Methylprodukte, ein leichter und ein schwerer lösliches. Das letztere scheint den Ellagsäureanteil sowie Kondensationsprodukte zu enthalten.

Durch eine Arbeit von K. FREUDENBERG und H. WALPUSKI[1] war die schon von anderen aufgestellte Behauptung bestätigt worden, daß der im Holz von Castanea vesca enthaltene Gerbstoff dem der Eichenblätter, Knoppern und des Eichenholzes sehr ähnlich ist. K. FREUDENBERG und A. KURMEIER stellten deshalb den Gerbstoff aus Kastanienblättern her und unterwarfen ihn der gleichen Behandlung wie den Eichengerbstoff. Es zeigte sich, daß in der Abtrennung des Zuckers, dem Gehalte an Ellagsäure, der Zusammensetzung und optischen Aktivität des freien und methylierten Gerbstoffes fast kein Unterschied bestand. Von großer Bedeutung ist jedoch, daß der Kastaniengerbstoff von vornherein von weniger Kondensationsprodukten begleitet ist, was sich auch am Methylgerbstoff in dem kleineren Molekulargewicht und dem geringeren Anteil ätherunlöslicher Produkte zu erkennen gibt. Der Kastaniengerbstoff ist also viel besser zur Untersuchung geeignet als der Eichengerbstoff.

Solange sich kein grundsätzlicher Unterschied zwischen den Gerbstoffen der Eiche und Kastanie ergibt, ist es zweckmäßig, die Arbeit am Kastaniengerbstoff, der ärmer an Beimengungen ist, fortzuführen. Dies ist in einer Arbeit von K. FREUDENBERG u. W. MÜNZ[2] geschehen. Dabei ergab sich als neue Komplikation die Verschiedenheit des Gerbstoffes der ausgewachsenen Blätter (Spätgerbstoff) und der erst halbentwickelten (Frühgerbstoff). Der letztere war bedeutend heller.

Der Spätgerbstoff verhielt sich wie der Blattgerbstoff der Eichen. Zucker konnte nicht nachgewiesen werden, Ellagsäure trat wie beim Eichengerbstoff bei der Behandlung mit verdünnter Lauge auf. Im Gegensatz zum Eichengerbstoff, der in dieser Hinsicht neu zu prüfen wäre, fand sich neben der Ellagsäure bei fortgesetzter *milder alkalischer* Hydrolyse Gallussäure (17% Ellagsäure, 8—15% Gallussäure), die weder bei energischer alkalischer Einwirkung noch bei der sauren Hydrolyse gefunden wurde. Diese Erscheinung kann durch die Annahme gedeutet werden, daß in diesen beiden Fällen etwa entstehende Gallussäure mit anderen Spaltstücken kondensiert und so der Feststellung entzogen wird, während eine milde Behandlung, die unter Umständen auch einer Ketonspaltung gleichkommen könnte, sie zutage fördert. — Wenn der Frühgerbstoff derselben milden alkalischen Behandlung unterworfen wird, entsteht überhaupt keine Ellagsäure, dagegen erhöht sich die Gallussäure um den der Ellagsäure entsprechenden Betrag auf 30%. An diesem Gerbstoff ist nach der sauren Hydrolyse auch gebundener Zucker anzutreffen. Nach diesen Ergebnissen scheinen am Kastaniengerbstoff im Laufe der Entwicklung des Blattes Kondensationsreaktionen stattzufinden, die bei dem reiferen Materiale die Abtrennung der einfacheren Bruchstücke erschweren. Die weitere Forschung hat zu prüfen, ob Zucker, Gallus- und Ellagsäure zusammen zu einem Gallotannin gehören, das dem türkischen Gallotannin ähnelt und dem höchst kondensationsfähigen Gerbstoffe beigemengt ist, oder ob alle diese Spaltstücke mitsamt dem kondensationsfähigen Hauptbestandteil zu einem Molekül gehören.

Seit langem ist bekannt, daß der Gerbstoff der Eichen*rinde* die Reaktionen der Catechingerbstoffe gibt. Tatsächlich ist von P. CASPARIS und K. REBER[3]

---

[1] Ber. **54**, 1695 (1921).
[2] Dissert., Heidelberg 1929; Collegium **1929**, 714.
[3] Pharm. acta Helv. **4**, 181, 189 (1929).

darin ein Catechin in minimalen Mengen angegeben worden, das jedoch von anderer Seite nicht bestätigt werden konnte[1].

Der *Knoppern*gerbstoff entspricht dem Blattgerbstoff der Eiche. Er steht im Kondensationsgrad zwischen diesem und dem Rinden- und Holzgerbstoff. Dies entspricht dem wenig verholzten Zustande frischer Knoppern, die Gallen sind, die auf den Fruchtbechern von Quercus robur (hauptsächlich pedunculata) wachsen.

Valoneagerbstoff. Der so bezeichnete Gerbstoff aus den Fruchtbechern griechischer und vorderasiatischer Eichen (hauptsächlich Quercus aegilops, valonea und macrolopis) soll aus einer Mischung von Gallotannin und Ellagengerbstoff bestehen. Er enthält also offenbar ähnliche Bestandteile wie das türkische Gallotannin, doch mit dem Unterschied, daß er so viel Ellagsäure enthält, daß dieser Gerbstoff als geeignete Quelle für diese Säure empfohlen wird.

Von den Gerbstoffen der Quercusarten und der ihnen nahestehenden Castanea vesca läßt sich das folgende Gesamtbild entwerfen: Quercus infectoria (türkisches Gallotannin) enthält zur Hauptsache eine Polygalloylglucose; in einem Teil des Gerbstoffgemisches ist die Gallussäure teilweise durch Ellagsäure vertreten. Im Valoneagerbstoff bildet die ellagsäurehaltige Komponente einen stärkeren Anteil. Aus Gallussäure und Zucker ist ein Teil des Gerbstoffes der ganz jungen Kastanienblätter zusammengesetzt, während ein anderer Teil dieses Gerbstoffes eine sehr kondensationsfähige Verbindung aus der Pyrogallolreihe enthält. In älteren Kastanienblättern nimmt diese unbekannte Verbindung nebst Ellagsäure auf Kosten von Gallussäure und Zucker zu. Blätter von Quercus robur enthalten den gleichen Gerbstoff, vermischt mit seinen eigenen Kondensationsprodukten. Zunehmende Kondensation wird festgestellt an den Knoppern, der Eichenrinde und dem Eichenholz.

Neuerdings hat L. REICHEL[2] eine krystallisierte Acetylverbindung des Gerbstoffs aus Blättern der Zerreiche, Linde und Rose hergestellt. Der Gerbstoff enthält freies Carboxyl. Ein Spaltstück ist die Ellagsäure. Die Zusammensetzung ist $C_{24}H_{28}O_{18}$ oder $C_{28}H_{34}O_{20}$. Die Gerbstoffe werden als Salze bei p_H 5,0—5,7 isoliert, weil sie in starker saurer Lösung der Kondensation unterliegen.

e) Maclurin.

```
        OH   O       OH
HO<     >—C—<     >OH
        OH
```

Dieses Pentaoxybenzophenon findet sich neben dem färbenden Bestandteil, dem Morin[3], im Gelbholze. Nach HLASIWETZ und PFAUNDLER[4] wird das geraspelte Holz 2—3mal mit Wasser ausgekocht, das Filtrat auf die Hälfte des Gewichtes des angewendeten Holzes eingeengt und nach mehreren Tagen vom ausgeschiedenen Morin getrennt. Nach weiterer Konzentration beginnt die Abscheidung des Maclurins, die durch Zugabe von etwas Salzsäure, in der der Gerbstoff schwer löslich ist, vervollständigt wird. Er wird aus verdünnter Salzsäure umkrystallisiert, in sehr verdünnter Essigsäure gelöst und mit Bleiacetat versetzt, solange sich noch kein Bleiniederschlag bildet. Durch Schwefelwasserstoff wird außer dem Blei eine stark gefärbte Verunreinigung nieder-

[1] FREUDENBERG, K., u. L. OEHLER: Ann. **483**, 140 (1930).
[2] Naturwissenschaften **18**, 925 (1930). [3] S. 62.
[4] Ann. **127**, 351 (1863).

geschlagen, und das Filtrat liefert nunmehr eine hellgelbe Krystallisation von Maclurin.

Maclurin wird durch neutrales Bleiacetat nur unvollständig gefällt. Wie in Salzsäure, löst sich das Maclurin sehr schwer in Natriumchloridlösung. Es wird bei 14° von 190 Teilen Wasser aufgenommen. Die Lösung fällt Leim und färbt Eisenchlorid grün. Die Molekulargewichtsbestimmung in Eisessig ergibt den normalen Wert. Sehr starke heiße Kalilauge zerlegt es in Protocatechusäure und Phloroglucin (HLASIWETZ und PFAUNDLER, a. a. O.). BENEDIKT[1] gibt an, daß verdünnte Schwefelsäure bei 120° eine glatte Spaltung in demselben Sinne bewirkt, und daß auch das Phloretin unter den gleichen Bedingungen gespalten wird. Nach WAGNER[2] scheidet sich aus der kalten Lösung des Maclurins in konzentrierter Schwefelsäure nach einigen Tagen ein ziegelroter krystallisierter Körper aus. Dieselbe Verbindung bildet sich auch beim Kochen mit verdünnter Salzsäure. Durch Kochen mit konzentrierter Salzsäure entstehen huminartige Substanzen.

Maclurin bildet ein schwer lösliches Bromderivat und eine charakteristische Diazobenzolverbindung. Die fünf freien Hydroxyle des Maclurins wurden nachgewiesen durch die Darstellung einer Pentabenzoyl- und Pentamethylverbindung. Die letztere wurde von KOSTANECKI und TAMBOR[3] aus Veratroylchlorid und Phloroglucintrimethyläther mit Aluminiumchlorid synthetisch bereitet. Sie liefert bei der Oxydation mit Chromsäure in Eisessig Veratrumaldehyd, Veratrumsäure und Dimethoxybenzochinon (KOSTANECKI und LAMPE[4]).

Die Synthese des Maclurins hat K. HOESCH[5] ausgeführt.

Brasilin und Hämatoxylin verdienen hier erwähnt zu werden als catechinähnliche Stoffe, die Gerbstoffeigenschaften haben, aber wegen der färberischen Eigenschaften ihrer Oxydationsprodukte zu den Pflanzenfarbstoffen gerechnet werden.

f) Catechine und Catechingerbstoffe.

O H C 3' 4' 7 3 CH_2 5 C H_2

I

O C CH C H_2

II

Die Catechine sind hydroxylhaltige Abkömmlinge des Flavans (I) oder Flavens (II) (z. B. Cyanomaclurin); sie rechnen also zu der großen Gruppe der natürlichen α, γ-Diphenylpropanderivate, denen Hydrochalkone, wie Phloretin, Chalkone, Flavanone (Hesperitin, Butin), Anthocyanidine, Flavone und Flavonole, angehören. Der Zusammenhang mit diesen Naturstoffen ergibt sich aus verschiedenen Synthesen und vollzogenen Übergängen; auch pflanzenchemische Beziehungen bestehen, die weiter oben schon behandelt sind.

HO O H C OH OH CHOH OH C H_2

III

Unter Catechin in engerem Sinne wird das 3, 5, 7, 3', 4'-Pentaoxy-flavan (III) verstanden. Andere Catechine, wie das 3, 7, 3', 4'-Tetraoxy-flavan oder das 3, 5, 7, 3', 4', 5'-Hexaoxy-flavan sind in der Natur nicht

[1] Ann. **185**, 114 (1877).
[2] Journ. f. prakt. Ch. **51**, 82 (1850).
[3] Ber. **39**, 4022 (1906).
[4] Ber. **39**, 4014 (1906).
[5] Ber. **48**, 1122 (1914). — HOESCH, K., u. TH. v. ZARZECKI: Ber. **50**, 462 (1917).

aufgefunden, aber es ist nicht ausgeschlossen, daß sie oder ähnliche Stoffe als Stammsubstanzen des Quebracho und Maletogerbstoffes angesehen werden dürfen. Während die meisten als Brenzcatechinderivate Ferrisalzlösung grün färben, gehören die vom Hexaoxy-flavan abgeleiteten Gerbstoffe als Pyrogallolderivate zu den „eisenbläuenden". Die Eisenreaktion versagt hier also völlig als Klassenreagens; maßgebender ist die Fällungsreaktion mit Brom oder Formaldehyd-Salzsäure, denn diese Reaktionen sind den Catechinen und ihren Gerbstoffen gemeinsam.

1. Catechin und Epicatechin (Formel III).

Catechin ist in einer d, l- und dl-Form bekannt. Die Rechts-(d)-Form findet sich neben wenig d-Epicatechin im „Gambir", dem Extrakt aus Blättern und Zweigen der malaiischen Liane Uncaria gambir. Die zwei asymmetrischen Kohlenstoffatome verursachen Diastereomerie; somit existieren weitere Isomere, das d, l- und dl-Epicatechin, die sämtlich bekannt sind. Von diesen befindet sich das l-Epicatechin im Holz vorderindischer Akazien (z. B. Acacia catechu); der eingedickte Saft solcher Hölzer, das „Catechu", genauer als „Pegu-Catechu" bezeichnet, enthält wechselnde Mengen von l-Epicatechin und seinen Umlagerungsprodukten: l-Catechin, dl-Epicatechin und dl-Catechin (dieses oft als Hauptprodukt). In dieser Gestalt ist das Catechin 1821 von F. Runge[1] entdeckt worden.

In der Natur scheinen primär nur zwei der stereomeren Catechine vorzukommen, das d-Catechin und das l-Epicatechin. Sie können jedoch in alten Hölzern Umwandlung in die Stereoisomeren erleiden.

Bereitung und Vorkommen der Catechine.

Das Catechin tritt meist mit seinen Stereoisomeren zusammen auf. Die Trennung beruht auf dem Umstand, daß die beiden Racemate in Alkohol sowie in Aceton-Wasser inaktiv sind, die aktiven Epicatechine in Alkohol und Aceton-Wasser stark drehen, während die aktiven Catechine in Alkohol keine, in wäßrigem Aceton eine deutliche Drehung zeigen.

d-Catechin. 50 kg Blockgambir (Indragiri) von hellem Aussehen werden in 100 l Wasser so lange geknetet, bis keine festen Stücke mehr vorhanden sind. Der ungelöste Anteil wird abgesaugt, bei 300 Atm. gepreßt (8 kg), gemahlen, mit dem dreifachen Volumen Sand zerrieben und 240 Stunden lang ausgeäthert. Die Auszüge liefern nach 2—3maliger Krystallisation aus Wasser reinweißes d-Catechin, dem noch einige Prozente d, l-Catechin beigemengt sind. Durch wiederholte Krystallisation wird das d-Catechin rein erhalten. Für die Verarbeitung zu den Acetyl- und Methylverbindungen kann das mit wenig d, l-Catechin durchsetzte Material verwendet werden, da die Derivate des d, l-Catechins in den Mutterlaugen bleiben. Die Mutterlaugen der Krystallisate werden durch Ausäthern, Krystallisation aus Wasser und Verfolgung der Drehung in der umseitig geschilderten Weise aufgearbeitet. Zuletzt tritt das d-Epicatechin auf. Erhalten werden 4700 g d-Catechin, das in 50proz. Aceton $15{,}3^0$ nach rechts dreht, also noch etwas d, l-Catechin enthält (richtige Drehung $+17^0$), ferner 2,1 g reines d-Epicatechin ($+68{,}5^0$ in Alkohol von 96%), sowie gegen 100 g eines Gemisches von d- und d, l-Catechin mit wenig d-Epicatechin. Ausäthern der ersten wäßrigen Lösung (100 l) ist nicht lohnend. Neben etwa 100 g d-Catechin (obigem zugezählt) werden dabei gegen 600 g Quercetin erhalten (Freudenberg und Purrmann[2]).

[1] Materien zur Phytologie, 2. Lief., S. 245 u. Tafel zu S. 253. Berlin 1821.
[2] Ber. **56**, 1185 (1923).

l-Epicatechin. 1,5 kg fein gemahlenes Holz von Acacia catechu[1] (Kernholz) werden 250 Stunden lang mit Äther extrahiert. Die hellen Auszüge werden in 400 cm³ heißem Wasser gelöst, von einigen Gramm Quercetin (Pentaacetylverbindung, Schmp. 191—193°) abfiltriert und mehrere Tage der Krystallisation überlassen. Das l-Epicatechin setzt sich in dicken, schwach gelb gefärbten Prismen ab, die zunächst 4 Krystallwasser enthalten, das sie an der Luft völlig abgeben. Dabei verwittern die Krystalle.

Die Mutterlaugen werden 2 Tage lang ausgeäthert und systematisch durch Beobachtung des Drehungsvermögens jeder einzelnen aus Wasser anschießenden Krystallisation aufgearbeitet. Insgesamt werden erhalten: 78 g Epicatechin und 4,3 g d, l-Catechin (FREUDENBERG und PURRMANN[2]).

d, l-Catechin und l-Catechin. Der eingedickte Auszug vom Holz der Acacia catechu (Pegu-Catechu) enthält häufig als einzig faßbaren krystallinen Anteil das d, l-Catechin, entstanden durch Umlagerung im alternden Stamm oder während des Einkochens. Andere Sorten Pegu-Catechu, die noch nicht so weit umgelagert sind, liefern außerdem l-Catechin und noch unverändertes l-Epicatechin, vermischt mit etwas d, l-Epicatechin. Die Präparate werden folgendermaßen getrennt (FREUDENBERG, BÖHME und PURRMANN[3]):

Die Ätherextrakte von 8 kg Pegu-Catechu, die über 500 g wogen, wurden mit 3 l Wasser aufgenommen und bei 50° vom Äther befreit. 11 g Quercetin blieben ungelöst. Aus der Lösung krystallisierte die Hauptmenge als ein in Alkohol —5° drehendes Gemisch von l-Catechin, d, l-Catechin nebst wenig dl-Epicatechin. Bei erneuter Krystallisation (aus 4,5 l Wasser) schied sich nur alkohol-inaktives Catechingemisch ab. Die vereinigten Mutterlaugen wurden bei Unterdruck auf 750 cm³ eingeengt und gaben beim Stehen ein reichliches Krystallisat von der spezifischen Drehung —30° in Alkohol. Die Mutterlauge wurde erneut eingeengt und mit Äther 48 Stunden erschöpft. Die in den Äther übergegangenen Anteile erwiesen sich nahezu alkohol-inaktiv. Der das l-Epicatechin enthaltende, in Alkohol drehende Anteil wurde im Vakuumtrockenschrank bei 90° bis zur Gewichtskonstanz getrocknet, fein zerrieben und im SOXHLET-Apparat 6 Stunden derart ausgeäthert, daß etwa die Hälfte in Lösung ging. Der ungelöste Teil zeigte jetzt in Alkohol eine Drehung von etwa —40°. Er wurde mit so viel Wasser von 70° behandelt, daß die feinen Krystalle in Lösung gingen und das nahezu reine grobkrystalline l-Epicatechin zu Boden sank. Dieses zeigte jetzt eine Drehung von —69° (in Alkohol.) Die sämtlichen Mutterlaugen wurden bei Unterdruck eingeengt und zur Krystallisation gebracht. Anteile, die weniger als —25° (in Alkohol) drehten, wurden so lange aus Wasser umgelöst, bis ihre Drehung auf diesen Wert stieg; sobald er erreicht war, setzte die oben geschilderte Behandlung mit Äther ein. Die letzten wäßrigen Mutterlaugen wurden stets mit Äther ausgezogen. Oft traten zwischendurch gallertige Abscheidungen auf. Sie wurden scharf abgesaugt, durch gelindes Anwärmen verflüssigt und der Krystallisation überlassen.

Das d, l-Epicatechin findet sich zur Hauptsache in Begleitung des l-Epicatechins; es wird an seiner Krystallform (dicke Prismen) erkannt und abgesondert, sobald es in den alkohol-inaktiven Anteilen auftritt. Es läßt sich von beigemengtem l- und d, l-Catechin durch Abschlämmen befreien und aus Wasser umkrystallisieren.

Der größte Anteil bestand aus alkohol-inaktivem l- und d, l-Catechin. Um diese beiden Arten voneinander zu trennen, wurde wiederholt aus Wasser um-

[1] Neuerdings wurde das Vorkommen von l-Epicatechin in Acaciaholz bestätigt, das von botanischer Seite als Holz von Acacia catechu identifiziert war. FREUDENBERG, K., u. KARIMULLAH, unveröffentlicht. [2] Ann. **437**, 274 (1924). [3] Ber. **55**, 1734 (1922).

krystallisiert und die fortschreitende Trennung durch Polarisation der Lösung in wäßrigem Aceton verfolgt. Das l-Catechin reicherte sich in den leichter löslichen Anteilen an. Sobald in wäßrigem Aceton eine spez. Drehung von — 10° erreicht war, blieb bei weiterer Krystallisation der racemische Anteil zur Hauptsache in der Mutterlauge; schließlich wurde reines l-Catechin von $[\alpha]_{Hg\ gelb} = -16{,}7^0$ (in wäßrigem Aceton; 0° in Alkohol) erhalten.

Der aus d, l-Catechin bestehende Hauptanteil wurde so lange umkrystallisiert, bis er sowohl in Alkohol wie in Aceton völlig inaktiv war.

Das Mengenverhältnis der Catechine war ungefähr:

320 g d, l-Catechin	30 g d, l-Epicatechin
60 g l-Catechin	30 g l-Epicatechin.

d-Epicatechin. Es wird neben d, l-Catechin durch Umlagerung von d-Catechin gewonnen (FREUDENBERG und PURRMANN[1]; FREUDENBERG, FIKENTSCHER, HARDER, SCHMIDT[2]).

50 g d-Catechin werden in offener Druckflasche in 150 cm³ Wasser mit 0,15 g Kaliumbicarbonat kurz aufgekocht; die heiß verschlossene Flasche bleibt 12 Stunden bei 115° stehen. Beim Erkalten scheiden sich ungefähr 70% des Catechingemisches aus, ein weiterer Teil wird der Mutterlauge durch anhaltendes Ausäthern entzogen. Die vorher in Alkohol inaktiven Krystalle drehen infolge ihres Gehaltes an d-Epicatechin in 96proz. Alkohol 20—24° nach rechts. 4 Portionen (140 g Rohprodukt) werden vereinigt, in 500 cm³ Wasser gelöst und dadurch in 4 Krystallisate zerlegt, daß 1. nach 10 Minuten, 2. erneut nach 60 Minuten, 3. nach 12 Stunden und 4. nach dem Einengen der Mutterlaugen filtriert wird. Die Anteile 1 und 2 (zusammen 66 g) sind in Alkohol fast inaktiv und werden beseitigt; 3 und 4 wiegen 45 g und drehen 23—28° nach rechts. Sie werden vereinigt, mit wenig Wasser angerieben und unter Schütteln auf 60° erwärmt. Die schweren gedrungenen Krystalle des d-Epicatechins lösen sich langsamer als die fein verteilten Nadeln der übrigen Catechine. Sie werden sofort durch Filtration abgetrennt (10,1 g; $[\alpha]_{578} = +66^0$ in Alkohol); die Mutterlauge liefert wie oben 4 Krystallisate. Der Drehung nach zusammengehörende Anteile werden vereinigt und in der geschilderten Weise verarbeitet. Die Endlaugen werden jeweils nachhaltig ausgeäthert und die hierbei erhaltenen Krystallisate entsprechend verteilt. Dieses Verfahren wird so lange fortgesetzt, bis nahezu sämtliches d-Epicatechin abgeschieden ist und die in den abfallenden Fraktionen enthaltene Menge dieses Isomeren die weitere Aufarbeitung nicht mehr lohnt. Erhalten wurden:

15 g	d-Epicatechin	$[\alpha]_{578}$ in 96 proz. Alkohol	$= +68^0$
117 g	Gemisch	$[\alpha]_{578}$ „ 96 „ „	$= 0$ bis $+6^0$.

Die Verluste sind zum Teil durch die Entnahme der Polarisationsproben verursacht, zum Teil durch Verharzung.

d, l-Catechin wird am besten durch Vermischen der Komponenten bereitet.

Die folgende Übersicht soll die durchgeführten Übergänge veranschaulichen. *M* heißt Mischung der Antipoden, *U* Umlagerung, *R* Racemisierung.

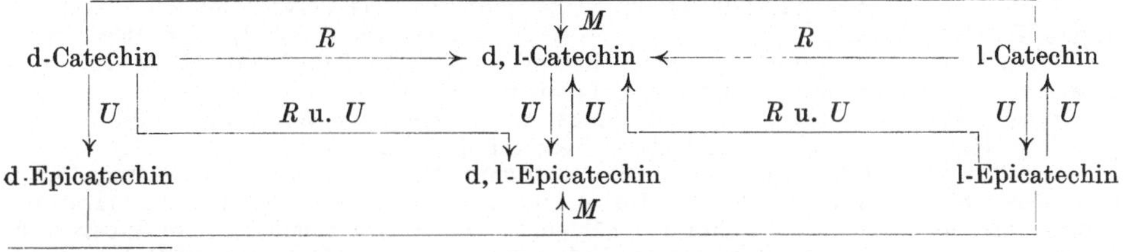

[1] Ann. **437**, 274 (1924). [2] Ann. **444**, 135 (1925).

Demnach liegen 2 Racemate, 2 d- und 2 l-Formen vor. Catechin und Epicatechin enthalten zwei asymetrische Kohlenstoffatome.

Auch in der Natur kommen solche Umlagerungen vor. In einem alten 40 cm dicken Stamm von Acacia catechu wurde als einziges krystallines Catechin in geringen Mengen dl-Catechin gefunden, während ein dünnerer Stamm sehr viel l-Epicatechin neben wenig dl-Catechin enthielt. Letzteres entsteht sekundär im Holz im Laufe der Jahre in der tropischen Hitze.

Gambircatechin oder Catechin b von A. G. PERKIN[1] ist d-Catechin. Mit diesem hat ST. V. KOSTANECKI seine Arbeiten ausgeführt. Ausgangsmaterial ist Gambir, der eingedickte Saft der Zweige von Uncaria gambir.

Aca-catechin oder Catechin a ist ein Gemisch. Manchmal besteht es aus fast reinem dl-Catechin, meistens aus l-Epicatechin mit dessen Umlagerungsprodukten l-Catechin und dl-Catechin. Es findet sich im indischen (Pegu) Catechu aus Acacia catechu.

Catechin „c" von A. G. PERKIN ist d-Epicatechin. Es tritt in äußerst geringen Mengen im Gemisch auf und ist wohl aus d-Catechin durch Umlagerung entstanden (FREUDENBERG und PURRMANN).

Mahagonicatechin aus gedämpftem Holz ist ein Gemisch von d- und dl-Catechin, vielleicht mit wenig d-Epicatechin. Offenbar ist das ursprüngliche Catechin des frischen Mahagoniholzes d-Catechin (FREUDENBERG, BÖHME, PURRMANN).

Rhabarbercatechin ist d-Catechin (GILSON; FREUDENBERG, BÖHME, PURRMANN).

Für Paulliniacatechin aus Guarana, der Paste aus dem Samen von Paullinia cupana, gilt dasselbe wie für Mahagonicatechin (FREUDENBERG, BÖHME, PURRMANN).

In der Ratanhiawurzel (Krameria triandre) hat M. Nierenstein[2] d- und dl-Catechin beobachtet.

Teecatechin ist l-Epicatechin (M. TSUJIMURA[3]). Es findet sich in geringen Mengen im grünen Tee, zusammen mit Monogalloyl-l-epicatechin (?).

Colacatechin ist d-Catechin mit beigemischtem l-Epicatechin (FREUDENBERG, OEHLER[4]).

Cacaol der Cacaobohnen ist l-Epicatechin (FREUDENBERG, COX, BRAUN[5]).

Arecacatechin ist d-Catechin (R. YAMAMOTO und T. MURAOKA[6]).

Ein Catechin ist vorhanden in der Rinde von Hymenaea Courbaril (Lokririnde); ferner sind solche Stoffe angetroffen worden in Angophora intermedia und lanceolata, in einem „Mangrove"-Extrakt unbekannter Herkunft sowie im Holze Anacardium occidentale. Ein catechinartiger krystallinischer Bestandteil des Malabarkinos (von Pterocarpus Masurpium) ist von ETTI als Kinoin beschrieben, später aber nicht bestätigt worden. E. WHITE bestreitet, daß ETTI echten Malabarkino in Händen hatte. Dagegen hat PERKIN ein solches Produkt, das allerdings Farbstoffcharakter hatte, in Händen gehabt. Auch SMITH erwähnt ein dem Catechin ähnliches Kinoin aus Malabarkino. Als erster hat 1821 F. RUNGE (a. a. O.) einen krystallinischen Anteil aus Kino isoliert. (Zitate für diesen Abschnitt s. K. FREUDENBERG[7].)

---

[1] Journ. Chem. Soc. 81, 1160 (1902). Übersicht über das Vorkommen der Catechine: Ann. 437, 274 (1924).

[2] Journ. Chem. Soc. London 1932, 2809.

[3] Sc. Papers Inst. physic. and chem. Research Tokyo 10, 253 (1929); 14, 63 (1930). — YAMAMOTO, R.: Journ. Agric. Chem. Soc. Japan 6, 564 (1930).

[4] Ann. 483, 140 (1930).

[5] Journ. Amer. Chem. Soc. 54, 1913 (1932).

[6] Sc. Papers Inst. physic. and chem. Research 19, 142 (1932).

[7] S. 3, Zitat 3 u. Ber. 58, 1417 (1920). Eudesmin (R. ROBINSON u. H. G. SMITH: Journ. Proc. Roy. Soc. N. S. Wales 48, 449 [1915]) und Aromadendrin (R. ROBINSON, Privatmitteilung) sind nicht unter diese Stoffe zu zählen. Catechine sind möglicherweise Substanzen, die ST. JONESCO aus Prunus (C. r. d. l'Acad. des sciences 175, 904 [1922]) sowie G. BERTRAND Y. ST. DJORITCH aus Roßkastanien isoliert haben (ebenda 178, 1233 [1924]).

In der Guarana, dem Tee, der Colanuß und der Kakaobohne sind Catechin bzw. Epicatechin an Coffein gebunden. Die Aufarbeitung gelingt vielfach nur an frischem oder rasch abgetötetem Material, während bei langsamer Trocknung die Enzyme das Catechin kondensieren.

Eigenschaften.

Aktives Catechin ist in Wasser leichter löslich als racemisches; dieses krystallisiert am schnellsten aus. Aktives und racemisches Epicatechin krystallisiert langsam in dicken Prismen und geht bei raschem Anwärmen langsamer in Lösung als die fein krystallisierenden Catechine.

In Alkoholen und Aceton sind alle Formen leicht löslich, in Äther schwer.

Die Drehung in Alkohol und Aceton-Wasser ist höchst charakteristisch (s. Tabelle), die Drehung des aktiven Epicatechins in Alkohol wird durch die Gegenwart von aktivem oder racemischem Catechin erhöht, obwohl beide Zusätze für sich in Alkohol nicht drehen. Die spezifische Drehung des d-Catechins beträgt in Wasser von 20° etwa +19° und steigt bei tieferer Temperatur bedeutend.

Catechin krystallisiert zusammen mit Coffein oder Brucin. Gelatine wird von nicht zu verdünnter Lösung gefällt. Monoacetylcatechin, in dem die aliphatische Hydroxylgruppe abgedeckt ist, gibt eine stärkere Leimfällung. Catechin wird auf der Haut fixiert.

Die Catechine sind farblos. Bleiacetat erzeugt einen farblosen, Brom einen gefärbten Niederschlag, alkoholisches Kaliumacetat dagegen keine Fällung (Perkin, Yoshitake[1]). Catechin adsorbiert Ammoniak und gibt es im Vakuumexsiccator über Schwefelsäure wieder ab. So behandeltes Catechin löst sich auch in kaltem Wasser und krystallisiert alsbald wieder aus. Ferrisalz färbt die wäßrige Lösung dunkelgrün; die Farbe geht auf Zusatz von Natriumacetat in Tiefviolett über (Perkin, Yoshitake).

Beim Erhitzen der wäßrigen Lösung, auch bei Luftabschluß, verliert es die Fähigkeit zu krystallisieren und geht in einen leicht löslichen, amorphen Gerbstoff über, der durch Äther von unverändertem Catechin befreit werden kann, und von dem anzunehmen ist, daß er im krystallinischen Zustande noch schwerer löslich wäre als das Catechin. Bei stärkeren Eingriffen, wie Kochen mit verdünnten Mineralsäuren, setzt sich ein weißlichrot bis rot gefärbter Niederschlag ab (Gerbstoffrot, Catechinrot), der schließlich trotz seines amorphen Zustandes selbst in heißem Wasser oder wäßrigem Alkohol sowie in Kalilauge unlöslich wird.

In dem käuflichen Gambir und Catechu finden sich derartige Gerbstoffe gleichfalls vor. Da bei der Bereitung der Drogen am Gewinnungsort die wäßrigen Auszüge ohne Vorsichtsmaßnahmen eingekocht werden[2], muß gefolgert werden, daß zum mindesten ein Teil des in den Extrakten vorhandenen Gerbstoffs und Gerbstoffrots nachträglich aus dem Catechin entstanden ist. Ob solche Produkte auch in dem frischen Pflanzenmaterial vorhanden sind, ist anscheinend noch nicht festgestellt worden. Auch wenn dies der Fall sein sollte, darf angenommen werden, daß der Zusammenhang zwischen der Catechin der Pflanze und dem begleitenden Gerbstoffe und Gerbstoffrot dem im Reagensglas nachgewiesenen ähnlich ist. Außer einfacher Wasserabspaltung können auch Oxydationsvorgänge die Ursache solcher Kondensationen sein. Für die Erforschung der rotbildenden Gerbstoffe ergibt sich aus dem Beispiele des Catechins aufs deutlichste die Notwendigkeit, nach den kondensationsfähigen Grundformen zu suchen.

---

[1] Journ. Chem. Soc. London 81, 1160 (1902).
[2] Eine Ausnahme macht Indragiri und Asahangambir.

Die wichtigsten Eigenschaften finden sich in der folgenden Übersicht[1].

	Catechin		Epicatechin	
	d—	d, l—	l—	d, l—
Krystallform	dünne Nadeln	dünne Nadeln	dicke Prismen	dicke Prismen sowie Nadeln
Kristallwasser	0[2] oder 4	3	4; wird an der Luft wasserfrei	Prismen 4 Nadeln 1
Schmelzpunkt (Zersetzungspunkt; sehr unscharf)	mit Wasser 93— 95 ohne „ 174—175	sehr unscharf 212—214, sintert wasserhaltig üb. 100°, zersetzt sich bei 212—214	237—39	224—326
$[\alpha]_{578}$ in Alkohol . . .	± 0	—	−69° (7%)	—
$[\alpha]_{578}$ in Aceton-Wasser (1:1)	+ 17,1°	—	−60° (4%)	—
Pentacetyl-Schmelzpkt.	131—132	164—165	151—152	167
$[\alpha]_{578}$ in $C_2H_2Cl_4$ . . .	+ 40,6°	—	— 12°[3]	—
Tetramethyl-Schmelzp.	143—144	142	153—154	141—142
$[\alpha]_{578}$ in $C_2H_2Cl_4$ . . .	— 13,4°	—	—61,5°	—
Pentamethyl-Schmelzp.	93—94	110—111	103—104	113—11 4
$[\alpha]_{578}$ in $C_2H_2Cl_4$ . . .	+ 8,3°	—	— 84°	—

Die Konstitution des Catechins[4].

Die Konstitution geht aus der Synthese des d, l-Epicatechins (II) durch Hydrierung des Cyanidins (I) hervor (FREUDENBERG, FIKENTSCHER, HARDER, SCHMIDT[5]).

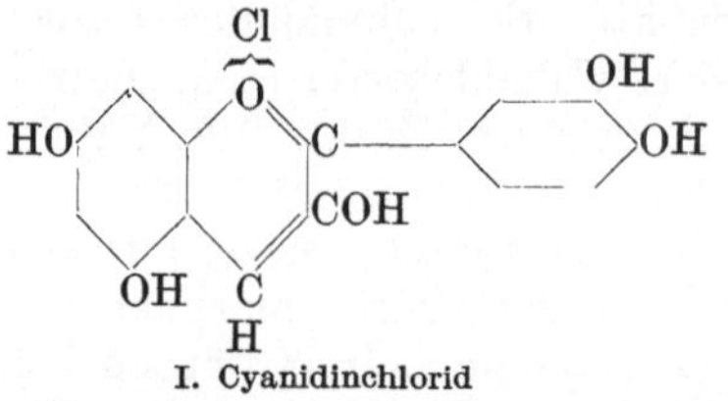

I. Cyanidinchlorid

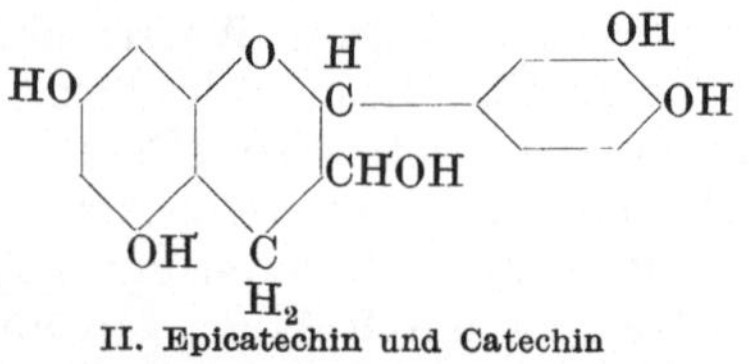

II. Epicatechin und Catechin

Da es gelungen ist, Epicatechin in Catechin umzulagern, ist damit die Synthese auch des Catechins verwirklicht. Entsprechend lassen sich die Pentamethyläther des Cyanidins und des Quercetins zum Pentamethyl-dl-Epicatechin hydrieren (FREUDENBERG und KAMMÜLLER[6]).

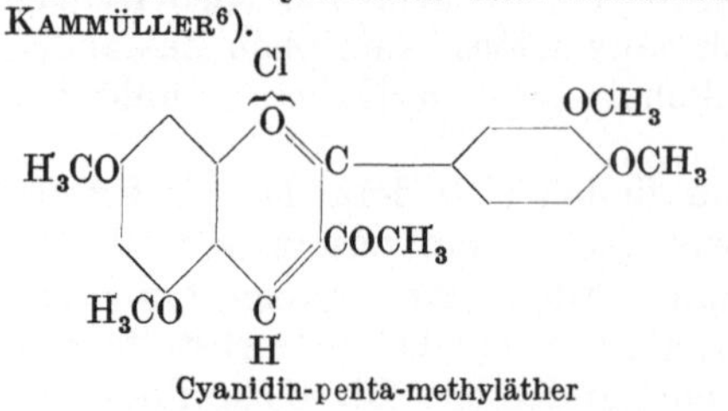

Cyanidin-penta-methyläther

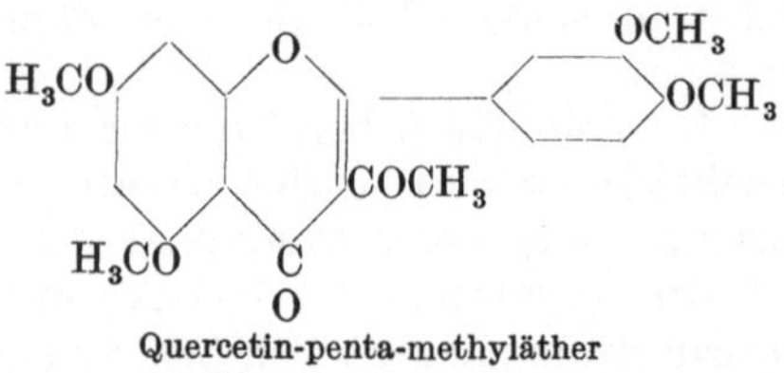

Quercetin-penta-methyläther

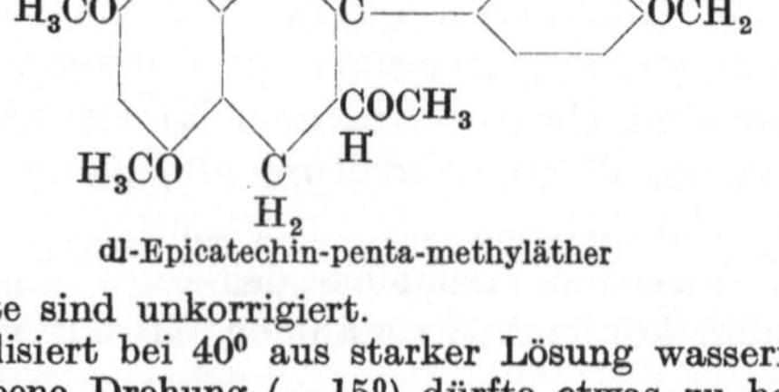

dl-Epicatechin-penta-methyläther

[1] Alle Schmelzpunkte sind unkorrigiert.
[2] d-Catechin krystallisiert bei 40° aus starker Lösung wasserfrei.
[3] Die früher angegebene Drehung (—15°) dürfte etwas zu hoch sein.
[4] Eine ausführliche Zusammenstellung gibt F. A. MASON: Journ. Soc. Chem. Ind. **1928**, 269.
[5] Ann. **444**, 135 (1925).
[6] Ann. **451**, 209 (1927).

Diese Synthesen bildeten den Abschluß einer ausgedehnten Untersuchung, deren erster Teil in der schon geschilderten Aufklärung der sterischen Verhältnisse bestand. Die mannigfaltigen Umwandlungen des Catechins sollen anschließend beschrieben werden.

Die wichtigste Abbaureaktion wurde von St. v. Kostanecki und V. Lampe[1] aufgefunden und tritt sowohl am Catechin wie am Epicatechin ein.

Die Tetramethyläter beider Reihen

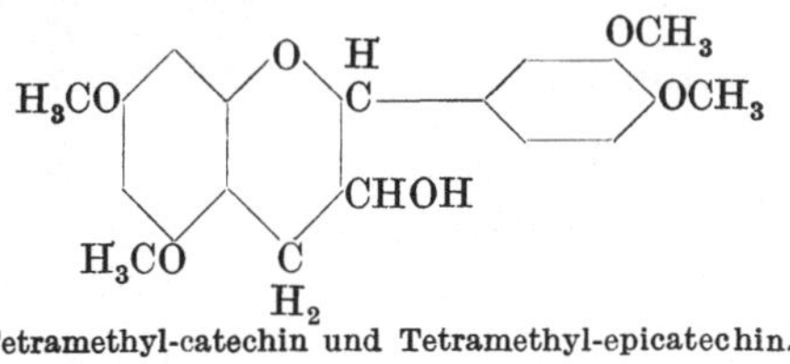

Tetramethyl-catechin und Tetramethyl-epicatechin.

werden durch Natrium in Alkohol zu einem phenolischen α, γ-Diphenylpropanderivat

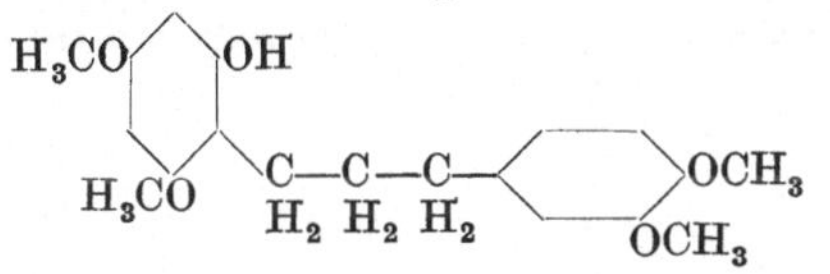

aufgespalten, das vollends methyliert oder in ein Äthylderivat sowie ein p-Nitrobenzoat umgewandelt werden kann[2]. Alle diese Produkte sind synthetisch bereitet worden. Als Beispiel sei die Synthese des Methylderivates angeführt:

Phloracetophenon-trimethyläther (I) wird mit Veratrum-aldehyd (II) zum Chalkon (III)[3] kondensiert. Mit Platin und Wasserstoff läßt sich das Chalkon zum Pentamethoxy-α, γ-diphenylpropan (IV) hydrieren.

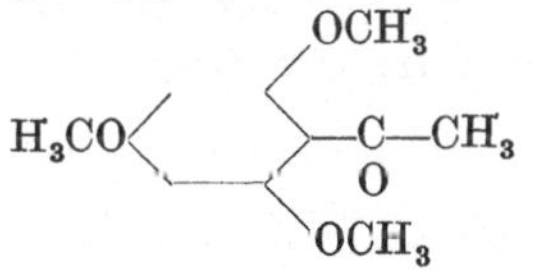

I
Phloroacetophenon-trimethyläther.

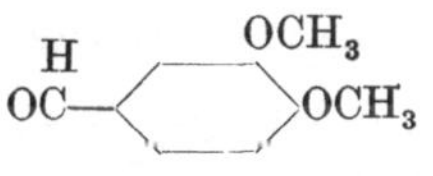

II
Veratrum-aldehyd

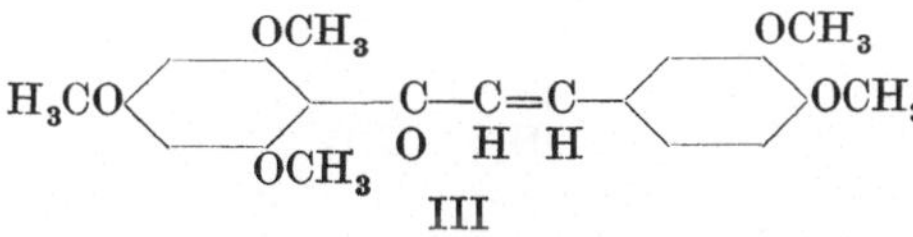

III
Pentamethoxychalkon

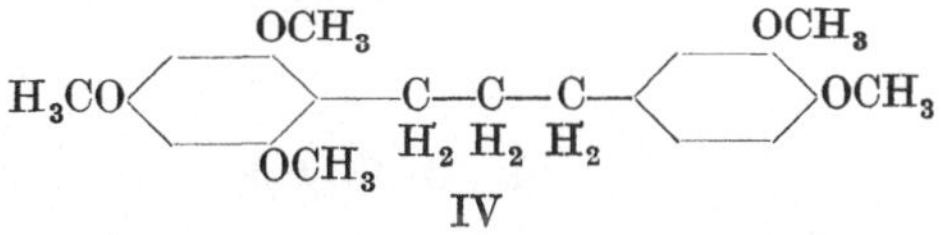

IV
2, 4, 6, 3′, 4′-Pentamethoxy-α, γ-diphenylpropan.

Wie erwähnt, ist diese Reaktion der Catechin- und der Epicatechinreihe gemeinsam. Dabei ist es gleichgültig, ob die Tetra- oder Pentamethyläther der Catechine verwendet werden.

Bei der Abspaltung von Wasser verhalten sich dagegen die Tetramethyläther des Catechins und Epicatechins völlig verschieden. Am Tetramethyl-catechin vollzieht sich der Verlust von Wasser unter tiefgreifender Veränderung des Kohlenstoffgerüstes entsprechend einer Pinakolinumlagerung. Erst als dieser irreführende Umstand erkannt und fast gleichzeitig das Epicatechin zugänglich wurde, konnte die Reaktion am Tetramethylepicatechin weiter verfolgt werden, an dem sie normal verläuft. Deshalb ist es zweckmäßig, diese Reaktionsfolge voranzustellen.

Der Toluolsulfoester des Tetramethyl-epicatechins (I) spaltet mit Hydrazin Toluolsulfosäure ab; das entstehende Tetramethoxyflaven (II) liefert auf der einen Seite mit Natrium und Alkohol nach dem Verfahren von Kostanecki und Lampe das oben besprochene Tetramethoxy-oxy-α,γ-diphenylpropan, auf der anderen Seite mit Platin und Wasserstoff ein Tetramethoxyflavan (III). Dieses entsteht auf dem gleichen Wege auch aus dem Tetramethyläther des natürlichen Luteolins (IV) sowie dem Luteolinidin-tetramethyläther (V). Der letztere bildet sich auch aus II mit Chlorwasserstoff in Gegenwart von Luft (W. Baker[4]).

---

[1] Ber. **40**, 720 (1907). [2] Ber. **56**, 2127 (1923).

[3] Tutin, F., u. F., W. Caton: J. chem. Soc. Lond. **97**, 2062 (1910).

[4] Journ. Chem. Soc. London **136**, 1593 (1929).

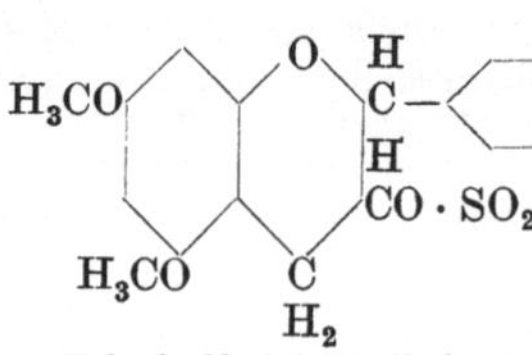

I
Toluolsulfo-tetramethyl-epicatechin.

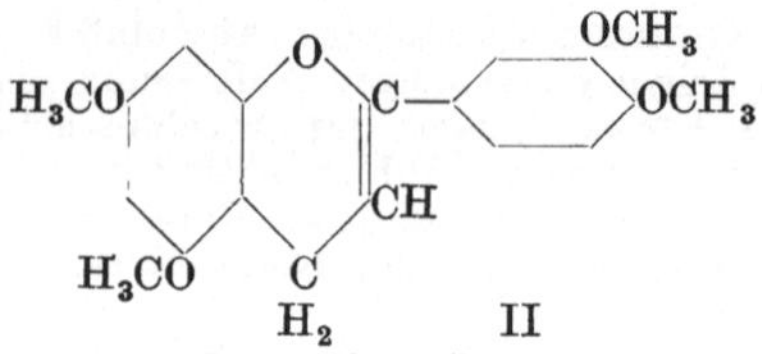

II
5, 7, 3′, 4′-Tetramethoxy-flaven.

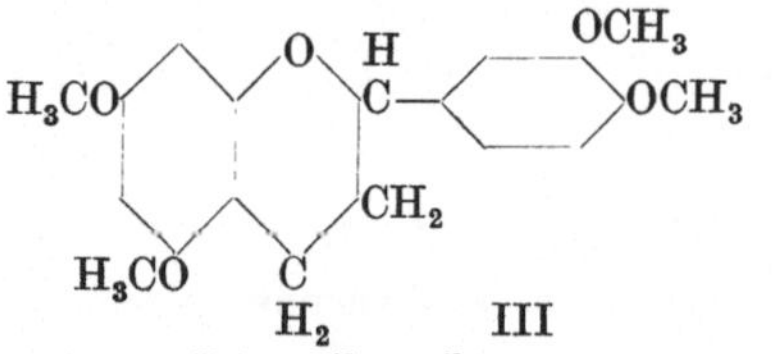

III
5, 7, 3′, 4′-Tetramethoxy-flavan.

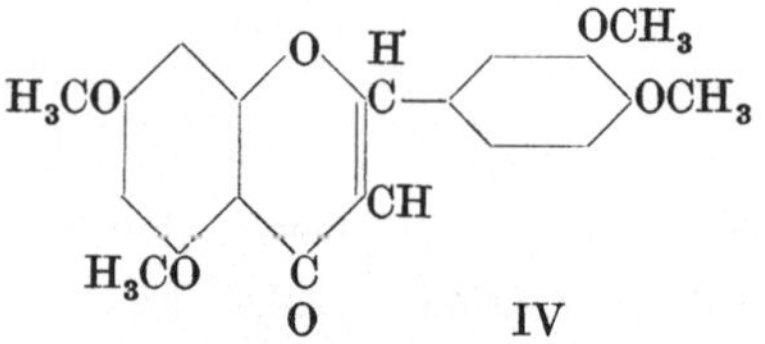

IV
Luteolin-tetra-methyläther.

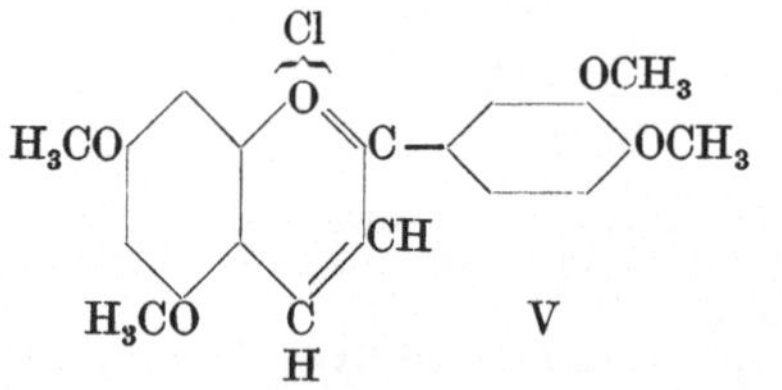

V
Luteolinidin-tetra-methyläther.

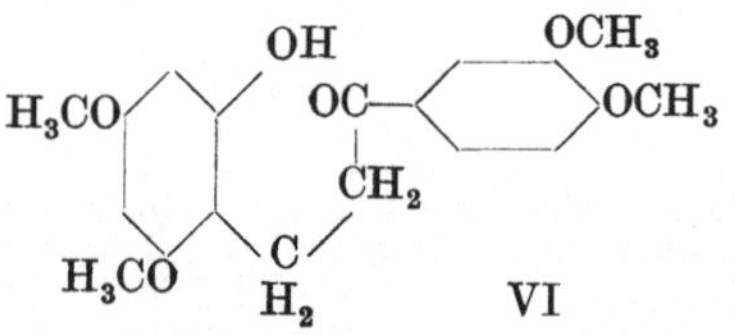

VI
Hydrochalkon.

Feuchter Eisessig spaltet das Flaven (II) zu dem auch synthetisch zugänglichen Hydrochalkon (VI) auf, das mit Salzsäure, Wasserstoff und Platin unter Ringschluß das Flavan (III) zurückbildet.

Im Gegensatz hierzu führt die Einwirkung von Hydrazin auf den Toluolsulfoester des Tetramethyl-catechins zur Absprengung des Phloroglucins, das als Dimethyläther (II) auftritt, während der Rest des Moleküls mit dem Hydrazin zu einem Pyrazolin (III) kondensiert wird, das auch synthetisch aus Dimethoxy-zimtaldehyd mit Hydrazin bereitet werden kann.

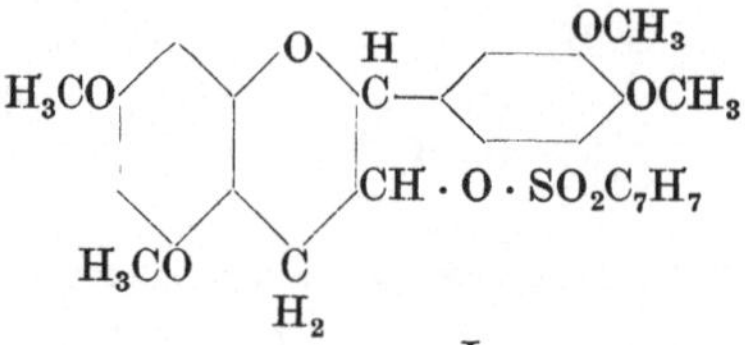

I
Toluolsulfo-tetramethyl-catechin.

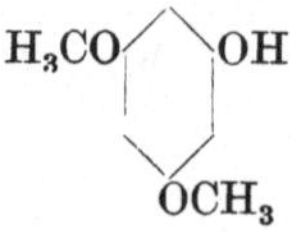

II
Phloroglucin-dimethyläther.

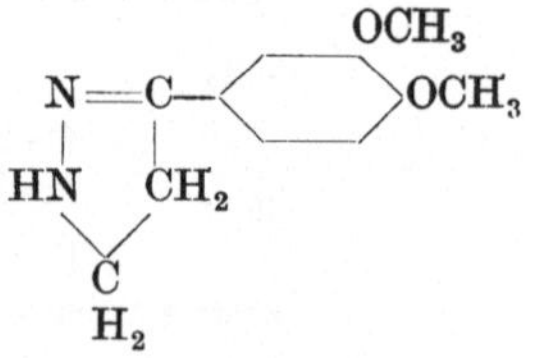

III
3-(3′, 4′-Dimethoxy-phenyl-) pyrazolin.

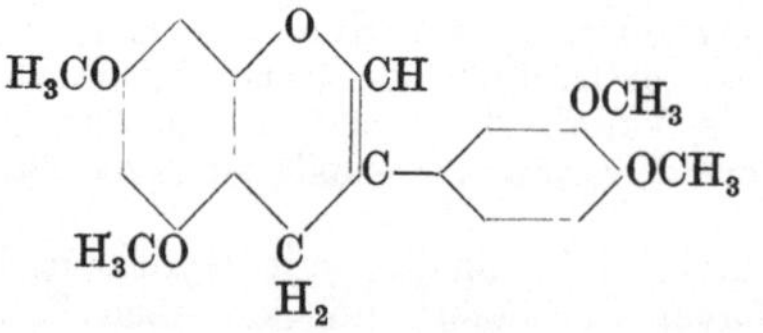

IV
3-(3′, 4′-Dimethoxy-phenyl-) 5, 7-Dimethoxy-chromen.

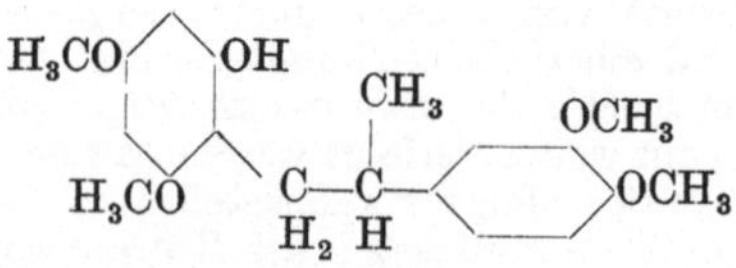

V
α-[2-Oxy-, 4, 6-Trimethoxy-phenyl-] β-[3′, 4′-Dimethoxy-phenyl-] propan.

Mit Chinolin liefert die Toluolsulfoverbindung des Tetramethyl-catechins (I) unter Abspaltung von Toluolsulfosäure eine ungesättigte Verbindung, die als ein Chromen (IV) erkannt wurde. Daß der Veratrylrest gewandert ist, geht daraus hervor, daß dieses Chromen bei der reduktiven Aufspaltung ein phenolisches α, β-Diphenylpropanderivat (V) liefert, dessen Methyläther synthetisiert wurde. Zu diesem Zwecke wurde 1, 3, 5-Trimethoxyphenyl-essigsäurechlorid mit Veratrol zum Keton VI kondensiert.

Dieses ergab nach der Umsetzung mit Methylmagnesiumjodid und nachfolgender Reduktion das α, β-Diphenylpropanderivat (VII)[1].

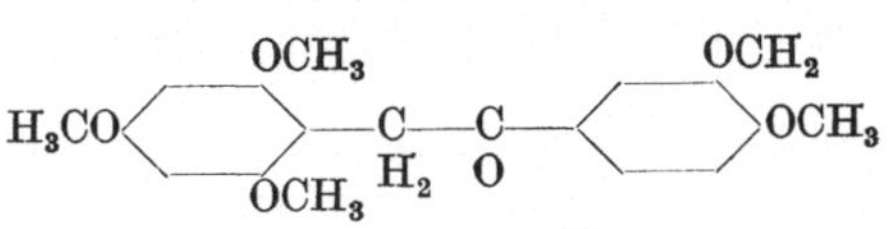

VI 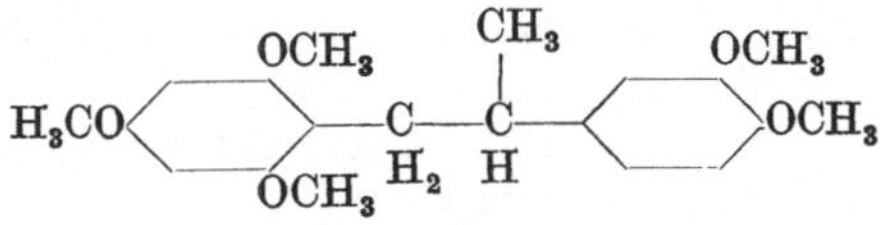 VII

Das Chromen (IV) liefert mit Chlorwasserstoff unter Mitwirkung des Luftsauerstoffs das Iso-anthocyanidin (VIII., vgl. W. BAKER, a. a. O.).

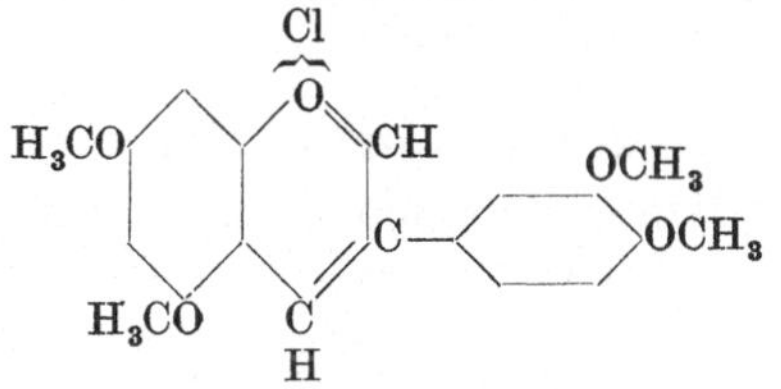

VIII

das sich auch aus dem Acetat des Phloroglucinaldehyd-dimethyläthers (IX) und Homo-

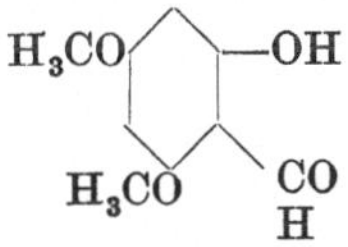

IX 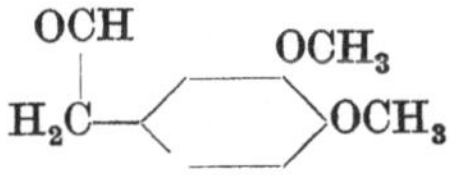 X

veratrumaldehyd (X) mit Chlorwasserstoff synthetisieren ließ[2]. Das synthetische wie das vom Catechin stammende Oxoniumsalz (VIII) sowie das Chromen (IV) ließen sich zum Chroman (XI) hydrieren.

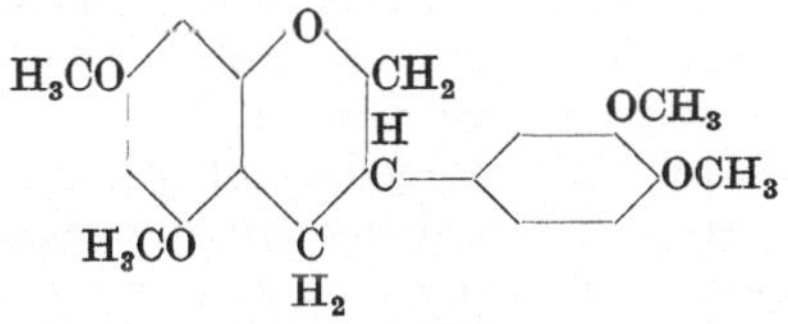

XI

Das Iso-anthocyanidin (VIII) entsteht auch mit Chlorwasserstoff und Luftsauerstoff aus dem farblosen optisch aktiven Chlorid (XII), in dem der Veratrylrest bereits gewandert ist. Dieses farblose Chlorid wird aus Catechin-tetramethyläther gewonnen und liefert mit Pyridin das oben besprochene Chromen IV, das auf diesem Wege zuerst erhalten wurde (DRUMM[3]). In Alkoholen vertauscht das Chlorid sein Chloratom leicht gegen Alkoxyle unter Bildung optisch aktiver Äther.

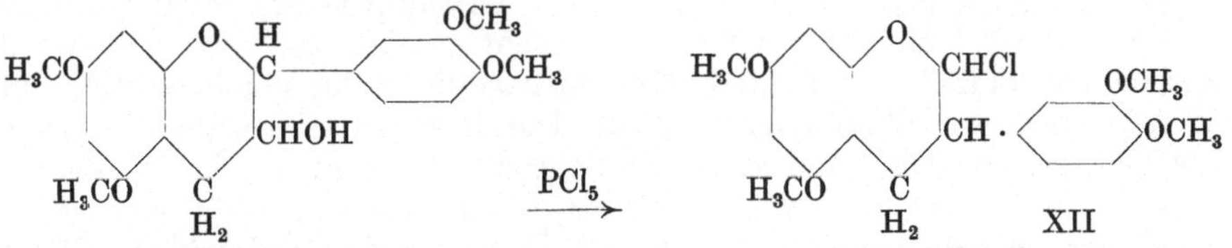

$\xrightarrow{PCl_5}$ XII

Tetramethyl-catechin — farbloses Chlorid

[1] Mit M. HARDER: Ann. **451**, 213 (1927).

[2] Mit G. CARRARA u. E. COHN: Ann. **446**, 87 (1925).

[3] DRUMM, J., M. MCMAHON u. H. RYAN: Proc. Roy. Irish Akad. **36**, Sect. B, 41 (1923); 149 (1924).

Diese Erscheinungen verdienen Interesse wegen der Leichtigkeit, mit der sich unter Mitwirkung des Sauerstoffes Pyryliumsalze bilden und wegen des Umstandes, daß sich die Pinakolinumlagerung ohne den geringsten Verlust an optischer Aktivität vollzieht.

Die wichtigste Eigenschaft der Catechine ist ihre Neigung, in amorphe Gerbstoffe überzugehen (S. 18). Obwohl Catechin mit Leimlösung einen Niederschlag bildet, hat es keine gerbenden Eigenschaften. Aber es verwandelt sich unter der Einwirkung von Enzymen, Säuren, Alkalien mit und ohne Luftsauerstoff sogar schon in wäßriger Lösung rasch in echte amorphe Gerbstoffe. Es besteht kein Zweifel, daß sich diese zahlreichen, nun Catechingerbstoffe genannten Naturprodukte von Catechinen herleiten.

2. Cyanomaclurin.

Im Holze des in Indien heimischen Jackbaumes (Artocarpus integrifolia, eines Verwandten des Brotfruchtbaumes), befindet sich neben dem Gelbholzfarbstoffe Morin ein den Catechinen naheverwandter, aber um 2 Wasserstoffatome ärmerer Stoff, den die Entdecker A. G. Perkin und Cope[1] Cyanomaclurin genannt haben.

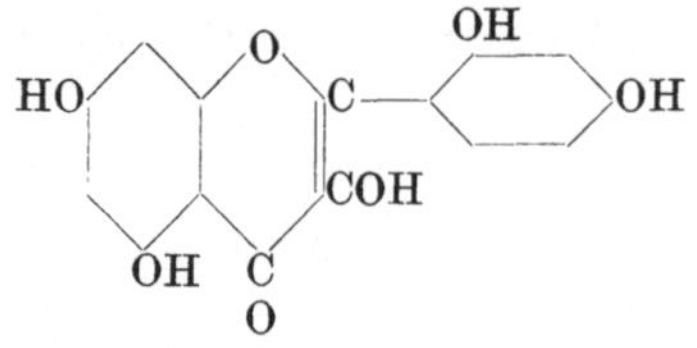

Morin

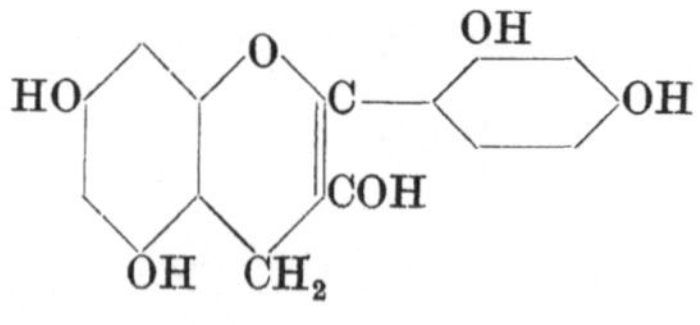

Cyanomaclurin. (?)

Das Holz wird 10 Stunden lang mit der 10fachen Menge Wasser ausgekocht und der heiße Auszug mit der Lösung von neutralem Bleiacetat versetzt, solange noch ein Niederschlag entsteht. Nach mehrstündigem Stehen wird filtriert, die Lösung mit Schwefelwasserstoff vom Blei befreit und auf ein geringes Volumen eingedampft. Vollkommene Eintrocknung muß wegen der Zersetzlichkeit des Cyanomaclurins vermieden werden. Die dunkle Flüssigkeit wird mit viel Kochsalz versetzt, das eine zähe, braune Masse niederschlägt. Das leicht gefärbte Filtrat wird mit viel Essigäther erschöpft und der Auszug abgedampft. Aus der konzentrierten Lösung scheiden sich beim Erkalten Krystalle ab, die mit einem Harze durchsetzt sind. Sie werden scharf abgepreßt, mit wenig Essigäther angerieben und abgesaugt. Die fein zerriebenen Krystalle werden in Portionen von 15 g in 50 cm^3 warmes Wasser eingetragen, abgesaugt und in gleicher Weise nachbehandelt, bis das Filtrat nahezu farblos abläuft. Das beinahe weiße Präparat wiegt etwa 6 g. Die Mutterlaugen krystallisieren nicht beim Einengen, sie müssen mit Kochsalz gesättigt, mit Essigäther ausgeschüttelt und in der oben beschriebenen Weise verarbeitet werden.

Cyanomaclurin ($C_{15}H_{12}O_6$) enthält kein Krystallwasser, wird bei hoher Temperatur dunkel und ist bei 290° noch nicht geschmolzen. Es gibt wie die Catechine mit Salzsäure und dem Fichtenspan die Phloroglucinreaktion, und zwar so schnell wie Phloroglucin selbst. Die Eisenchloridreaktion ist violett wie beim Resorcin. Die Substanz ist nicht leicht löslich in Alkohol, Essigäther, verdünnter Essigsäure und Wasser. Schwefelsäure löst mit schön roter Farbe. Geringe Mengen geben, mit wäßrigem Alkali erhitzt, eine indigoblaue Lösung, die über Grün in Braungelb umschlägt. Cyanomaclurin wird von basischem

[1] Journ. Chem. Soc. London **67**, 937 (1895). E. H. Charlesworth, J. J. Charan u. R. Robinson glauben an die Zusammensetzung $C_{15}H_{14}O_6$ eines echten Catechins. Journ. Chem. Soc. London **1933**, 370.

Bleiacetat gefällt, von neutralem dagegen nicht. Eiweiß wird nicht gefällt. Methylgruppen sind nicht vorhanden. Mit Ätzkali und wenig Wasser $^1/_2$ Stunde auf 200—220° gehalten, liefert es Phloroglucin und β-Resorcylsäure neben etwas aus der letzteren entstehendem Resorcin. Der Zusammenhang mit dem Morin, das die gleichen Spaltstücke liefert, liegt auf der Hand. In der entsprechenden Weise liefert das Gambircatechin und das es begleitende Quercetin Phloroglucin und Protocatechusäure. Cyanomaclurin ist ein um 2 Wasserstoffatome ärmeres Catechin als das genannte und nähert sich damit schon den Pflanzenfarbstoffen, obwohl es farblos ist und keine färberischen Eigenschaften besitzt.

Mit Mineralsäuren entstehen aus Cyanomaclurin je nach der Einwirkungsdauer schwer- oder unlösliche rotbraune Phlobaphene (bis zu 90% des angewendeten Gewichts), die dieselbe Zusammensetzung wie die entsprechenden Derivate der Catechine zeigen (S. 62).

3. Quebrachogerbstoff.

Im Holze der südamerikanischen Bäume Schinopsis Lorentzii und Balansae (Quebracho colorado) findet sich neben wenig Fisetin, Ellagsäure und Gallussäure (Perkin, Gunell[1]), die wahrscheinlich in gebundener Form darin enthalten sind, eine große Menge Gerbstoff und Gerbstoffrot. Zucker ist nur in geringem Maße vorhanden. Aratas „Quebrachoin"[2], das in sehr geringer Menge aus dem Holze durch Ausäthern gewonnen wurde, ist nichts anderes als Fisetin, mit dem es in der gelben Farbe, der Schwerlöslichkeit in heißem Wasser und der roten Fällung mit basischem (nicht neutralem) Bleiacetat übereinstimmt. Hesse entzog dem eingetrockneten Safte des Holzes durch Äther Spuren einer wasserlöslichen neutralen, krystallinischen Substanz, die Eisenchlorid nicht färbte.

Der Gerbstoff ist ein Gemisch von wasserlöslichen Bestandteilen mit schwerlöslichen Produkten. Er ist aus dem Holze durch kaltes Wasser schwer auslaugbar.

Den wasserlöslichen Gerbstoff suchen Th. Körner[3] und nach ihm Franke[4] dadurch zu gewinnen, daß sie geraspeltes Quebrachoholz mit Wasser von 30° übergießen, so daß es eben bedeckt ist. Nach $^1/_2$ Stunde wird abgepreßt, filtriert und mit Kochsalz ($^1/_{10}$ des Brühengewichts) versetzt, erneut filtriert und mit Essigäther ausgeschüttelt. Zur Essigätherlösung werden 2 Volumteile Äther gegeben, nach 12 Stunden wird vom Niederschlage abgegossen und mit mehr Äther ein hellerer Gerbstoff ausgefällt. Er wird noch fünfmal mit Essigäther und Äther umgelöst. Dieser Gerbstoff ist aber noch nicht einheitlich.

Gschwendner[5] extrahierte das geraspelte Quebrachoholz 10 Tage lang mit kaltem Wasser, verdampfte die Lösung im Vakuum, nahm mit Alkohol auf, filtrierte, verjagte den Alkohol im Vakuum, nahm wieder in Wasser auf und fällte nach der Filtration mit Bleiacetat. Der Niederschlag wurde mit viel heißem Wasser gewaschen und in Alkohol durch Schwefelwasserstoff zerlegt. Der Alkohol wurde im Kohlensäurestrom abdestilliert und der Rückstand über Schwefelsäure getrocknet. Durch Lösen in Alkohol und Fällen mit Äther konnte der Gerbstoff weiter gereinigt werden. Die Ausbeute war gut.

Die in Wasser weniger löslichen Bestandteile des rohen Quebrachogerbstoffes hat Arata untersucht. Er sammelt den in den Rissen des Holzes ausgesonderten, eingetrockneten Saft oder verwendet heiß bereiteten Holzauszug. Die warme,

---

[1] Chem. Soc. Journ. London **69**, 1303 (1896).
[2] An. Soc. cient. Argentina **6**, 97 (1873); **7**, 148 (1879); Gazz. chim. ital. **9**, 90 (1879).
[3] Ber. Dtsch. Gerberschule **10**, 27 (1899).
[4] Pharm. Zentralhalle **47**, 599 (1906).
[5] Dissert., Erlangen 1906; Strauss u. Gschwendner: Ztschr. f. angew. Ch. **19**, 1124 (1906).

wäßrige Lösung wird filtriert; beim Erkalten setzt sich die Hauptmenge des Gerbstoffs als eine gefärbte Masse ab; aus dem Filtrate kann eine erhebliche Menge eines reineren Produktes durch Mineralsäuren oder Kochsalz ausgefällt werden. Der Gerbstoff wird mit wenig kaltem Wasser gewaschen. Zur weiteren Reinigung hat ARATA die Lösung mit etwas neutralem Bleiacetat versetzt und das Filtrat auf Gerbstoff verarbeitet oder allen Gerbstoff mit neutralem Bleiacetat ausgefällt und den Niederschlag mit Schwefelwasserstoff in Alkohol zerlegt.

Quebrachogerbstoff färbt Ferrisalz grün, wird von Brom niedergeschlagen und liefert, mit Säuren erhitzt, ein Phlobaphen, das nach GSCHWENDNER die Zusammensetzung C 62,4, H 5,6 hat. Hiermit stimmen die Werte überein, die ARATA an seinen schwerlöslichen Präparaten verschiedener Darstellung gefunden hat (im Mittel C 62,5, H 5,4). Der Vergleich mit dem Catechin ($C_{15}H_{14}O_6$; C 62,1, H 4,8) oder seinen wasserärmeren Kondensationsprodukten ergibt, daß das Gemisch der Quebrachogerbstoffe wasserstoffreicher oder sauerstoffärmer ist. Das den Gerbstoff begleitende Fisetin $C_{15}H_{10}O_6$ (Formel nebenstehend), ein dem Quercetin ähnlicher Farbstoff, enthält noch weniger Wasserstoff (C 62,9, H 3,5).

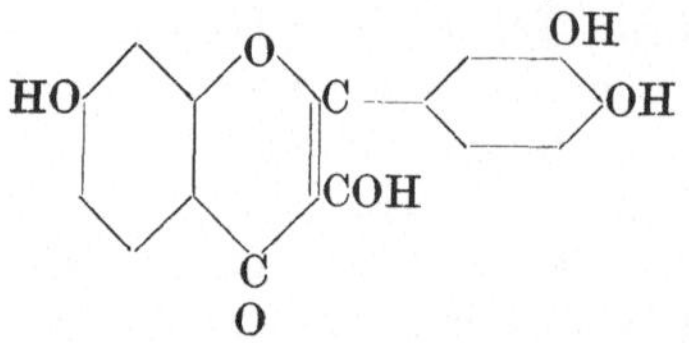

Der Gerbstoff reagiert kaum sauer und reduziert nach GSCHWENDNER nicht die FEHLINGsche Lösung. Kalk- und Barytwasser erzeugen eine violette Färbung. Nach KÖRNER färbt sich eine kochende wäßrige Lösung des löslichen Gerbstoffes, durch die Luft geleitet wird, rot und setzt einen roten Niederschlag ab. Wenn diese intensive Berührung mit der Luft vermieden wird, bleibt die Lösung unverändert. Das gerbstoffhaltige Holz und, nach ARATA, auch die daraus gewonnenen Präparate dunkeln an der Luft nach.

KÖRNERs helle Präparate lösen sich in etwa 7 Teilen Wasser von gewöhnlicher Temperatur. Beim Abkühlen einer stärkeren Lösung scheidet sich ein Teil des Gerbstoffes als Sirup ab.

ARATAs Gerbstoff löst sich leicht in Alkohol, Essigäther, Aceton und heißem Wasser, wenig in Amylalkohol, Eisessig, Äther und kaltem Wasser. In wäßrigem Äther löst sich eine geringe Menge. Zinksulfat erzeugt einen hellen Niederschlag. Wird der Gerbstoff mit 3 Teilen Ätzkali $^1/_2$ Stunde im Schmelzen gehalten, so entsteht Protocatechusäure und Phloroglucin (?). Die trockene Destillation liefert Brenzcatechin, das ARATA durch den Schmelz- und Siedepunkt identifiziert hat. GSCHWENDNER gibt an, daß das überdestillierende Öl „Guajacol zu sein scheint". Da er keine Belege mitteilt, muß ARATAs Feststellung als maßgebend angesehen werden. Wird der Gerbstoff $1^1/_2$ Stunde mit starker Schwefelsäure erhitzt und nach dem Erkalten vom dunklen Niederschlage filtriert, so kann aus dem Filtrate mit Äther Phloroglucin (?; wohl Resorcin) und Protocatechusäure extrahiert werden (ARATA).

Die ins Schrifttum übergegangene Angabe, daß ARATA mit Schwefelsäure einen krystallisierten Stoff erhalten habe, der bei der Kalischmelze in Protocatechusäure und Phloroglucin zerfalle, beruht auf einem Mißverständnis.

GSCHWENDNER stellte 7% Methoxyl fest. Was davon den organischen Lösungsmitteln entstammt — er fällte seine Analysenpräparate aus Alkohol mit Äther —, läßt sich nicht beurteilen. Durch einstündiges Kochen von 10 g Gerbstoff mit 60 g Eisessig und 60 g Essigsäureanhydrid erhielt der gleiche Verfasser ein Acetylderivat (C 61,2—62,0, H 4,7—5,2; Acetyl 32,1) vom Molekulargewicht 1547—1615 (in Phenol und in Eisessig). Mit Benzoylchlorid und Pyridin wurde ein Benzoylderivat bereitet (C 73,0, H 4,2; Molekulargewicht in Benzol: 2295—2362).

Nierenstein sowie Jablonsky und Einbeck[1] haben Resorcin als Baustein des Quebrachogerbstoffes nachgewiesen. Aus pflanzenchemischen Analogieschlüssen ergibt sich mit einiger Wahrscheinlichkeit, daß der Quebrachogerbstoff das Kondensationsprodukt des auf S. 5 wiedergegebenen hypothetischen Quebrachocatechins ist. Dieses Catechin haben inzwischen K. Freudenberg und P. Maitland synthetisch aus Fisetinidin gewonnen (unveröffentlicht).

4. Malett- und Pistaciagerbstoff.

Der *Rindengerbstoff aus Persea Lingue* hat nach Arata viel Ähnlichkeit mit dem Quebrachogerbstoff.

Auch der *Malettgerbstoff* weist äußerlich einige Ähnlichkeit mit dem Quebrachogerbstoff auf (Gschwendner l. c.). Dekker[2] extrahiert die Rinde von Eucalyptus occidentalis mit 96proz. Alkohol und schlägt den Gerbstoff mit Äther nieder. Das Rohprodukt wird in absolutem Alkohol gelöst und mit Äther in Fraktionen gefällt. Die ersten Niederschläge werden verworfen, weil sie Kohlenhydrate enthalten. Der Gerbstoff ist leicht in Wasser und Alkohol, weniger in Aceton und Essigäther löslich und wird durch Brom niedergeschlagen.

Mit heißer 2proz. Salzsäure wurden 46% Rot, wenig Gallussäure und 2% Methylpentose erhalten. Die Kalischmelze, besser noch die Reduktion mit Zinkstaub und kochender, 15proz. Natronlauge, ergab eine geringe Menge Gallussäure und Phloroglucin.

Die Rinde enthält neben dem Gerbstoffe in geringer Menge einen krystallinischen, in Wasser schwer löslichen, farblosen Stoff.

Gerbstoff aus Pistacia lentiscus (Mastixbaum) (Perkin, Wood[3]). Der alkoholische Blätterauszug wird eingeengt, in Wasser gegossen und wiederholt ausgeäthert. Aus der wäßrigen Schicht wird aller Gerbstoff mit Essigäther ausgeschüttelt; der Essigäther hinterläßt einen Gerbstoff, der in Wasser gelöst wird. Zur Flüssigkeit gibt man etwas Kochsalz, entfernt einen geringen Niederschlag, extrahiert das Filtrat mit Essigäther, engt diesen ein und versetzt mit Äther. Ein geringer brauner Niederschlag wird entfernt und das Filtrat eingedampft. Der Gerbstoff enthält noch einen Farbstoff (Myricetinglucosid?).

Beim Kochen mit verdünnter Schwefelsäure fällt etwas Myricetin aus und Äther entzieht etwas Gallussäure, die wohl von einem beigemengten Gallotannin stammt. Die ausgeätherte wäßrige Lösung enthält noch erhebliche Mengen Gerb- und Farbstoff. Zur Entfernung des letzteren wird die Lösung in der Siedehitze so lange mit Bleiacetat versetzt, als die Niederschläge frei von gelben Beimengungen bleiben (die Bleiverbindungen der Farbstoffe fallen erst nach den Gerbstoffen mit einem Bleiüberschuß aus). Das Bleisalz des Gerbstoffs wird gewaschen, mit Schwefelwasserstoff zerlegt und das Filtrat mit Essigäther ausgeschüttelt. Dieser wird verdampft und aus der alkoholischen Lösung des Rückstandes durch Äther eine unlösliche Verunreinigung gefällt.

Der Gerbstoff gibt mit verdünnter Schwefelsäure in der Hitze ein Phlobaphen, das mehrmals mit Wasser ausgewaschen wird und bei der Kalischmelze Phloroglucin, Gallussäure und wahrscheinlich Essigsäure liefert.

Demnach liegt ein Rot bildender Phloroglucingerbstoff kondensierten Systems vor, der nicht, wie die meisten seiner Art, den Rest des Brenzcatechins enthält, sondern wie das ihn begleitende Myricetin den des Pyrogallols. Es ließe sich

---

[1] B. **54**, 1084 (1921); Collegium **1921**, 818.
[2] Archives neerland. sc. exact. et nat. (2) **14**, 50 (1909).
[3] Journ. Chem. Soc. London **73**, 376 (1898).

denken, daß den Gerbstoffen aus Malettrinde und Pistacia ein Catechin zugrunde liegt, das dem Anthocyanidin Delphinidin entspricht wie Catechin dem Cyanidin.

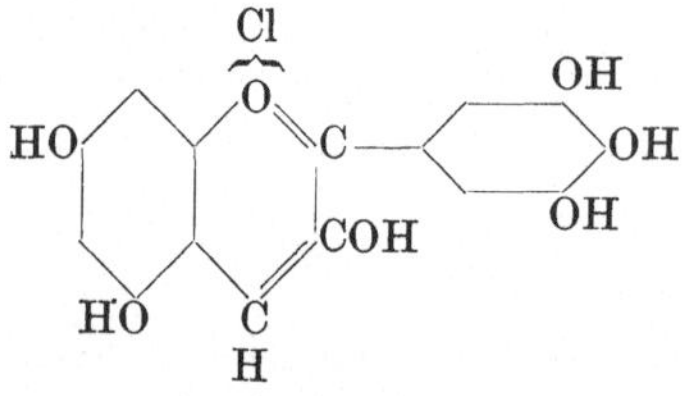

Delphinidin

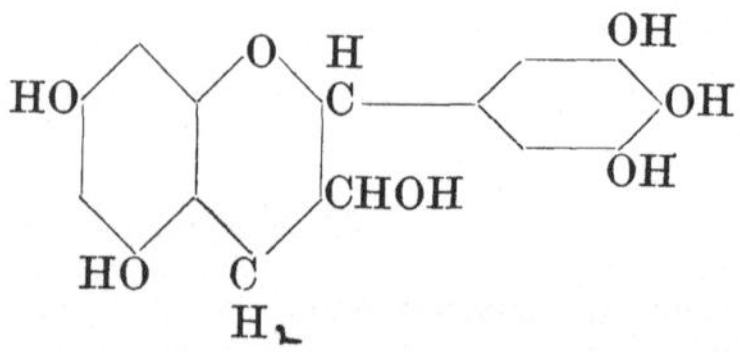

Malett- und Pistaciacatechin?

Dies ist jedoch nur eine Vermutung.

5. Weitere Catechingerbstoffe.

Eine große Anzahl verschiedenartiger, zum Teil technisch bedeutsamer Gerbstoffe wird zur Catechingruppe gerechnet. Die Zuteilung stützt sich auf einige Färb- und Fällungsreaktionen sowohl der Gerbstoffe selbst wie der Produkte aus der Kalischmelze. Diese Angaben sind sehr unbestimmt.

Phloroglucin und Protocatechusäure sollen auftreten als Spaltstücke der Gerbstoffe von Salix (Weide), Filix (Farn). Alnus (Erle) und Aesculus (Roßkastanie); Protocatechusäure soll entstehen aus dem Gerbstoff der Chinarinde, dem Gerbmittel Canaigre (Rumex hymenosepalus) und der Mimosarinde (Wattle). Letztere entstammt australischen Acaciaarten, die jetzt an anderen Stellen, z. B. in Natal, angebaut werden. Vielleicht ist die Ähnlichkeit mit der indischen Acacia catechu größer als bisher angenommen wird. Auch aus dem Gerbstoff von Colpoon (Osyris) compressum soll Protocatechusäure entstehen.

Von wichtigeren technischen Gerbstoffen werden die Rindengerbstoffe der Mangrove (Rhizophora), der Fichte (Picea vulgaris) und der Hemlocktanne (Abies canadensis) den Catechingerbstoffen zugeteilt. Die chemische Untersuchung dieser Gerbstoffe ist jedoch immer noch nicht über die ersten Ansätze hinausgelangt. Manche von ihnen dürften dem Typus des Eichenblättergerbstoffs angehören, über den L. Reichel[1] (vgl. S. 51) aussichtsreiche Untersuchungen begonnen hat.

Über weitere Gerbmittel: H. Gnamm, Die Gerbstoffe und Gerbmittel, Stuttgart 1925; M. Bergmann, H. Gnamm, W. Vogel, Die Gerbung mit Pflanzengerbstoffen, Wien 1931.

II. Zwischenkapitel: Synthetische Versuche im Gebiete der Zucker und Arbeiten über das optische Drehungsvermögen.

Bei der Behandlung zahlreicher Einzelfragen der Polysaccharidchemie wird im folgenden Kapitel Bezug genommen auf synthetische Versuche mit Monosen, Di- und Trisacchariden. Über diese Arbeiten soll hier so weit berichtet werden, als es die Schilderung ihrer Entwicklung und der Zusammenhang mit den späteren Kapiteln wünschenswert erscheinen läßt. Das gleiche gilt für die Untersuchungen über das optische Drehungsvermögen, dessen Beherrschung Voraussetzung für die Lösung mancher Aufgaben der Polysaccharidchemie war.

[1] Naturwissenschaften 18, 952 (1930).

A. Mono-, Di- und Trisaccharide.

Die Arbeiten, über die hier berichtet werden soll, bilden den Übergang von den Untersuchungen über Gerbstoffe zu denen über Polysaccharide und Lignin. Ursprünglich begonnen aus dem Wunsche, die Chemie der Acetonzucker zu entwickeln zum Zwecke der Synthese partiell acylierter Zucker vom Gerbstofftyp, führte die zunehmende Kenntnis der Acetonzucker zu Synthesen einiger Di- und Trisaccharide und damit in das Aufgabengebiet der Polysaccharidchemie. Die Umsetzung der Toluolsulfoderivate der Acetonzucker mit Hydrazin und anderen Aminen ergab experimentelle Möglichkeiten für das Lignin. Die Beobachtung cyclischer Acetate an der Maltose und Rhamnose, die Anwendung (in der Zuckerchemie) der reduktiven Abspaltung von Benzal- und Benzylgruppen, die vielbenutzte unmittelbare Überführung von Acetylverbindungen in Methyläther[1] und andere in der Polysaccharidchemie verwendete Beobachtungen[2] gehören diesem Arbeitskreise an.

a) Acetonzucker und ihre Umwandlungen.

Die Darstellung der von EMIL FISCHER entdeckten Diacetonglucose ließ sich mit gewissen Änderungen auf Xylose[3], Galactose[4] und Mannose[4] übertragen. Die Konstitution der Acetonverbindungen der Glucose, Galactose, Mannose und Rhamnose wurde durch die im folgenden skizzierten Reaktionen ermittelt. Die zu beweisende Formel ist jeweils vorweggenommen.

Diaceton-glucose I wird in das Toluolsulfoderivat[5] II übergeführt; dieses mit Hydrazin verkocht ergibt III neben einer ungesättigten Verbindung[6]. Mit Salzsäure erfolgt aus III Abspaltung der Acetongruppen, Wasserabspaltung und Ringschluß zum Pyrazolderivat IV, das sich zur Pyrazolcarbonsäure V oxydieren läßt[6]. Eine indirekte Konstitutionsbestimmung der Diaceton-glucose stammt von P. A. LEVENE und G. M. MEYER[7].

HCO—C(CH_3)$_2$—OCH (ring)
HOCH
HCO—
HCO—C(CH_3)$_2$—OCH_2

I

HCO—C(CH_3)$_2$—OCH (ring)
$H_7C_7SO_2OCH$
HCO—
HCO—C(CH_3)$_2$—OCH_2

II

HCO—C(CH_3)$_2$—OCH (ring)
$H_2N\cdot NH\cdot CH$
HCO—
HCO—C(CH_3)$_2$—OCH_2

III

[1] Mit L. PURRMANN: B. **56**, 1191 (1923): mit E. COHN: Ann. **433**, 234 (1923).

[2] Zum Beispiel Analytisches: Acetylbestimmung, Ann. **433**, 230 (1923); Ztschr. f. angew. Ch. **38**, 280, Anm. 2 (1925); Ann. **494**, 68 (1932). Abgestufte Methoxylbestimmung: Ann. **494**, 68 (1932). Bestimmung labil gebundenen Halogens mit Thallium: Ber. **55**, 933 (1922); Ann. **501**, 210, 213 (1933); vgl. Ber. **52**, 1509 (1919).

[3] Mit O. SVANBERG: B. **55**, 3239 (1922).

[4] Mit R. M. HIXON: B. **56**, 2119 (1923).

[5] Mit O. IVERS: B. **55**, 929 (1922).

[6] Mit A. DOSER: B. **56**, 1243 (1923). Eine Anwendung dieser Reaktion in der Catechinchemie: S. 60.

[7] Journ. Biol. Chem. **54**, 805 (1922).

```
N=CH          N=CH
|  |          |  |
|  CH         |  CH
|  ||         |  ||
HN—C          HN—C
   |             |
   HCOH          COOH
   |
   HCOH
   |
   H2COH
   IV            V
```

Diaceton-galactose VI wird methyliert, zum Galactose-6-methyläther VII verseift und mit Silberoxyd zur Methoxyessigsäure VIII oxydiert[1]. H. OHLE und G. BEREND[2] haben fast gleichzeitig dieselbe Formel durch Oxydation zur Galacturonsäure festgestellt. Diacetonmannose hat die Formel IX, weil sie ein Dimethyl-

```
              |‾‾‾‾‾‾‾‾‾‾‾‾|        |‾‾‾‾|
              HCO     CH   |        HCOH |
              |   \C/      |        |    |
              HCO/   \CH   |        HCOH |
              |            |        |    |
H3C\     /OCH              |        HOCH |
     \C/  |                |        |    |
H3C/   \OCH                |        HOCH |
          |                |        |    |
          HCO——————————————|        HCO——|         COOH
          |                         |              —
          H2COH                     H2COCH3        H2COCH3
          VI                        VII            VIII
```

```
      |‾‾‾‾|                  |‾‾‾‾‾‾‾‾‾‾‾‾‾|     |‾‾‾‾‾|
      HCOH |                  CHN(CH3)2     |     |   CHOH
           |                  |             |     |   |
H3C\   /OCH|           H3C\  /OCH           |     |   HCO\   /CH3
    \C/  | |               \C/  |           |     |   |   \C/
H3C/  \OCH |           H3C/  \OCH           |     |   HCO/   \CH3
         | |                    |           |     |   |
         HCO——                  HCO—————————|     |—OCH                COOH
         |                      |                     |                |
         HCO\   /CH3            HCO\   /CH3         HOCH          H3COCH
         |   \C/                |   \C/               |                |
         H2CO/  \CH3            H2CO/  \CH3           CH3              CH3
         IX                     X                     XI               XII
```

aminderivat X liefert und Mutarotation besitzt[3]. Monaceton-rhamnose XI bildet ein entsprechendes Dimethylaminderivat wie Diacetonmannose und läßt sich nach der Methylierung zur Methyläther-l-milchsäure XII aboxydieren[3].

Die Acetonzucker I, VI und IX wurden zu Di- und Trisaccharidsynthesen (S. 70—73) verwendet.

b) Sulfonsäure-ester und Amine.

Die geschilderte Umsetzung der Toluolsulfo-diacetonglucose mit Hydrazin und anderen Aminen führte zu entsprechenden Versuchen mit Diaceton-galac-

---

[1] Mit K. SMEYKAL: B. **59**, 100 (1926).
[2] B. **58**, 2585 (1925).
[3] Mit A. WOLF: B. **59**, 836 (1926).

tose sowie anderen primären und sekundären Alkoholen. Aus dem Beobachtungsmaterial läßt sich der Schluß ziehen, daß die Sulfonsäureester primärer Alkohole (Diacetongalactose[1], Acetonglycerin[2]) substituierte Amine liefern; daß sekundäre Alkohole (Toluolsulfo-diacetonglucose, Toluolsulfomilchsäure[3], Toluolsulfo-äpfelsäure[4], Toluolsulfo-tetramethylcatechin[5], Sulfosäureester des Borneols und Menthols[6]) teils substituierte Amine, teils ungesättigte Verbindungen bilden. Die Arylsulfonsäure wird in allen diesen Fällen zurückgebildet. Phenylester der Arylsulfosäuren reagieren dagegen im allgemeinen[7] nach dem Schema

$$C_6H_5{-}O{-}SO_2Ar + H_2N \cdot NH_2 = C_6H_5{-}OH + H_2NNH \cdot SO_2 \cdot Ar;$$

$$H_2N \cdot NH \cdot SO_2Ar + \frac{H_2NNH_2}{2} = \frac{N_2}{2} + H_4N_2 \cdot HOSO \cdot Ar.$$

Es entsteht also das Phenol und Arylsulfohydrazid; dieses wird in der Wärme durch überschüssiges Hydrazin zu sulfinsaurem Salz reduziert; die Toluolsulfinsäure ist derart leicht zu erfassen, daß auf diese Weise wenig Phenolhydroxyl neben viel aliphatischem oder hydroaromatischem Carbinol erkannt werden kann. Die Reaktion ist zur Kennzeichnung des Hydroxyls im Lignin (s. S. 122) benutzt worden.

Der unerwartete Reaktionsverlauf (Ringsprengung) beim Toluolsulfo-catechintetramethyläther ist S. 60 erwähnt.

c) Cyclische Acetate.

Im Jahre 1922 wurde mit O. Ivers[8] eine dritte, von der Theorie nicht vorgesehene Heptacetyl-chlor-maltose gefunden. In der Folgezeit wurden einige Umsetzungen des äußerst empfindlichen Chlorids untersucht[9]. Es liefert unter anderem ein Heptacetyl-methyl-maltosid. 1930[10] wurden diese Maltosederivate als Repräsentanten einer neuen Klasse von Acetaten erkannt, in denen ein Acetyl als Orthoacetyl auftritt (I). Zugleich ergab sich, daß das schon längst bekannte anormale Acetat des Methylrhamnosids derselben Klasse angehört und eine entsprechende Konstitution (II) besitzt, die E. Braun[11] auf optischem Wege (Abwesenheit von C=O) beweisen konnte.

```
   ┌─────────────────────────┐          ┌──────────
   HCO\    /R               │          │ HCO\    /OCH3
   |    >C<                 │          │ |    >C<
   HCO/    \CH3             │          │ HCO/    \CH3
   |                        │          │ |
 AcOCH                      │          │ HCOH
   |                        │          │ |
   HCO—C6H7O5Ac4            │          │ HOCH
   |                        │          │ |
   HCO──────────────────────┘          └─OCH
   |                                     |
 H2COAc                                  CH3
 I; R = Cl; OCH3                         II
```

[1] B. 56, 2119 (1923); 58, 294 (1925); 59, 100 (1926).
[2] Ann. 448, 121 (1926). [3]) B. 58, 148 (1925). [4]) B. 58, 2460 (1925).
[5] Ann. 436, 286 (1924); 446, 87, 157 (1925).
[6] Ferns, J., u. A. Lapworth: Journ. Chem. Soc. 101, 273 (1912).
[7] Ann. 448, 121 (1926); Ausnahmen F. Ullmann u. G. Nadai: B. 41, 1870 (1908); vgl. B. 60, 582 Anm.; G. Schroeter: Ann. 418, 161 (1919). [8] B. 55, 929 (1922).
[9] Mit H. v. Hochstetter u. H. Engels: B. 58, 666 (1925); mit W. Dürr u. H. v. Hochstetter: B. 61, 1740 (1928).
[10] Naturwissenschaften 18, 393 (1930); mit H. Scholz: B. 63, 1969 (1930).
[11] Naturwissenschaften 18, 393 (1930); B. 63, 1972 (1930).

Die Auffindung der cyclischen Acetate war später von Interesse für die Erforschung der optischen Aktivität in der Zuckergruppe[1]. Das abweichende optische Verhalten dieser Substanzen war bereits von C. S. HUDSON erkannt und mit einem propylen-oxydischen Ringsystem erklärt worden. Durch die erwähnte Konstitutionsaufklärung wurden diese Substanzen jedoch wieder unter die gewöhnlichen Zuckerderivate eingereiht. Cyclische Acetate in der Chemie der Stärke: S. 111.

d) Reduktive Spaltung von Benzyl- und Benzalverbindungen der Zucker.

Ähnlich wie Benzyl-äther[2] und -ester[3] lassen sich Acetale des Benzaldehyds oder Benzylglucoside durch katalytische Hydrierung in die zugehörigende Hydroxylverbindung und in Toluol verwandeln[4]. Aus Amygdalin entsteht auf entsprechende Weise Gentiobiose[5].

Die katalytische Abhydrierung der Benzal- und Benzylreste ist für verschiedene Synthesen verwendet worden; insbesondere gelang es auf diese Weise, die für eine spätere Synthese (S. 74) benötigte Heptamethyl-cellobiose II aus dem methylierten Benzylcellobiosid I herzustellen[6]:

$$\begin{array}{ll}
C_6H_5CH_2OCH & \\
HCOCH_3 & \\
H_3COCH & \\
HCO\text{———} & CH \\
HCO & HCOCH_3 \\
H_2COCH_3 & H_3COCH \\
 & HCOCH_3 \\
\text{I} & HCO \\
 & H_2COCH_3
\end{array}
\qquad
\begin{array}{ll}
C_6H_5CH_3 + HOCH & \\
HCOCH_3 & \\
H_3COCH & \\
HCO\text{———} & CH \\
HCO & HCOCH_3 \\
H_2COCH_3 & H_3COCH \\
 & HCOCH_3 \\
\text{II} & HCO \\
 & H_2COCH_3
\end{array}$$

In entsprechender Weise haben M. BERGMANN und L. ZERVAS[7] die Benzylurethane der Aminosäuren für Peptidsynthesen verwendet.

e) Synthesen von Di- und Trisacchariden.

Im Gegensatz zur Diacetonglucose erwies sich die Diacetongalactose (S. 68), die ein primäres Hydroxyl besitzt, zur Umsetzung mit Acetobrom-glucose als geeignet. Aus dem Reaktionsprodukt entstand nach Abspaltung der Acetyl- und Acetonreste eine schön krystallisierende 6-Glucosido-galactose (I)[8]. In entsprechender Weise wurde eine 6-Galactosido-galactose II und eine Cellobiosido-galactose (III) sowie eine Lactosido-galactose (IV) gewonnen[9]. Die oben beschriebene Diacetonmannose (S. 68) läßt sich in ein Diacetonmannose-l-chlorhydrin verwandeln[10], das sich mit Diacetongalactose zu einem Tetra-aceton-

[1] Ber. **64,** 733 (1931).
[2] MERCK, E. (O. WOLFES u. W. KRAUS): DRP. 407487 (1923), 417926 (1924).
[3] ROSENMUND, K., FR. ZETZSCHE u. F. HEISE: B. **54,** 2038 (1921).
[4] Mit W. DÜRR u. H. v. HOCHSTETTER: B. **61,** 1739, 1742 (1928).
[5] Mit H. TOEPFFER u. C. ANDERSEN: B. **61,** 1754 (1928); mit C. ANDERSEN: B. **63,** 1966 (1930). (Hier soll es heißen: Gentiobiose [nicht Glucose] aus Amygdalin.)
[6] B. **65,** 1192 (1932).
[7] Mit W. N. RICHTMYER: B. **63,** 1961 (1930).
[8] Mit A. NOE u. E. KNOPF: B. **60,** 239 (1927).
[9] Mit A. WOLF, E. KNOPF u. S. H. ZAHEER: B. **61,** 1744 (1928).
[10] Mit A. WOLF: B. **60,** 234 (1927).

disaccharid verbinden läßt, aus dem das freie Disaccharid, eine 6-Mannosido-galactose (V) gewonnen wird[1]. Mit Diaceton-mannose bildet es die Tetra-aceton-verbindung einer Mannosido-mannose vom Trehalosetyp, aus der gleichfalls das freie Disaccharid (VI) gewonnen wurde[2].

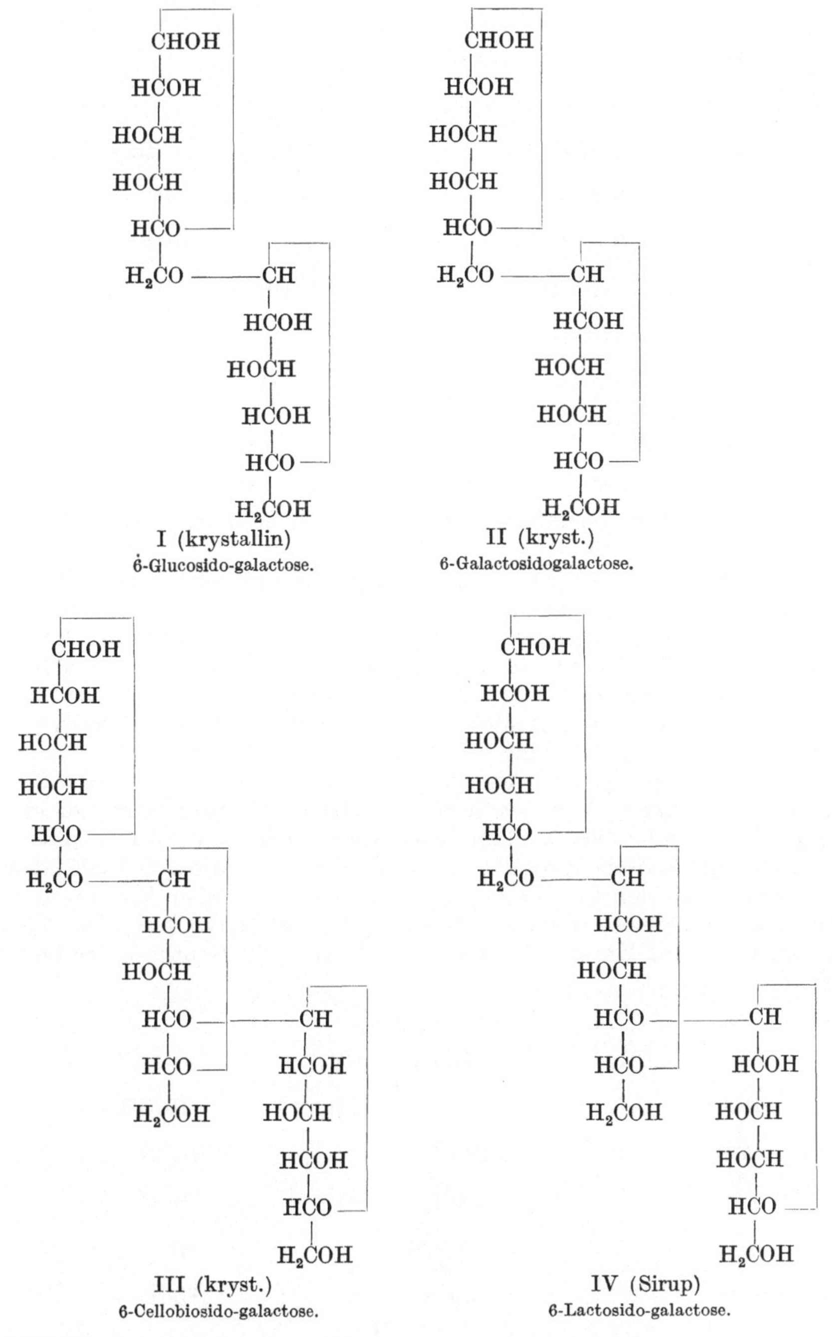

I (krystallin) 6-Glucosido-galactose.

II (kryst.) 6-Galactosidogalactose.

III (kryst.) 6-Cellobiosido-galactose.

IV (Sirup) 6-Lactosido-galactose.

[1] Mit A. Wolf, E. Knopf u. S. H. Zaheer: B. **61**, 1744 (1928).
[2] Mit A. Wolf, E. Knopf u. S. H. Zaheer: B. **61**, 1744 (1928).

CHOH
HCOH
HOCH
HOCH
HCO
H_2CO — CH
HOCH
HOCH
HCOH
HCO
H_2COH

V (kryst.)
6-Mannosido-galactose.

O
HC HC
HOCH HOCH
HOCH HOCH
HCOH HCOH
HCO HCO
H_2COH H_2COH

VI (Sirup)
1-Mannosido-mannose.

Alle diese künstlichen Verknüpfungen erfolgten in Stellung 1 oder 6, also endständig. Bekanntlich ist es wesentlich schwieriger, mittelständige Carbinolgruppen der Zucker heranzuziehen. Diese Aufgabe ist jedoch für die Polysaccaridchemie von erhöhtem Interesse.

Aus Monaceton-5,6-anhydroglucose I entsteht durch Addition von Acetobromglucose ein Disaccharidderivat III, das auch aus Monacetonglucose-6-bromhydrin II durch Umsetzung mit Acetobromglucose gewonnen werden kann. Durch Wechselwirkung von Acetobromglucose mit 4,6-Benzal-α-methylglucosid IV wird eine Disaccharidbindung in Stellung 2 oder 3 hergestellt, und nach Entfernung der Benzalgruppe und Acetyle das Methylglucosid einer 2- oder 3-Glucosido-glucose gewonnen. Von den beiden möglichen Formeln wird nur eine (V) wiedergegeben. Unter Verwendung von Laevoglucosan VI wurde mit Acetobromglucose ein Zwischenprodukt erhalten, das in 50proz. Schwefelsäure zu einem Tetraacetat der Cellobiose VII aufgespalten werden konnte und zum Octacetat der Cellobiose acetyliert wurde[1]. Da die Darstellung der Cellobiose aus ihrem Octacetat längst bekannt ist, ist hiermit die Synthese der Cellobiose (VIII) bewerkstelligt.

HCO $\diagdown$ C $\diagup$ CH_3
HCO $\diagup$ $\diagdown$ CH_3
HOCH
HCO
HC $\diagdown$ O
H_2C $\diagup$

I

HCO $\diagdown$ C $\diagup$ CH_3
HCO $\diagup$ $\diagdown$ CH_3
HOCH
HCO
HCOH
H_2CBr

II

$HCOCH_3$
HCOH
HOCH
HCO
HCO
H_2CO — $CH \cdot C_6H_5$

IV

[1] Mit W. NAGAI: B. **66**, 27 (1933).

VI VII

Damit sind folgende Disaccharidderivate bzw. Disaccharide des zweiten Typus synthetisiert:

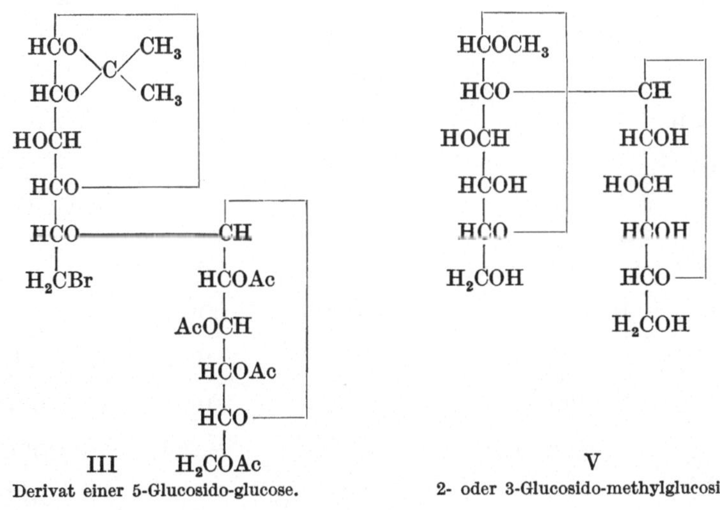

III Derivat einer 5-Glucosido-glucose.

V 2- oder 3-Glucosido-methylglucosid.

VIII Cellobiose.

Dem zweiten Typus gehören auch die folgenden Methylderivate der Cellobiose und Cellotriose an. 2,3,6-Trimethylglucose-β-methylglucosid IX liefert mit 2,3,4,6-Tetramethylglucose-l-Chlorhydrin X die krystalline Octamethylcellobiose XI[1]. In derselben Weise wurde das Trimethyl-methylglucosid IX mit dem Chlorhydrin der auf S. 70 beschriebenen Heptamethylcellobiose umgesetzt und lieferte das krystallisierte Hendekamethyl-cellotriosid XII.

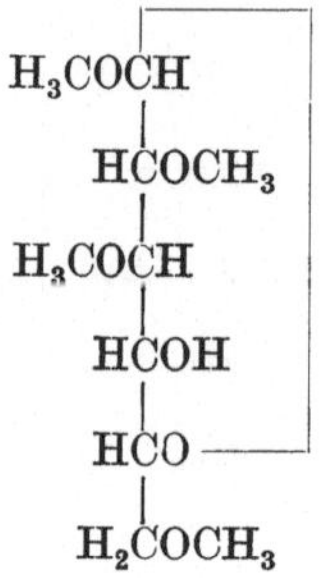

H_3COCH
$HCOCH_3$
H_3COCH
$HCOH$
HCO
H_2COCH_3
IX

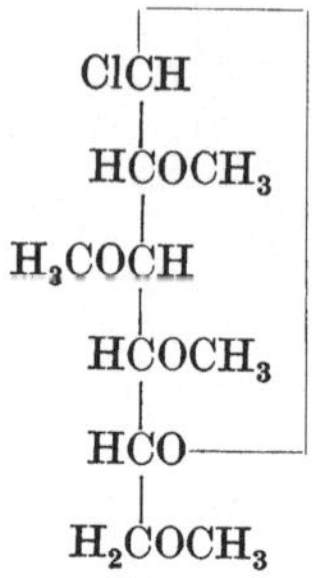

$ClCH$
$HCOCH_3$
H_3COCH
$HCOCH_3$
HCO
H_2COCH_3
X

Die synthetisierten Di- und Trisaccharidderivate haben die folgende Konstitution:

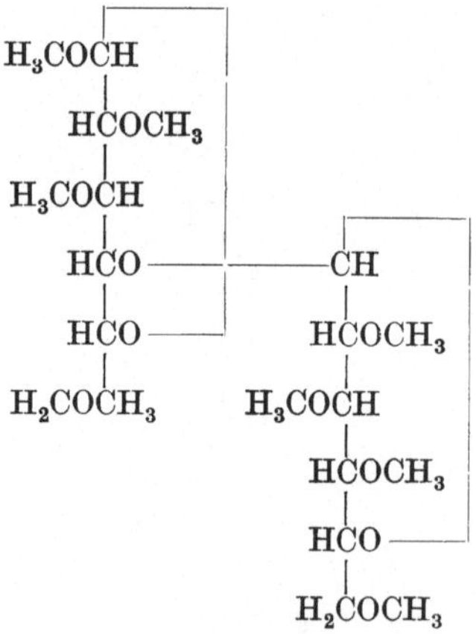

H_3COCH
$HCOCH_3$
H_3COCH
HCO — CH
HCO $HCOCH_3$
H_2COCH_3 H_3COCH
$HCOCH_3$
HCO
H_2COCH_3

XI
Kryst. Octamethyl-Cellobiose.

H_3COCH
$HCOCH_3$
H_3COCH
HCO — CH
HCO $HCOCH_3$
H_2COCH_3 H_3COCH
HCO — CH
HCO $HCOCH_3$
H_2COCH_3 H_3COCH
$HCOCH_3$
HCO
H_2COCH_3

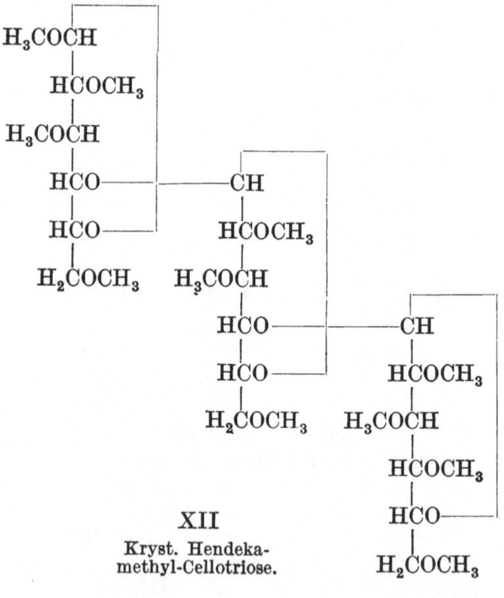

XII
Kryst. Hendeka-methyl-Cellotriose.

B. Regeln auf dem Gebiete der optischen Drehung und ihre Anwendung in der Konstitutions- und Konfigurationsforschung.

Das Studium der optischen Aktivität ist in mehrfacher Hinsicht für die Polysaccharidchemie von Bedeutung. Bei der Mannose, Galactose und Maltose waren zwischen der auf das Methylierungsverfahren gegründeten Konstitutionsforschung und den aus der optischen Aktivität gezogenen Schlüssen Widersprüche aufgetreten, die zu der Behauptung geführt hatten[2], daß das Methy-

[1] Mit C. ANDERSEN u. Y. GO: Naturwissenschaften **18**, 393 (1930); B. **63**, 1961 (1930).
[2] HUDSON, C. S.: Union internat. de Chimie. Lüttich 1930.

lierungsverfahren für die Konstitutionsforschung unbrauchbar sei, weil es von einer Veränderung der Ringsysteme während der Methylierung begleitet sei. Das eingehende Studium der optischen Aktivität hat aber ergeben[1], daß die erwähnten, darauf gestützten Schlüsse unhaltbar und die Zweifel an der Verwendbarkeit des Methylierungsverfahrens unberechtigt waren. Gleichfalls auf optische Tatsachen stützte sich die Behauptung[2], daß in der Maltose ein Furanring vorhanden sei. Durch den Nachweis, daß die Auswertung der optischen Drehung unrichtig war und die Maltose keinen Furanring enthält, wurde die letzte vermeintliche Ausnahme von der wichtigen Regel beseitigt, nach der Furanoside etwa 1000mal schneller hydrolysiert werden als Pyranoside. Hierdurch wiederum wurde die noch 1930 von einer Seite vertretene Auffassung[3] widerlegt, daß die Cellulose abwechselnd einen furanoiden und pyranoiden Ring enthalte; denn in der Kinetik der Hydrolyse des Polysaccharids befindet sich kein Platz für leicht spaltbare furanoide Bindungen[4].

Vor allem hat die genaue Kenntnis der *optischen Superposition* wichtige und unmittelbar beweisende Argumente für die Konfiguration der Cellulose geliefert; aus allen diesen Gründen wird hier eine Übersicht über die Regeln auf dem Gebiete der optischen Drehung eingefügt[5]. Da es unmöglich ist, die für die Polysaccharidchemie wichtigen Aussagen aus dem Zusammenhang herauszustellen, muß hier etwas weiter ausgeholt werden.

a) Anwendungs-Bereich und Grundlagen.

Die Aufgabe, das unermeßliche, mit großer Schärfe erfaßbare Zahlenmaterial der optischen Drehung zu sichten und der Forschung nutzbar zu machen, verdient um so größere Aufmerksamkeit, als es dem im gewöhnlichen Zustande befindlichen Molekül ohne äußeren Eingriff abgewonnen wird. Selbst große Beträge der Drehung entspringen, wie WERNER KUHN ausgeführt hat[6], einer minimalen Störung, der winzigen Differenz zwischen dem Brechungsexponenten für rechts- und links-zirkulares Licht. Die Drehung reagiert auf feinste Veränderungen des Moleküls. Der Physiker wird auf dem von W. KUHN beschrittenen Wege weiteren Einblick in den Zustand des Moleküls gewinnen. Der Chemiker muß bestrebt sein, die Daten der optischen Aktivität in steigendem Maße in den Dienst der Konsti-

---

[1] FREUDENBERG, K.: Sitzungsber. Heidelberg. Akad. Wiss. **1930**, 14. Abh.; FREUDENBERG, K., u. W. KUHN: B. **64**, 703, insbesondere 732 (1931).

[2] HUDSON, C. S.: l. c.

[3] PRINGSHEIM, H.: Union internat. de Chimie. Lüttich 1930.

[4] B. **64**, 733 (1931).

[5] Veröffentlicht in den Ber. Dtsch. Chem. Ges. **66**, 177 (1933) als 17. Mitteil. über sterische Reihen; 16. Mitteil.: Journ. Amer. Chem. Soc. **54**, 234 (1932) (im folgenden unter 5a) zitiert; im Original irrtümlich als 15. Mitteil. bezeichnet; b) 15. Mitteil.: Sitzungsber. Heidelberg. Akad. Wiss. **1931**, 9. Abh.; c) 14. Mitteil.: K. FREUDENBERG u. W. KUHN: B. **64**, 703 [1931]; d) 13. Mitteil.: Journ. Soc. Chem. Ind. London **50**, 287 [1931]; e) 12. Mitteil.: Sitzungsber. Heidelberg. Akad. Wiss. **1930**, 14. Abh.; f) 11. Mitteil.: K. FREUDENBERG, W. KUHN u. I. BUMANN: B. **63**, 2380 [1930]; außerhalb dieser Bezifferung stehen folgende, die optische Aktivität betreffende Veröffentlichungen: g) W. KUHN, K. FREUDENBERG, R. SEIDLER: Ztschr. f. physik. Ch. (B) **13**, 379 (1931); h) K. FREUDENBERG, K. FRIEDRICH, I. BUMANN: A. **494**, 41 [1932]; i) WERNER KUHN u. K. FREUDENBERG: Natürliche Drehung der Polarisationsebene, Hand- u. Jahrbuch d. chem. Physik, Bd. 8, Abschn. III. Leipzig **1932**; k) K. FREUDENBERG: Chem.-Ztg. **56**, 826 (1932); l) W. KUHN: Theorie und Grundgesetze der optischen Aktivität. In Stereochemie, hrsg. von K. FREUDENBERG, S. 317. Wien 1932; m) K. FREUDENBERG: Konfigurative Zusammenhänge optisch aktiver Verbindungen. Ebenda S. 622.

[6] a) KUHN, W.: Ztschr. f. physik. Ch. (B) **4**, 14 (1929); b) KUHN, W.: B. **63**, 190 (1930); c) KUHN, W.: Trans. Faraday Soc. **26**, 293 (1930); d) KUHN, W., u. E. BRAUN: Ztschr. f. physik. Ch. (B) **8**, 281 (1930); vgl. l. c., 5b und W. KUHN: B. **66**, 166 (1933).

tutionsforschung zu stellen und deren Sondergebiet, die Konfigurationsforschung, zu entwickeln.

Emil Fischer hat von den Zuckern aus die Konfigurationsforschung begründet. Diese Stoffe enthalten mehrere asymmetrische C-Atome gleichen chemischen Baus Seine Technik besteht darin, daß er z. B. eine Hexose in einen Hexit verwandelt, d. h. in eine Verbindung, die aus strukturgleichen Hälften zusammengesetzt ist. Er prüft, ob bei solchen und ähnlichen Umwandlungen die Aktivität erhalten bleibt oder nicht und folgert daraus, ob die Hälften sterisch identisch, ob sie Antipoden oder Diastereomere sind[1]. An das Konfigurationssystem der Zucker knüpfte er die unten zu besprechenden sterischen Reihen.

In anderen Fällen dient die optische Aktivität zur Beantwortung der Frage, wieviel asymmetrische C-Atome in einer Verbindung vorliegen. Dieser Fall ist in aller Vollständigkeit als Beitrag zur Konstitutionsbestimmung beim Ephedrin und Catechin verwirklicht.

Eine andere, längst geübte Verwendung der optischen Aktivität dient der Identifizierung von Substanzen oder dem Studium eines Reaktionsverlaufes. Das Beispiel des Rohrzuckers ist allen geläufig. Ein neueres Beispiel dieser Art ist die *Inversion der methylierten Cellulose und ihrer Oligosaccharide.* Es zeigt die Leistungsfähigkeit dieser Verwendung der optischen Aktivität auch für kompliziertere Fälle[2]:

Tabelle 1.

Enddrehung äquimol. Mengen Monose nach der Hydrolyse		Drehung einer entsprechenden Mischung von	
Angewendetes Methyl-saccharid:		Tetra- und Trimethyl-glucose	
Methylierte Glucose	$+2,96^0$	1 Tetra- 0 Trimethyl-glucose . .	$+2,96^0$
Methylierte Cellobiose	$+2,60^0$	$^1/_2$ Tetra- $^1/_2$ Trimethyl-glucose .	$+2,60^0$
Methylierte Cellotriose	$+2,48^0$	$^1/_3$ Tetra- $^2/_3$ Trimethyl-glucose . .	$+2,48^0$
Methylierte Cellotetraose	$+2,41^0$	$^1/_4$ Tetra- $^3/_4$ Trimethyl-glucose . .	$+2,42^0$
Methylierte Cellulose	$+2,22^0$	0 Tetra- 1 Trimethyl-glucose . .	$+2,24^0$

Es gibt keinen einfacheren und schärferen Konstitutionsbeweis für diese methylierten Oligosaccharide, deren optisches Verhalten am Ende dieser Abhandlung nochmals besprochen wird. Auch bei der Berechnung des Hydrolysenverlaufs der Cellulose und der Stärke hat die optische Aktivität Verwendung gefunden[3] und zur Befestigung der ursprünglich auf präparativem Wege begründeten Kettenformel[4] gedient.

Der Gegenstand der Untersuchungen, über die hier berichtet werden soll, ist das Drehungsvermögen selbst, insbesondere der *Zusammenhang der Drehung konfigurativ zusammengehöriger Verbindungen.* Die experimentelle Grundlage bilden die durch Symmetriebeziehungen konfigurativ aufgeklärten Zucker, ferner die erwähnten sterischen Reihen. Diese bestehen aus Gruppen von Substanzen, z. B. Oxy-säuren, die untereinander durch chemische Übergänge in Beziehung gebracht sind. Aus der Glucose wurde z. B. die Weinsäure[5], aus dieser die Äpfelsäure[6] und aus dieser wiederum die Milchsäure[7] hergestellt unter Erhaltung der Aktivität. Auf dieser Grundlage hat sich ein System der Konfiguration aufgebaut; zugleich liefern diese gesicherten Zusammenhänge das Material für die optischen Betrachtungen. Das chemische Verfahren macht jedoch unweigerlich Halt bei Übergängen, die der Waldenschen Umkehrung unterliegen, wie z. B. der wich-

[1] Zusammenfassende Darstellung l. c.: 5m. [2] l. c.: 5h.
[3] B. **63**, 1510 (1930); ferner l. c.: S. 75, Anm. 5d; B. **65**, 484, 1179 (1932); **66**, 19 (1933).
[4] Freudenberg, K.: B. **54**, 767 (1921). [5] Fischer, E.: B. **29**, 1377 (1896).
[6] Bremer: B. 8, 861 (1875); Freudenberg, K., u. F. Brauns: B. **55**, 1339 (1922).
[7] Freudenberg, K.: B. **47**, 2027 (1914).

tigen Beziehung *Milchsäure-Alanin*. Hier kann nur die optische Aktivität selbst weiterführen.

Diesem Zwecke mußten gewisse Regelmäßigkeiten dienen, die an den Substanzen von gesichertem sterischem Zusammenhang erkannt waren. Während bis dahin an solchen Substanzen das *Drehungsvermögen* studiert wurde, sollte jetzt umgekehrt dieses zur *Ermittlung der Konfiguration* dienen. Tatsächlich ließ sich durch geeignete Anwendung des empirisch ermittelten optischen Verschiebungssatzes die Beziehung Milchsäure-Alanin widerspruchsfrei dem System der sterischen Reihen einordnen[1]. Aber das Verfahren mußte unbefriedigend bleiben, solange der theoretische, im Wesen der optischen Aktivität zu begründende Unterbau fehlte und solange in Ermangelung solcher Erkenntnis die Grenzen für die Anwendbarkeit dieses Satzes nicht abgesteckt waren. Dies zu erreichen, war das ursprüngliche Ziel der Arbeitsgemeinschaft mit WERNER KUHN, über deren weitere physikalische Ergebnisse dieser berichtet hat[2]. Hier soll gezeigt werden, wie von einfachen Gesichtspunkten aus das gesamte Material der optischen Aktivität einheitlich geordnet werden kann.

b) Einzelne Regeln und ihre Anwendung.

Die Tatsachen, die den wichtigsten Regeln der optischen Drehung zugrunde liegen, lassen sich sämtlich aus dem *Wesen der optischen Drehung als zirkularer Doppelbrechung* und der *Wirkung schwacher und starker Absorptionsbanden im nahen und fernen Ultraviolett* herleiten. In diesem Abschnitt werden die wichtigsten Regeln, soweit sie für den vorliegenden Zweck benötigt werden, in schematisierter Form zusammengefaßt und an Beispielen erläutert. Dabei wird besonders Gewicht gelegt auf die Feststellung der Grenze ihrer Gültigkeit.

Die Begrenzung für die Leistungsfähigkeit dieser Sätze zeigt sich an den im folgenden verwendeten Ausdrücken, wie „geringe“ oder „größere Drehung“, „schwache Anisotropie“, „chemischer und optischer Charakter eines Substituenten“, „tiefgreifende chemische Umwandlung“ usw. Es ist selbstverständlich, daß die gleiche Unsicherheit den auf diese Sätze gegründeten praktischen Regeln anhaftet, die im folgenden besprochen werden sollen. Es muß nachdrücklich betont werden, daß ebenso wichtig wie diese „Regeln“ selbst die Kritik ist, mit der sie angewendet werden müssen. Maßgebend ist das Wesen des optischen Drehungsvermögens als durch Wechselwirkung der Molekülbestandteile hervorgebrachte zirkulare Doppelbrechung.

1. Größe der Drehung.

a) Eine Verbindung I hat im allgemeinen eine geringe Drehung, wenn die Substituenten m, n, o, p keine Absorptionsbanden im nahen Ultraviolett besitzen (z. B. Methyl-äthyl-carbinol, Pentite, Hexite). b) Absorbiert ein Substituent, z. B. n′ in der Verbindung II dagegen im näheren Ultraviolett (Carbonyl, Phenyl usw.), so wird meistens eine größere Drehung im Sichtbaren resultieren, weil die Drehung in der Nähe von Absorptionsbanden gewöhnlich ansteigt (*Cotton*-Effekt, Drehungsbeitrag chromophorer Gruppen). c) Der unter b) geschilderte Effekt kann eintreten, er braucht es aber nicht. So wird dem Carboxyl in den α-Oxyfettsäuren von den übrigen Substituenten m, o, p nur eine schwache Anisotropie auferlegt[3]. d) Er bleibt vor allem dann aus, wenn die chromophore Gruppe nicht unmittelbar am Asymmetriezentrum steht, weil der *Cotton*-Effekt nur dann auftritt, wenn der chromophoren Gruppe durch unsymmetrische Nachbarschaft Unsymmetrie aufgedrückt wird (Entfernungssatz).

I. n, o, m, p >C< II. n′, o, m, p >C<

[1] Mit F. RHINO: B. 57, 1547 (1924).

[2] l. c.: S. 75, Anm. 5i, 5l, 6a—d.

[3] l. c.: S. 75, Anm. 5c.

Beispiele zu 1a—c: Der Einfluß absorbierender Gruppen auf die Drehung ist insbesondere seit H. RUPES Arbeiten[1] über den Beitrag der Doppelbindung eine so wohlbekannte Tatsache, daß sie hier nur an wenigen Beispielen erläutert werden soll. Die molekulare Drehung[2] des *Phenylmethyl-carbinols* (Abb. 3) (+52°) fällt bei der Hydrierung des Benzolkerns auf die Drehung —7° des *Cyclohexyl-methyl-carbinols*, das keine Absorptionsbande im nahen Ultraviolett besitzt. Die Drehung —240° der *Mandelsäure* (Abb. 2) sinkt durch Hydrierung auf —40° der *Hexahydro-mandelsäure*[3]. Ersetzt man im *d-Chlor-propionsäure-methylester* (+34°, Abb. 4, Tabelle 4) und *-dimethylamid* (—82°) das Chlor durch das näher am Sichtbaren absorbierende *Brom*, so erhöht sich die Drehung auf +93° bzw. —159°. Die noch näher am Sichtbaren absorbierende *Azidogruppe* zeigt jedoch schon eine Ausnahme: hier dreht zwar das Dimethylamid (—259°) stärker als die Chlor- oder Bromderivate; dagegen dreht der Ester schwächer (+24°). Dies kommt daher, daß außer Cl, Br und N_3 auch das Carboxyl wesentlich zur Drehung beiträgt. (Der Beitrag der $COOCH_3$-Gruppe ist im Chlorester negativ, im Azido-ester positiv.) Der Einfluß einer absorbierenden Gruppe ist daher ohne eingehende Analyse der Rotationsdispersion nur dann unmittelbar zu erkennen, wenn außer ihr keine weitere, im nahen Ultraviolett absorbierende Gruppe vorhanden ist. Dies ist z. B. in sehr einleuchtender Weise der Fall bei *β-Chlor-octan* (30°), *β-Brom-octan* (53°), *β-Jod-octan* (90°); bei diesen Halogeniden steigt die Drehung in dem Maße, wie sich die Absorptionsbande des Substituenten dem Sichtbaren nähert[4]. Im Falle der Mandelsäure (—240°) und ihres Hydrierungsproduktes (—40°) wird der Effekt durch die Carboxylgruppe nicht gestört, weil diese, bei der hydrierten Säure wenigstens, keinen sehr großen Anisotropiefaktor besitzt und der Beitrag des Carboxyls offenbar in beiden Fällen negativ ist. Sobald dieser aber, wie in den zugehörigen Amiden (Abb. 2) erheblich und dem des anderen maßgebenden Substituenten entgegengesetzt ist, kann bei der Entfernung der Doppelbindung zwar eine große Veränderung wahrgenommen werden, aber die Verminderung der Drehung, deren Vorzeichen wechselt (*d*-Mandelsäureamid = —137°[5]; *d*-Hexahydro-mandelsäure-amid = +76°)[5], ist weniger deutlich als bei den Säuren. Wir werden weiter unten sehen, daß sich das Verhalten des Chlor-propionsäureesters, sowie des Hexa-hydro-mandelsäure-amids unter dem Gesichtspunkte der optischen Verschiebung ohne Schwierigkeiten einer allgemeineren Regel unterordnen läßt.

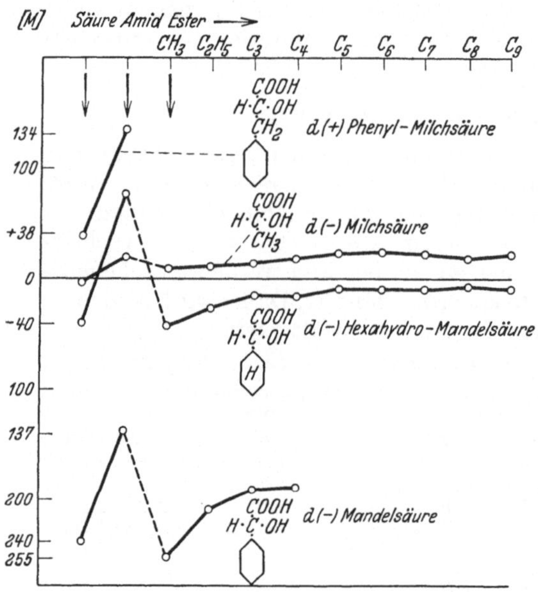

Abb. 2. *d*-Oxy-säuren, ihre Amide und Ester.

---

[1] Zum Beispiel A. **327**, 157 (1903).

[2] Alle Drehungsangaben im Text, in Tabellen und Kurven bedeuten die molekulare Drehung bei gelbem Natrium- oder Quecksilberlicht.

[3] B. **58**, 1755 (1925).

[4] l. c.: S. 75, Anm. 6b.

[5] B. **58**, 1755 (1925).

Beispiele zu d: Für den Entfernungssatz (TSCHUGAJEFF), der aussagt, daß chromophore Gruppen in der Nähe des Asymmetriezentrums eine stärkere Wirkung auf die Drehung ausüben als in weiterer Entfernung, gibt die Abb. 2 gleichfalls einige Beispiele. Das CH_3 der *Milchsäure* (—3°) werde durch C_6H_5 ersetzt (*Mandelsäure*; —240°). Ersetzt man aber in der CH_3-Gruppe der Milchsäure ein H-Atom durch C_6H_5, so entsteht *β-Phenylmilchsäure* von der molekularen Drehung +38°[1]. Die Anbringung der Phenylgruppe unmittelbar am asymmetrischen C-Atom ruft demnach die stärkere Veränderung hervor. Man kann auch sagen, daß die Einschaltung der CH_2-Gruppe zwischen Phenyl und Carbinol der Mandelsäure einen starken Abfall der Drehung zur Folge hat. Geschieht dasselbe an den *Amiden*, so wird aus denselben Gründen, die oben angeführt werden, das Bild gänzlich verwischt: *Mandelsäure-amid* dreht —137°, *Phenylmilchsäure-amid* ungefähr ebensoviel nach rechts (+134°)[2]. Auch dieser Fall wird vom Verschiebungssatz erfaßt (s. unten).

Ein Sonderfall des Entfernungssatzes findet sich bei *homologen Reihen* (TSCHUGAJEFF). Sie führen nach gewissen Schwankungen[3] einen Grenzwert zu. Die Erklärung ergibt sich aus dem Entfernungssatz, wenn wir z. B. die Änderung betrachten, welche die Drehung des *Hydro-mandelsäure-methylesters* erfährt, sobald wir im Methyl ein H-Atom durch Äthyl ersetzen, d. h. vom *Methyl-* auf den *Propylester* übergehen (Abb. 2). Die Drehungsänderung ist erheblich. Verwandeln wir dagegen den *Octylester* in einen *Decylester*, so liegt die veränderte Stelle fernab vom Asymmetriezentrum und wird die molekulare Drehung nicht mehr beeinflussen. Die genannten Oscillationen können übrigens, besonders in den Anfangsgliedern, so erheblich sein, daß der Satz, wie später gezeigt wird, zwecks allgemeinerer Anwendung mit der Verschiebungsregel kombiniert werden muß.

2. Vorzeichen der Drehung.

Das Drehungsvorzeichen der Verbindung I hängt von der *Reihenfolge der Substituenten* ab. Umkehrung des Vorzeichens (bei gleichbleibendem Drehwert) tritt ein, wenn z. B. m und n vertauscht werden. Umkehrung (bei verändertem Drehwert) kann aber auch eintreten, wenn z. B. m derart verändert wird, daß der neue Substituent m', obwohl er am gleichen Platze wie m steht, bezüglich seines chemischen und optischen Charakters in der Reihenfolge der Substituenten einen anderen Rang einnimmt als m.

Beispiel: Das einfachste aktive Carbinol (III) dreht in der hier angeführten Anordnung (H und OH über der Papierebene gedacht) nach rechts[4]. Das Vorzeichen bleibt erhalten, wenn die Äthylgruppe zu einer *normalen* Propyl-, Butyl- usw. Kette verlängert wird. Denn durch diese geringfügige Änderung bleibt der Unterschied im chemischen und optischen Charakter des größeren Substituenten gegenüber den übrigen, insbesondere gegenüber dem Methyl, erhalten[5]. Das Vor-

CH_3	CHO	C_2H_5	R
III. H·C·OH	IV. H·C·OH	V. H·C·OH	VI. H·C·OH
C_2H_5	$CH_2\cdot OH$	$[CH_2]_2\cdot CH_3$	R'

[1] $[M]_D$ in Wasser; MCKENZIE, A., u. H. WREN: Journ. Chem. Soc. London **97**, 1357 (1910).

[2] $[M]_D$ in Alkohol; MCKENZIE, A., G. MARTIN u. H. G. RULE: Ebenda **105**, 1589.

[3] PAULY, H., vgl. l. c.: S. 75, Anm. 51, S. 422.

[4] Vorausgesetzt, daß die absolute Konfiguration des (+) Glycerinaldehyds IV ist (H und OH über der Papierebene; l. c.: S. 75, Anm. 5m, S. 663).

[5] LEVENE, P. A., u. Mitarbeiter: Zitate vgl. l. c.: S. 75, Anm. 5m, S. 678, 696, 719. Theoretische Behandlung: W. KUHN: B. **63**, 190 (1930).

zeichen bleibt dasselbe, wenn das gleiche Verfahren auf das rechtsdrehende *Äthyl-n-propyl-carbinol* der Konfiguration V angewendet wird, sowie auf seine Homologen, in denen der Propylrest durch größere *normale* Kohlenwasserstoffreste ersetzt wird. Die Rechtsdrehung dieses Carbinols läßt sich durch die ohne weiteres einleuchtende Annahme erklären, daß der optische und chemische Unterschied von Äthyl und *n*-Propyl im Äthyl-propyl-carbinol sehr ähnlich ist dem Unterschied von Methyl und Äthyl im Methyl-äthyl-carbinol. Auf diese Weise erklärt sich der Befund von P. A. LEVENE, daß in *normalen* Carbinolen VI die Drehung positiv ist, wenn R′ größer als R ist[1]. Für verschiedene andere Kohlenwasserstoffreste, z. B. R′ = Isopropyl oder Phenyl, gilt die Regel jedoch nicht[2]. Beim Isopropyl scheinen sich räumliche Einflüsse geltend zu machen, beim Phenylderivat ist außerdem die Reihenfolge des optischen und chemischen Charakters des Substituenten offenbar eine andere, indem bei den aliphatischen Carbinolen die Absorptionsbande der OH-Gruppe, hier jedoch die des Phenyls, der längsten Wellenlänge entspricht. Dagegen lassen sich an den Kohlenwasserstoffen VII ähnliche Betrachtungen wie an den Carbinolen anstellen[3]. Bei diesen homologen Reihen ist der seltene Fall verwirklicht, daß eine *Beziehung zwischen der Größe des Substituenten und seinem Einfluß auf das Drehungsvermögen* erkennbar ist.

Eine andere Vorzeichenregel stützt sich auf die von C. S. HUDSON beobachtete Tatsache[4], daß die *Amide von α-Oxy-fettsäuren und Aldonsäuren* nach rechts drehen, wenn sie die Konfiguration VIII oder IX besitzen.

VII.	VIII.	IX.	X.	XI.
CH_3				
$[CH_2]_n$	$CO \cdot NH_2$	$CO \cdot NH_2$		R
$H \cdot C \cdot CH_3$	$H \cdot C \cdot OH$	$H \cdot C \cdot OH$	$H \cdot C \cdot OH$	$H \cdot C \cdot OH$
$[CH_2]_{n+m}$	$[CH_2]_x$	$[CH \cdot OH]_x$		Ar
CH_3	CH_3	$H_2C \cdot OH$		

Die zahlreichen Formen, welche erhalten werden, wenn x von o bis zu hohen Werten variiert, stimmen sämlich in der Reihenfolge des chemischen und optischen Charakters der das asymmetrische C-Atom umgebenden Substituenten überein. Hinzu kommt der starke Rechtsbeitrag, den die Amidogruppe in dieser Anordnung liefert und der die schwachen Rechts- oder Linksbeiträge der β-, γ- usw. Carbinole der Aldonsäuren übertönt. Aus Abb. 2 geht hervor, daß diese Regel auch für die *Hexahydro-mandelsäure* und die *β-Phenyl-milchsäure* gilt, daß sie aber an der *Mandelsäure* versagt, weil hier zu der einen stark anisotropen Gruppe ($CO \cdot NH_2$) eine zweite (C_6H_5) hinzugetreten ist, die ebenfalls unmittelbar am asymmetrischen C-Atom haftet. Dieser Fall wird im nächsten Abschnitt unter dem Gesichtspunkt der optischen Verschiebung genauer besprochen.

Entsprechendes läßt sich über die *Phenyl-hydrazide der α-Oxy-säuren* aussagen[5], sowie über die Konfiguration X am Kohlenstoff 2 der linksdrehenden *Benzyl-phenyl-hydrazone* oder *Dibenzyl-hydrazone der Aldosen*[6]. Es ist nicht zu bezweifeln, daß für einzelne Körperklassen innerhalb gewisser Grenzen weitere

[1] Siehe Fußnote 5 auf S. 79. [2] l. c.: S. 75, Anm. 5b, 5m, 6b.

[3] LEVENE, P. A., u. Mitarbeiter: vgl. l. c.: S. 75, Anm. 5m, S. 680, 719.

[4] Journ. Amer. Chem. Soc. **40**, 813 (1918); **41**, 1141 (1919); weitere Literatur: l. c.: S. 75, Anm. 5m, S. 710; W. KUHN: B. **66**, 166 (1933).

[5] LEVENE, P. A., u. G. M. MEYER: Journ. Biol. Chem. **31**, 625 (1917); HUDSON, C. S.: Journ. Amer. Chem. Soc. **39**, 462 (1917).

[6] In Methylalkohol, nach Ablauf der Mutarotation: C. S. HUDSON; E. VOTOČEK: C. **1932 I**, 659.

Regeln dieser Art aufgestellt werden können. So *scheint* das bisher vorliegende Material zu ergeben, daß die Kombination XI linksdrehend ist, wenn Ar ein beliebiger *aromatischer Rest* ist (*Phenyl* bei *Mandelsäure*[1] und *Ephedrin*[2], *Dioxyphenyl* bei *Adrenalin*[3], *Chinolin* bei den *China-Alkaloiden*[4]) und R ein *Carboxyl* bedeutet (*Mandelsäure*) oder ein *Alkyl* (*Phenyl-methyl-carbinol*[5]), ein *aliphatisches* (*Ephedrin, Adrenalin*) oder ein *hydro-aromatisches* System (*Chinuclidin* der China-Alkaloide). Vielleicht gilt eine solche Übereinstimmung sogar für entsprechende Verbindungen, in denen OH durch NH_2 oder Halogen ersetzt ist[6]. Die Deutung dieser Erscheinungen, falls sie sich in diesem Umfange betätigen lassen, ist bisher nur zum Teil möglich.

3. Verschiebung des Drehwertes.

In den bisherigen Ausführungen wurde im wesentlichen die Größe oder das Vorzeichen der Drehung *einzelner* Substanzen oder Substanzklassen betrachtet. Ein ungleich weiteres Feld eröffnet sich durch den Vergleich des Drehungsvermögens *mehrerer* sterisch zusammengehörender Substanzen (optischer Vergleich), also statt der absoluten die relative Betrachtung, die in der Gegenüberstellung von mindestens 4 Substanzen besteht. Ihre Beziehungen werden beherrscht von der *Vicinalregel*, die für die Zwecke der Konfigurationsbestimmung etwa folgendermaßen formuliert werden kann: Wird in der Verbindung I ein Substituent durch eine kleine chemische Umwandlung geändert, z. B. o in o′, so beruht die Drehungsänderung der Verbindung vorwiegend auf der Veränderung des Drehungsbeitrages dieses Substituenten, d. h. auf der von p, m, n dem Substituenten o und o′ auferlegten Anisotropie und weniger auf der von o und o′ den übrigen Substituenten auferlegten Anisotropie. Dies gilt vor allem dann, wenn das Absorptionsgebiet des veränderten Substituenten nicht allzufern vom Sichtbaren liegt. Daraus ergibt sich der unten formulierte *Verschiebungssatz*[7].

Beispiel: Der bekannteste Fall für den optischen Vergleich und zugleich Anlaß für die Hervorhebung des Verschiebungssatzes ist das Verhalten der *Mandelsäure* und ihres Hydrierungsproduktes, der *Hexahydro-mandelsäure*, nebst den zugehörigen *Amiden*[7]. Die sterische Zusammengehörigkeit der (—)Mandelsäure und (—)Hexahydro-mandelsäure ist gesichert, da die letztere aus der ersteren hergestellt ist. Abb. 2 zeigt, wie beide Säuren (—240° bzw. —40°) beim Übergang in ihre Amide (—137° bzw. +76°) eine starke Verschiebung ihrer Drehung nach derselben Seite, und zwar nach rechts, erleiden. Die Erklärung für diese Übereinstimmung wird durch die oben angeführte Vicinalregel gegeben. Die Veränderung der Säuren in ihre Amide kommt, vom zentralen C-Atom aus betrachtet, einer kleinen chemischen Veränderung gleich, die den besonderen Vorzug hat, sich bezüglich der Drehung stark auszuwirken. Denn die freie Carboxylgruppe besitzt, bei aliphatischen α-Oxy-säuren wenigstens, eine geringe Anisotropie[8], während die Säureamidgruppe in derselben Anordnung stark anisotrop ist. Die Gruppe COOH liefert einen geringen, und zwar negativen, die Gruppe

---

[1] Mit H. Siegel u. Fr. Brauns: B. **56**, 193 (1923); mit L. Markert: B. **58**, 1757 (1925).

[2] Mit E. Schoeffel u. E. Braun: Journ. Amer. Chem. Soc. **54**, 234 (1932); Leithe, W.: B. **65**, 660 (1932).

[3] l. c.: S. 75, Anm. 5m, S. 697, 720.

[4] Emde, H.: Helv. chim. Acta **15**, 557 (1932); vgl. l. c.: S. 75, 5m, S. 719.

[5] l. c.: S. 75, Anm. 5b; 5m, S. 696.

[6] Zum Beispiel W. Leithe für Phenäthylamin: B. **64**, 2827 (1931); O. Lutz für *Phenylamino-essigsäure*: B. **65**, 1609 (1932); W. Kuhn: l. c.: S. 75, Anm. 5m, S. 412.

[7] Mit H. Siegel u. Fr. Brauns: B. **56**, 193 (1923); mit L. Markert: B. **58**, 1757 (1925).

[8] l. c.: S. 75, Anm. 5c.

Tabelle 2.

COOH	$CO\cdot NH_2$	COOH	$CO\cdot NH_2$
·	·	·	·
$H\cdot C\cdot OH$	$H\cdot C\cdot OH$	$H\cdot C\cdot OH$	$H\cdot C\cdot OH$
·	·	·	·
C_6H_5	C_6H_5	C_6H_{11}	C_6H_{11}
-240^0	-137^0	-40^0	$+76^0$
XII.	XIII.	XII a.	XIII a.

XIII—XII $= +103^0$ XII a—XII $= +200^0$
XIII a—XII a $= +116^0$ XIII a—XIII $= +213^0$

$CO\cdot NH_2$ einen starken, positiven eigenen Beitrag zur Drehung. Trotzdem, und zwar weil der chemische Unterschied gering ist, üben die Substituenten COOH, H, OH auf den vierten Substituenten eine sehr ähnliche Vicinalwirkung aus wie die Substituenten $CO\cdot NH_2$, H, OH. Daher wird der Drehungsunterschied zwischen Säure und ihrem Amid in beiden Fällen ungefähr dem Unterschied des Beitrages der Gruppen COOH und $CO\cdot NH_2$ entsprechen. Daß die zahlenmäßige Übereinstimmung so gut ist (103^0 und 116^0 einerseits und 200^0 und 213^0 andererseits), kann nicht vorausgesehen werden und dürfte zufällig sein. Denn in den meisten Fällen muß man sich mit der Feststellung des Vorzeichens der Differenz, also mit der Verschiebung des Drehungs*sinnes* der zu vergleichenden Paare begnügen. Unter Berücksichtigung einiger Einzelheiten, die weiter unten erläutert werden, kann der *optische Verschiebungssatz* etwa folgendermaßen formuliert werden: Analoge Verbindungen, die unter entsprechenden Bedingungen beobachtet werden können, erleiden eine gleichsinnige Veränderung ihrer Drehung, wenn einander entsprechende, möglichst im zugänglichen Ultraviolett absorbierende Substituenten *ohne tiefgreifende chemische Änderung* derart abgewandelt werden, daß eine große Drehungsänderung verursacht wird.

Dieser Verschiebungssatz ist die Anwendungsform der Vicinalregel und erhält aus dieser seine theoretische Begründung. Er teilt mit ihr die Eigenschaft eines Näherungssatzes und somit die Grenzen seiner Anwendbarkeit. Über diese Grenzen können recht bestimmte Aussagen gemacht werden; sie zu beurteilen und die richtigen experimentellen Bedingungen herbeizuführen, unter denen eine gestellte Frage gelöst werden kann, ist die wichtigste Aufgabe bei der Anwendung des Satzes.

c) Zusammenfassung durch den Verschiebungssatz.

Unter den jetzt gewonnenen Gesichtspunkten können die Schwierigkeiten betrachtet werden, die bezüglich der Größe der Drehung und des Vorzeichens bei den oben angeführten Beispielen aufgetreten sind und an denen die unter b, 1 und 2 angeführten Regeln versagt hatten.

Die scheinbare Unklarheit, die sich bei der Anwendung des Entfernungssatzes auf die Drehungsgröße von Mandelsäure-amid (-137^0) und Phenylmilchsäure-amid ($+134^0$) zeigt, indem beide recht hoch drehen, wird behoben, wenn wir feststellen, daß sowohl die Mandelsäure (-240^0) wie die Phenylmilchsäure ($+38^0$) eine starke *Rechtsverschiebung* ihrer Drehung beim Übergang in die Amide erleiden. Auch die Hexahydro-mandelsäure (-40^0) und ihr Amid ($+76^0$), sowie die Milchsäure (-3^0) und ihr Amid ($+20^0$) fügen sich der Verschiebungsregel. Bis jetzt hat sich noch keine Ausnahme von der Regel gefunden, die aussagt, daß α-Oxysäuren der Konfiguration XIV eine Rechtsverschiebung beim Übergang in das Amid erleiden. Die Erklärung für diese Kombination einer Vorzeichen-Aussage mit dem Verschiebungssatze ist oben gegeben.

COOH
·
H.C.OH
·
R
XIV

Auch die von Tschugajeff aufgestellte Regel, nach der homologe Reihen einem Grenzwert zustreben, muß wegen gelegentlicher Unregelmäßigkeiten (z. B. Durchgang durch ein Maximum bei den *Carbinol-acetaten*, Abb. 3) als Verschiebungssatz formuliert werden[1]: Bei übereinstimmender Konfiguration zeigt die Drehung homologer Reihen analoger Verbindungen einen entsprechenden, asymptotisch endenden Verlauf. Dies trifft auch für die freien aliphatischen Carbinole einschließlich der Isopropyl- und Cyclohexyl-carbinole zu (Abb. 3). Aber auf die zugehörigen Phenyl-carbinole ist der Satz nicht anwendbar: während sich in der Isopropyl- und Cyclohexylreihe die Drehung beim Übergang vom Methyl- zum Äthylderivat nach rechts verschiebt, zeigen die Phenylcarbinole die umgekehrte Tendenz (Tabelle 3 und Abb. 3). Für die Veränderung der Drehung des Methyl-isopropyl- und Methyl-cyclohexyl-carbinols ist beim Übergang in die Äthyl-carbinole wie bei den normalen Methyl- und Äthyl-carbinolen wohl hauptsächlich der Eigenbeitrag des Methyls und Äthyls maßgebend; im Falle der freien Phenyl-carbinole beherrscht das im nahen Ultraviolett absorbierende Phenyl die Drehung, so daß die Verhältnisse von Grund auf geändert sind.

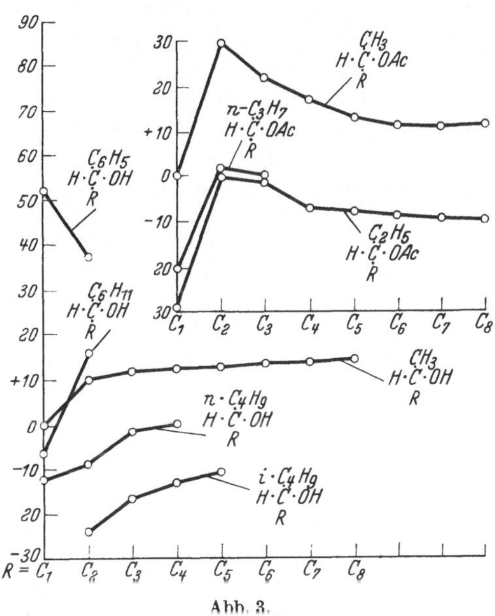

Abb. 3.

Daher wurde in der obigen Formulierung ausdrücklich gefordert, daß *analoge* Verbindungen miteinander verglichen, und daß, wie z. B. beim Übergang von Säuren in ihre Amide, *große* Drehungsunterschiede herbeigeführt werden[2].

Tabelle 3.

R′ · H·C·OH · R	R′ = i-C_3H_7		C_6H_{11}		$-C_6H_5$	
	Carbinol	Phthalester	Carbinol	Phthalester	Carbinol	Phthalester
R = $-CH_3$	—4	—98	—7	—150	+ 52	—110
R = $-C_2H_5$	+ 15	—10	+12	—	+ 38[3]	+6

Vor allem die letztere Forderung muß erfüllt werden, wenn die Konfiguration dieser Verbindungen durch *Vergleich* bestimmt werden soll. Dies gelingt im obigen Falle durch *Gegenüberstellung der Carbinole mit ihren Phthalestern*. In allen drei Fällen tritt eine sehr starke Linksverschiebung der Drehung ein, der sich auch das Phenylderivat fügen muß; von Interesse ist auch der Umstand, daß bei den Phthalestern der Isopropyl- und Phenylreihe die kleine chemische Veränderung,

[1] l. c.: S. 75, Anm. 5e; hier ist die Konfiguration der Phenyl- und Isopropyl-carbinole abgeleitet. Ferner l. c.: S. 75, Anm. 5m, S. 695.

[2] Vgl. hierzu P. A. Levene u. R. E. Marker: Journ. Biol. Chem. **97**, 379 (1932) und die Entgegnung darauf l. c.: S. 75, Anm. 5m, S. 719.

[3] Der in „Stereochemie" l. c. S. 75, Anm. 5m, Tabelle neben S. 696 eingesetzte Wert ist durch —38° zu ersetzen. Die Zahlen 18c bis 18e″ der genannten Tabelle sind wahrscheinlich unzutreffend; vgl. l. c.: S. 75, Anm. 5m, S. 719.

bestehend im Übergang von Methyl in Äthyl, eine große, gleichsinnige Veränderung der Drehung herbeigeführt (Tabelle 3). Hier ist nicht der Unterschied des Eigenbeitrages der veränderten Gruppe (Methyl und Äthyl) maßgebend, sondern die verschiedene Vicinalwirkung, welche von diesen Substituenten auf die das Drehungsvermögen beherrschende Phthalsäuregruppe ausgeübt wird. Die Einführung eines solchen dominierenden Substituenten vermag unter Umständen ein vorher unbestimmtes Bild deutlich zu gestalten und ist ein Hilfsmittel, um unklare Zusammenhänge aufzudecken[1]. Dieser dominierende Substituent erlaubt hier sogar den Vergleich von Phenylderivaten mit ihren Hydrierungsprodukten, also von Substanzen, die im Sinne des Verschiebungssatzes nur mit Vorsicht als analog aufgefaßt werden können. Zuverlässiger wird der optische Vergleich in den folgenden Beispielen, in denen nicht die verschiedene Vicinalwirkung der geänderten Substituenten ausschlaggebend ist, sondern ihr verschieden großer

Tabelle 4.

XV	XVa	XVI	XVIa
$CO \cdot OCH_3$	$CO \cdot N(CH_3)_2$	$CO \cdot OCH_3$	$CO \cdot N(CH_3)$.
$H \cdot C \cdot Cl$	$H \cdot C \cdot Cl$	$H \cdot C \cdot Br$	$H \cdot C \cdot Br$
CH_3	CH_3	CH_3	CH_3
$+34^0$	-82^0	$+92^0$	-159^0

XVII	XVIIa
$CO \cdot OCH_3$	$CO \cdot N(CH_3)_2$
$H \cdot C \cdot N_3$	$H \cdot C \cdot N_3$
CH_3	CH_3
$+24^0$	-259^0

XVa—XV $= -116^0$ XV—XVI $= -58^0$ XVa—XVIa $= +67^0$
XVIa—XVI $= -251^0$ XV—XVII $= +10^0$ XVa—XVIIa $= +77^0$
XVIIa—XVII $= -283^0$

Eigenbetrag. Als ein solches Beispiel für den Verschiebungssatz seien die *Halogenpropionsäuren*[2] angeführt, deren optische Analyse zur Aufstellung der Vicinalregel geführt hat[3].

In den Estern der drei Säuren liefert die Gruppe $CO \cdot OCH_3$ einen *schwachen*, teils positiven, teils negativen Beitrag, während die dominierende Gruppe $CO \cdot N(CH_3)_2$ in allen Fällen einen *sehr starken* Linksbetrag beisteuert. Die Verschiebung vom Dimethylamid zum Ester beträgt $+116^0$, $+251^0$ und 283^0; in allen Fällen liegt also eine große, gleichgerichtete Verschiebung der Drehung vor (Abb. 4). Hätte die Vicinalregel, die vornehmlich auf diesen Feststellungen aufgebaut ist, exakte Gültigkeit, so müßten diese Beträge gleich groß sein, und es müßte alsdann an die Vicinalregel die übertriebene Forderung gestellt werden, daß auch die Veränderung vom Chlorid zum Bromid oder Azid bei den Estern und Dimethylamiden gleich sein sollte (XV—XVI sollte = XVa—XVIa sein, bzw. XV—XVII = XVa—XVIIa). Diese Forderung trifft nicht einmal dem Vorzeichen nach zu. Dies ist damit zu erklären, daß die Drehungsverschiebung

[1] l. c.: S. 75, Anm. 5b.

[2] N_3 wird hier der Einfachheit halber unter die Halogene gerechnet.

[3] Kuhn, W., u. E. Braun: l. c.: S. 75, Anm. 6d; Kuhn, W., K. Freudenberg u. I. Wolf: B. **63**, 2367 (1930).

von Cl zu Br wesentlich kleiner ist als die von $CO \cdot OCH_3$ zu $CO \cdot N(CH_3)_2$. Der Verschiebungssatz gilt entsprechend seiner oben gegebenen Formulierung nur für große Änderungen der Drehung.

Aus ihrem optischen Verhalten geht hervor, daß die drei rechtsdrehenden Halogen-propionsäuren unter sich und mit der *d*(—)-*Milchsäure* übereinstimmen, deren *Benzoyl*- und *Toluolsulfonylderivate* dieselbe Drehungsverschiebung erleiden (Abb. 4). Diese Milchsäurederivate sind, wie aus der Zeichnung hervorgeht, ein besonders anschauliches Beispiel für den Verschiebungssatz. Reduziert man (+)-*Azido-propionsäure*, so entsteht (—)-*Alanin*, dessen Konfiguration unabhängig hiervon durch den aus Abb. 5 hervorgehenden direkten Vergleich der Benzoyl-milchsäure mit dem Benzoyl-alanin festgestellt wurde.

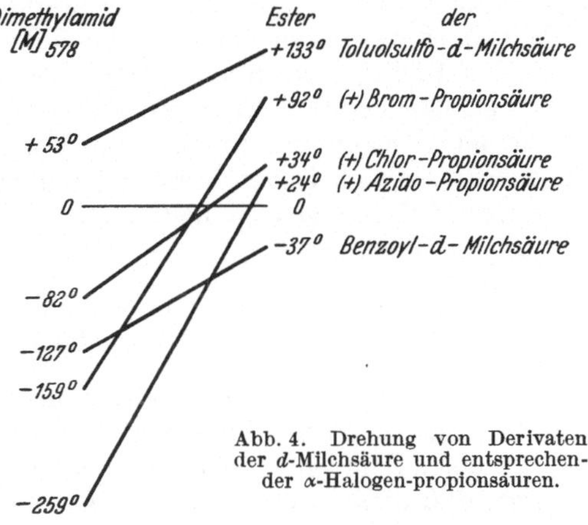

Abb. 4. Drehung von Derivaten der *d*-Milchsäure und entsprechender α-Halogen-propionsäuren.

In solchen Fällen, in denen einander *sehr ähnliche* Substanzen verglichen werden, genügen zur Konfigurationsbestimmung mit Hilfe des Verschiebungssatzes unter Umständen auch einfachere Veränderungen, wie Zusatz von komplexbildenden Salzen[1], Änderung des Ionenzustandes[2] usw. Ein sachgemäßes Beispiel für die Anwendung des Verschiebungssatzes ist in der von O. TH. SCHMIDT[3] mitgeteilten Konfigurationsbestimmung der *Apionsäure* (und *Apiose*) gegeben, aus der zugleich hervorgeht (*apionsaures Natrium*), daß die Linksdrehung einer *d*-α-Oxy-säure bei der Überführung in den ionisierten Zustand eine *Verschiebung* nach rechts erleidet, die sich hier in einer Verminderung der Linksdrehung zu erkennen gibt[4].

Abb. 5. Drehung einiger Derivate des *d*(—)-Alanins und der *d*(—)-Milchsaure.

Bei einer *streng* durchgeführten Konfigurationsbestimmung sollen die zu vergleichenden Substanzen von ähnlicher Beschaffenheit sein; z. B. sollen, obwohl dies in einzelnen Fällen zulässig ist, im *allgemeinen* keine Hydroxylverbindungen (wegen ihres abweichenden Lösungszustandes) mit ihren Estern und Äthern verglichen werden[5]. Allen Ansprüchen an den Verschiebungssatz genügt der folgende Vergleich der Hexahydro-mandelsäure mit der Milchsäure[5]:

Tabelle 5.

Benzoylderivat des Methylesters der *d*(—)-Hexahydro-mandelsäure	—39°;	der *d*(—)-Milchsäure	—36°
Toluolsulfonylderivat des Methylesters der *d*(—)-Hexahydro-mandelsäure	+90°;	der *d*(—)-Milchsäure	+109°

[1] LUTZ, O., u. BR. JIRGENSONS: B. **65**, 784 (1932).

[2] LEVENE, P. A.: Journ. Biol. Chem. **23**, 145 (1915); weitere Literatur l. c.: S. 75, Anm. 5m, S. 698.

[3] A. **483**, 118 (1930); l. c.: S. 75, Anm. 5m, S. 698.

[4] Entsprechendes haben A. G. RENFREW u. L. H. CRETCHER an der *Talonsäure* beobachtet (Journ. Amer. Chem. Soc. **54**, 4402 [1932]).

[5] B. **58**, 1753 (1925).

Kaum zulässig ist die Konfigurationsbestimmung, ist die Veränderung der Drehung in verschiedenen Lösungsmitteln, bei Zusätzen von Neutralsalzen, bei Temperaturänderung usw. Derartige Eingriffe betreffen vorwiegend die Peripherie des Moleküls und haben häufig zu Trugschlüssen geführt. Wenn obendrein die Analogie der verglichenen Verbindungen weniger deutlich ist als z. B. in Tabelle 5, so werden solche Versuche äußerst fragwürdig. Da die Wahrscheinlichkeit, das Richtige zu treffen, 50% beträgt, werden leicht mit diesen Mitteln Scheinerfolge erzielt. Eine ernsthafte Konfigurationsforschung hat die nicht immer leicht erfüllbare Aufgabe, diejenigen Bedingungen herbeizuführen, unter denen die Gültigkeit des Verschiebungssatzes zu erwarten ist. Das Kriterium für diese Bedingungen ist heute, nach Überwindung des rein empirischen Stadiums, die Vicinalregel.

d) Optische Superposition.

Dem Prinzip der Superposition liegt die Vermutung von VAN'T HOFF zugrunde, daß in Verbindungen mit mehreren Asymmetriezentren die Drehung der einzelnen Zentren voneinander unabhängig und additiv sei. Es hat sich jedoch gezeigt, daß diese Aussage durch die folgende *Entfernungs- und Vicinalregel der Superposition* ersetzt werden muß[1].

Enthält in einer Verbindung I ein Substituent, z. B. o, selbst ein Asymmetriezentrum, so kommt eine Veränderung des Vorzeichens von o in ihrer Wirkung auf den Rest (m) (n) (p)C— einer *chemischen* Änderung gleich, welche an der Stelle jenes Asymmetriezentrums vorgenommen ist. Für diese Änderung gilt die Entfernungs- und Vicinalregel.

Beispiel. An Verbindungen mit mehr als zwei Asymmetriezentren läßt sich die Regel in einfacher Weise erläutern:

Tabelle 6.

Ester der

d-	*l*-	Meso-Weinsaure	
COOR	COOR	COOR	COOR
H·C·OH	HO·C·H	H·C·OH	HO·C·H
HO·C·H	H·C·OH	H·C·OH	HO·C·H
COOR	COOR	COOR	COOR

$$\begin{matrix}+a\\+b\\+b\\+a\end{matrix} + \begin{matrix}+a\\-b\\-b\\+a\end{matrix} - \left(\begin{matrix}+a\\+b\\-b\\+a\end{matrix} + \begin{matrix}+a\\-b\\+b\\+a\end{matrix}\right)$$

$R = -CH_2-\overset{CH_2}{\underset{C_2H_5}{\overset{\times}{CH}}}$ (Amylalkohol); Resultat = 4°

$R = -\overset{CH_3}{\underset{C_6H_{13}}{\overset{\times}{CH}}}$ (*sek.* Octylalkohol); ,, = 95°

[1] l. c.: S. 75, Anm. 5c.

Die *Ester* z. B. des *aktiven Gärungsamylalkohols mit den drei Weinsäuren* enthalten zwei verschiedene Arten von Asymmetriezentren. Mit +a sei die Drehung der Estergruppe, mit +b bzw. —b die Drehung der Carbinole bezeichnet. Die in der Tabelle angegebene Aufrechnung sollte bei Gültigkeit der Vorstellung von VAN'T HOFF 0 ergeben. Tatsächlich wird in befriedigender Übereinstimmung hiermit der kleine Betrag von 4° erhalten. Aber sobald man dieselbe Betrachtung an den *Estern des sek. Octylalkohols* durchführt, bleibt eine Drehung von 95° übrig; das Superpositionsprinzip alter Fassung versagt hier vollständig. Die Ursache ist einfach: Im ersten Falle liegt zwischen dem aktiven Alkyl und den Carbinolen eine CH_2-Gruppe; sie sind genügend entfernt voneinander und beeinflussen sich nicht. Im zweiten Falle befindet sich das asymmetrische Atom des Kohlenstoffs unmittelbar am Carboxyl; die Drehung der Estergruppe beeinflußt das positive Carbinol anders als das negative und umgekehrt; die Superposition versagt. Dies ist in weitaus den meisten Fällen so; dennoch läßt sich häufig eine *qualitative* Betrachtung bezüglich des Vorzeichens anstellen. So ist z. B. die Konfiguration des *akt. Mesoweinsäure-monomethylesters* aus der *d-Weinsäure* und ihrem Dimethylester ermittelt worden[1].

Die Betrachtung lehrt, daß der Entfernungssatz für sterische Änderungen ebenso gilt wie für chemische. Diese Erkenntnis hat gestattet, eine Streitfrage über die Konstitution der *Mannose* zu lösen (Tabelle 7).

α- und β-Hexosen unterscheiden sich in der Konfiguration von C-Atom 1. Bei Gültigkeit der Superposition sollte man durch Bildung der Differenz α—β den doppelten Beitrag der Gruppe 1 erhalten, bei der *Glucose* z. B. +169°. Die Gültigkeit des Prinzips vorausgesetzt, sollte dieser Betrag bei allen epimeren Aldosen gleich sein. Tatsächlich ist er bei *Galaktose* +165°, aber bei *Mannose* beträgt er nur +85°. Für die *Methyl-glucoside* gilt Entsprechendes. Wiederum zeigt sich Übereinstimmung bei Glucose, Galaktose, auch *Gulose*, aber ein Fehlbetrag bei Mannose. Die Erscheinung hat längere Zeit hindurch den Glauben erweckt, als habe die gewöhnliche Mannose ein anderes Ringsystem. Aber die Feststellung (insbesondere an den zugehörigen *Aldonsäuren*[2]), daß der Entfernungssatz auch für sterische Änderungen gilt, hat auf den rechten Weg gewiesen. Das Atom 1 ist hervorgehoben. Die Umkehrung von Atom 4, die von der Glucose aus zu der Galaktose führt, hat keinen Einfluß auf den Beitrag von Atom 1; ebensowenig ist dies der Fall, wenn wir im Methyl-galaktosid Atom 3 umkehren, um zum Gulosid zu gelangen. Wenn aber die dem Atom 1 benachbarte Gruppe 2 umgekehrt wird (Mannose), so wird hierdurch die Drehung der Gruppe 1 stark beeinflußt.

In dieser Zusammenstellung ist auch zu einer anderen umstrittenen Frage Stellung genommen, der Frage, ob der rechtsdrehenden oder der linksdrehenden Mannose die hier für α-Mannose angeschriebene Konfiguration zukommt. Wäre das Umgekehrte der Fall, so würde die Differenz der Zucker —85°, die der Methylmannoside — 285° lauten. Einen solchen Einfluß auf die Gruppe 1 darf man der Umgruppierung am Atom 2 aber doch nicht zumessen. Auch würde die folgende schöne, zum Verschiebungssatz der Superposition zu rechnende Erscheinung zerstört (Tabelle 7)[3].

Verwandeln wir das Hydroxyl 1 der α-Glucose in Methoxyl, so erhöht sich die Drehung um 105°. In der β-Glucose beträgt die Differenz — 100°. Ähnliche Zahlen treffen wir an bei Galaktose und Gulose. Genau dieselben Werte ergibt Mannose, wenn wir die Formeln der Tabelle 7 gelten lassen. α-Gulose mit drei

---

[1] l. c.: S. 75, Anm. 5e.

[2] l. c.: S. 75, Anm. 5c, S. 714; ferner Tabelle 6 dieser Abhandlung.

[3] l. c.: S. 75, Anm. 5m, S. 718.

Tabelle 7.

		d-Glucose		Galaktose		Gulose		Mannose	
		α	β	α	β	α	β	α	β
	1	H · C · OH	HO · C · H	H · C · OH	HO · C · H	H · C · OH	HO · C · H	H · C · OH	HO · C · H
	2	H · C · OH	H · C · OH	H · C · OH	H · C · OH	H · C · OH	H · C · OH	HO · C · H	HO · C · H
	3	HO · C · H	HO · C · H	HO · C · H	HO · C · H	H · C · OH	H · C · OH	HO · C · H	HO · C · H
	4	H · C · OH	H · C · OH	HO · C · H	HO · C · H	HO · C · H	HO · C · H	H · C · OH	H · C · OH
	5	H · C · O-	H · C · O-	H · C · O-	H · C · O-	H · C · O-	H · C · O-	H · C · O-	H · C · O-
	6	CH_2 · OH	CH_2 · OH	CH_2 · OH	CH_2 · OH	CH_2 · OH	CH_2 · OH	CH_2 · OH	CH_2 · OH
freie Zucker	α	+ 203		+259		+ 113		+ 54	
	β		+ 34		+ 94		?		— 31
	α—β		+ 169		+ 165				+ 85
Methyl-gluco-side	α	+ 308		+ 374		+ 206		+ 153	
	β		— 66		— 1		— 161		— 132
	α—β		+ 374		+ 375		+ 367		+ 285
Glucoside —Zucker	α	+ 105		+ 115		+ 93		+ 99	
	β		— 100		— 95		?		— 101

nach rechts (oder über der Ringebene) angeordneten Hydroxylen 1, 2 und 3 erleidet bei der Glucosidierung eine Rechtsverschiebung um 93⁰. Es ist einleuchtend, daß die hier mit β bezeichnete Mannose mit 3 nach links angeordneten Hydroxylen 1, 2 und 3 bei der Glucosidierung eine entsprechende Linksverschiebung erleidet. In α-Mannose (+ 54⁰) stehen also Hydroxyl 1 und 2 in *trans*-Stellung[1]. Der Verschiebungssatz bzw. die Vicinalregel sind in diesem

[1] Den geschilderten Verhältnissen der Drehung dürfte in diesem Falle mehr Gewicht zukommen als Unterschieden in der Refraktion, die für die *cis*-Stellung der Hydroxyle 1 und 2 der *d*-Mannose (+ 54⁰) zu sprechen zu scheinen (vgl. l. c.: S. 75, Anm. 5 m, S. 691, 718; Riiber, C. N.: Tidskr. Kjemi og bergvesen **10**, S. T. nr. 252 (1932). Die Refraktion ist schwer zu überblicken, da sie mit dem Molekularvolumen, das bei der Mannose abnorm ist, in naher Beziehung stehen dürfte. Auch Dipolmessungen bei Ringverbindungen mit mehreren Hydroxylen lassen sich bisher nicht deuten wegen der verschiedenen Gestalt, deren ein 6-Ring fähig ist, und der verschiedenen Richtungen, welche das elektrische Moment der Hydroxylgruppe infolge ihrer Winkelungen einnehmen kann.

Falle sehr gut erfüllt. Hieraus hat sich für die Benennung der α- und β-Formen der Zucker folgende Definition ergeben[1]: α-Zucker sind solche, deren 1-Hydroxyl konfigurativ mit dem für die Zuteilung des Zuckers zur *d*- oder *l*-Reihe maß-

Tabelle 8.

	Lactone der *d*-Hexonsäuren:				Lactone der Pentonsäuren:			
	d-Allo-lacton	Altro-lacton	Gluco-lacton	Manno-lacton	*d*-Ribo-lacton	*d*-Arabo-lacton	*d*-Xylo-lacton	*d*-Lyxo-lacton
1	CO				OC			
2	H | OH	HO |	| OH	HO |	H | OH	HO |	| OH	| OH
3	H | OH	| OH	HO |	HO |	H | OH	| OH	HO |	HO |
4	H | O—	| O—	| O—	| O—	H | O—	| O—	| O—	| O—
5	H | OH	| OH	| OH	| OH	$CH_2 \cdot OH$			
6	$CH_2 \cdot OH$							
	— 12°	+ 62°	+ 121°	+ 92°	+ 29°	+ 109°	+ 133°	+ 122°

	d-Gulo-lacton	Ido-lacton	Galakto-lacton	Talo-lacton	*l*-Lyxo-lacton	*l*-Xylo-lacton	*l*-Arabo-lacton	*l*-Ribo-lacton
2	| OH	HO |	| OH	HO |	| OH	HO |	| OH	HO |
3	| OH	| OH	HO |	HO |	| OH	| OH	HO |	HO |
4	—O |	—O |	—O |	—O |	—O |	—O |	—O |	—O |
5	| OH	| OH	| OH	| OH				
	— 102°		— 137°	— 62°	— 122°	— 133°	— 109°	— 27°

gebenden übereinstimmt; dabei läßt sich im Einklang mit einer älteren Feststellung von C. S. HUDSON die Vorzeichenregel feststellen, daß bei den *d*-Zuckern die α-Formen mehr nach rechts drehen als die zugehörigen β Formen.

Eine weitere Anwendung des Verschiebungssatzes auf Stereoisomere finden wir auf dem Gebiete der *Lactone*. Dreht man im *d-Gulonsäurelacton* (—102°) die veresterte Gruppe 4 um, so entsteht unter starker Verschiebung nach rechts das *d-Allonsäure-lacton* (—12°). In den beiden anderen Fällen ist die Rechtsverschiebung ausreichend, um zu rechtsdrehenden Lactonen zu führen (*Gluco-lacton* + 121°, *Manno-lacton* + 92°). Die Gruppe 4 liefert also in der Anordnung der oberen Reihe einen starken rechtsdrehenden Beitrag. Gibt man der unteren Reihe durch Einsetzen der Antipoden (*l-Gulo-lacton* usw.) dieselbe Konfiguration an Gruppe 4, so sieht man, daß alle Lactone, soweit bekannt, aber mit Ausnahme des *d-Allolactons*, dann nach rechts drehen, wenn Gruppe 4 die Anordnung H · C · O— besitzt (C. S. HUDSONS alte Fassung als Vorzeichenregel). *Allgemein* gültig ist dagegen die Formulierung als *Verschiebungssatz*: γ-Lactone mit der Anordnung der Gruppe 4 = H · C · O— (z. B. *d*-Allo-lacton bzw. *d*-Ribo-lacton) drehen mehr nach rechts als die entsprechenden mit der umgekehrten Anordnung (z. B. *d*-Gulolacton bzw. *l*-Lyxo-lacton).

Der seltene Fall, daß die Superposition mit aller Schärfe gilt, findet sich auf dem Gebiete der *Oligo*- und *Polysaccharide* und läßt sich mit dem Entfernungssatz begründen. Die molekulare Drehung des Disaccharids setzt sich zusammen aus der Drehung a und e seiner beiden Bestandteile, des aldehydischen Anfangs- und des Endgliedes. Im Trisaccharid tritt ein, im Tetrasaccharid treten zwei Mittelstücke mit der Drehung m hinzu. Jedes dieser Stücke hat seinen eigenen Drehungsbeitrag, der von dem des Nachbarn unabhängig ist wegen der *Entfernung* der Gruppen 1 und 4, an denen Unterschiede vorkommen. Es läßt sich leicht zeigen[2], daß die molekulare Drehung $[M]_n$ pro Gliederzahl n vom Disaccha-

[1] l. c.: S. 75, Anm. 5c, S. 719.

[2] l. c.: S. 75, Anm. 5h; 1m, S. 720. Vgl. S. 104 dieser Schrift.

rid an bis zum Polysaccharid, das nur aus Mittelstücken besteht, auf einer Geraden liegen muß, wenn $[M]_n/n$ auf $(n - 1)/n$ als Abszisse aufgetragen wird[1].

Die Feststellung, daß diese Bedingung in geradezu überraschend exakter Weise erfüllt ist, dürfte einer der eindringlichsten Beweise für die Tatsache sein,

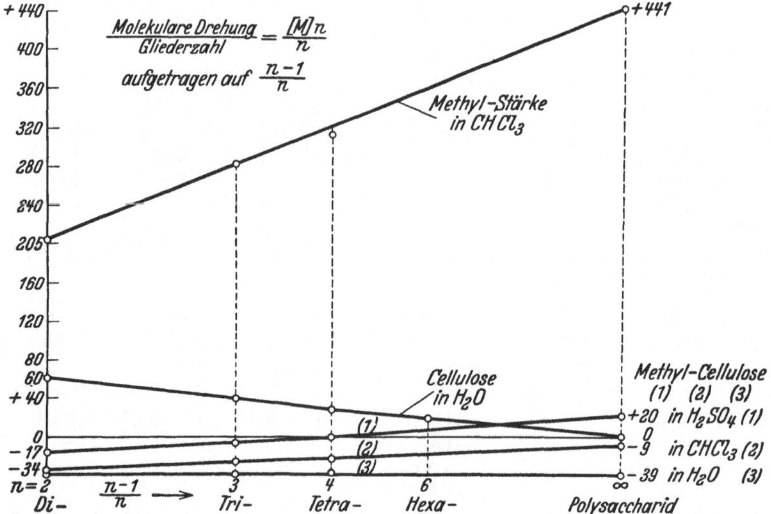

Abb. 6. Beziehung der Cellulose, Methyl-cellulose und Methyl-stärke zu den entsprechenden Oligosacchariden.

daß sowohl in der *Cellulose* wie in der *Stärke* ein und dieselbe Bindung wiederkehrt, und zwar die β-Bindung in der Cellulose und die α-Bindung in der Stärke. Bei Ungleichheit der Bindungen von Glucose zu Glucose wäre die Erscheinung unmöglich. Weiteres hierüber wird auf S. 104 mitgeteilt.

III. Die chemische Konstitution der Cellulose und Stärke.

Die Überschrift soll aussagen, daß hier über Ergebnisse der *Molekular*chemie berichtet, daß also diejenigen kleinsten Gebilde beschrieben werden, die durch Atomkräfte gewöhnlicher Art (Covalenzen) zusammengehalten werden. Diese Moleküle sind bei den Polysacchariden sehr groß, aber nicht gleich groß. Ihre Beziehungen zueinander, die durch Gitterkräfte geregelt werden, wollen wir hier nur soweit betrachten, als dies für die soeben definierte *chemische* Konstitution nötig ist.

In der vielfach die historische Entwicklung berücksichtigenden Darstellung ist der Begriffsbildung einiger Raum gegeben, und persönliche Erinnerungen sind gelegentlich eingeflochten. Wer wie der Verfasser an der Konstitutionsforschung der Cellulose und Stärke tätig teilgenommen hat, sieht hinter den Vorgängen die handelnden Persönlichkeiten. Die einen hielten für selbstverständlich, was andere mit Betonung vortrugen; wichtige Fortschritte wurden übersehen und Nebensächlichem oder gar Irrtümlichem hat man Bedeutung zugemessen. Heute, nachdem das Ziel im wesentlichen erreicht ist, wissen wenige, auf welchem Wegen man dahin gelangt ist.

Deshalb soll der Versuch gemacht werden, aus der großen Literatur über Polysaccharide die direkten Beweise von den indirekten und irrtümlichen so scharf wie möglich abzusondern.

---

[1] $$\frac{[M]_n}{n} = \frac{a + e + (n - 2)\,m}{n} = a + e - m + \frac{n-1}{n}(2\,m - a - e)\,.$$

Obwohl das Problem der Cellulose nicht streng von dem der Stärke getrennt werden kann, soll zunächst die Cellulose in zwei Abschnitten in den Vordergrund gestellt werden. Der erste Abschnitt bringt in historischer Folge die positiven Beweise für die chemische Konstitution der Cellulose. Der zweite Abschnitt befaßt sich mit der negativen Seite, nämlich dem Ursprung und der Überwindung der für die Hypothese der kleinen Aggregate vorgebrachten Argumente. Ein dritter Abschnitt behandelt die Stärke.

A. Die positiven Beweise für die chemische Konstitution der Cellulose.

a) Der Stand beim Tode E. Fischers.

Emil Fischer äußerte sich einige Zeit vor seinem Tode (1919) einmal im Gespräch, daß die Cellulose und Stärke „noch nicht reif" zur Erforschung ihrer Konstitution seien. Wäre er entgegen seiner Gepflogenheit, sich nur über das experimentell Erreichbare zu äußern, auf die Frage nach seinen Vorstellungen über diese beiden Polysaccharide eingegangen, so hätte er etwa folgende Überlegung angestellt.

Cellulose besteht aus Glucose und liefert bei der Hydrolyse bis zu 40% des Disaccharids Cellobiose. Durch Acetylierung, Nitrierung und, wie sich später ergab, Methylierung lassen sich pro Glucose nahezu 3 Hydroxyle nachweisen. Die Fähigkeit, Kupfer zu reduzieren, ist äußerst gering, der gesamte Habitus ist der einer hochmolekularen Substanz. Ähnliches, allerdings weniger bestimmt, gilt für die Stärke, deren Disaccharid, die Maltose, mit Fermenten sogar in sehr guter Ausbeute entsteht. In den Disacchariden ist die Verknüpfung des einen Zuckers mit dem anderen die der Glucoside, deren Ringform (Halbacetalformel nach Tollens) anzuerkennen ist[1]. In der Natur gibt es auch Tri- und Tetrasaccharide, einige, sogar ein Tetrasaccharid, wurden synthetisch bereitet. In diesen sind die einzelnen Hexosen hintereinander „gekuppelt", indem das Carbonyl des einen in ein Hydroxyl der nächsten eingreift. Die Polysaccharide, so bezeichnet man (noch 1919) die Biosen, Triosen bis hinauf zur Cellulose und Stärke, sind analog den Polypeptiden zusammengesetzt, die aus zwei oder mehr hintereinander geschalteten Aminosäuren bestehen, und entsprechen gleichfalls den Polydepsiden, die aus zwei oder mehr hintereinander geschalteten Oxysäuren aufgebaut sind. Es ist ein allgemeines Bauprinzip der Natur, durch Anhydrisierung zweier oder mehrerer Bausteine ein Gebilde vom selben Typus, das weiter reagieren kann, herzustellen; die Aminosäure Glycin bildet z. B. die Aminosäure Glycyl-glycin. Schon manche niedere Peptide krystallisieren nicht mehr recht, und das Tetradepsid der p-Oxybenzoesäure steht an der Grenze der Krystallisierfähigkeit. Höher hinauf folgen die amorphen Produkte, und mit Molekulargewichten von etwa 1000 kommt man im Falle der Polypeptide bereits den natürlichen Proteinen nahe, deren Molekulargewicht 4—5000 betragen dürfte[2]. Bei den Gerbstoffen gelangt man bei Molekulargrößen von 1700 (Tannin) bereits in die Welt der amorphen Naturstoffe, und von dieser Art, sagen wir aus mindestens 6 Glucosen aufgebaut, dürften Cellulose und Stärke ebenfalls sein.

Emil Fischer hat solche Gedankengänge nicht niedergelegt, und er hat sich auch mündlich nur selten darüber geäußert; es darf aber angenommen werden, daß er für ein Cellulosemolekül mit viel mehr als 6 Glucosen zunächst kein Bedürfnis empfunden hätte; sein allen Sensationen abgeneigtes Denken

[1] Fischer, E.: B. **26**, 2404 (1893).

[2] Nach der Ansicht jener Zeit! Fischer, E.: Sitzungsber. Kgl. Preuß. Akad. Wiss. Berlin **1916**, 990.

ging ungern weiter als die unmittelbare Erfahrung es verlangte, und ein alter Spruch, den er gerne gebrauchte, lehrt, „daß die Bäume nicht in den Himmel wachsen".

Mit Bestimmtheit kann festgestellt werden, daß von einfachen Molekülen bis zu „Riesenmolekülen", wie das synthetische Hepta-[tribenzoyl-galloyl]-p-jodphenyl-maltosazon (M. G. 4021) eines war, ein unmittelbarer Weg führte, und daß der heute geläufige Gegensatz zwischen Oligo- und Polysacchariden nicht bestand. Das Molekül, selbst das „sehr große", war als ein durchaus übersehbares, umgrenztes Gebilde gedacht.

Wer weiter in EMIL FISCHER hätte dringen wollen, etwa mit der Frage, warum Cellulose oder Stärke, wenn sie Polysaccharide mit etwa 6 bis 10 Einheiten sind, dennoch kaum FEHLINGsche Lösung reduzieren, und warum maximal nur drei Hydroxylgruppen pro Glucose nachweisbar sind und nicht mehr, hätte etwa die Antwort erhalten, daß in großen Molekülen manches Unerwartete verborgen sein könnte, da derartige amorphe Stoffe der experimentellen Behandlung noch unzugänglich seien und bestenfalls, wie das am Gallotannin geschehen sei, ihrem Typus nach erforscht werden können. Vorstellungen wie die von B. TOLLENS (1914)[1], der eine „recht hohe Zahl" von Glucoseresten — er diskutiert 4 sowie 20 oder mit NASTUKOFF[2] gar 40 — hintereinander schaltet, um sie mit den Enden zu einem großen Ring zusammenzuschließen, solche Vorstellungen hat E. FISCHER zweifellos zwar als möglich, aber als durchaus spekulativ und verfrüht betrachtet. Er hat ihnen keine Aufmerksamkeit geschenkt. Insbesondere gilt das für die von TOLLENS für den besonderen Fall der Cellulose vorgeschlagene acetalartige (nicht halbacetalartige) Verknüpfung der Carbonylgruppe des einen Glucoserestes zu den Hydroxylen 5 *und* 6 der nächsten Glucose. Daß TOLLENS die ihm geläufige halbacetalartige Glucosidbindung nicht zugrunde legt, entspringt der Vorstellung, daß „die doppelte Sauerstoffbindung zwischen den Einzelgruppen die Widerstandsfähigkeit und Festigkeit des Cellulosemoleküls erklären würde".

Die Formel von A. PICTET und J. SARASIN[3]

$$\left(\begin{array}{l} \quad\;\; H_2\;\; H\;\;\; H\;\;\; H\;\;\; H \\ -O-C-C-C-C-C-C- \\ \qquad\quad\;\; |\;\; OH\; OH\; |\;\;\; OH \\ \qquad\quad\;\; |\_\_\_O\_\_\_| \end{array}\right)$$

konnte E. FISCHER nur vom Standpunkt der kettenartigen Verknüpfung erwägenswert erscheinen, mußte aber abgelehnt werden, weil ein Polysaccharid dieser Art bei der Hydrolyse eine Anhydroglucose, keine Glucose erwarten läßt. Vollends abgeneigt war er solchen Vorstellungen, wie sie C. F. CROSS und E. J. BEVAN sowie A. G. GREEN äußern, die nicht einmal der Bildung der Cellobiose Rechnung tragen.

b) Der Ansatz (1921).

Ende 1920, also $1^1/_2$ Jahre nach dem Tode EMIL FISCHERS, war die Lage nicht verändert. Eine Hypothese war aufgetaucht und wurde abgelehnt, ohne neue Werte geschaffen zu haben. Gemeint ist die „Kammformel" von K. HESS[4].

Hier wird im Rahmen der Vorstellung eines abgegrenzten Moleküls mittlerer Größe (einer Art Hexasaccharid, in dem 5 Glucosereste in Glucosidbindung mit den 5 Hydroxylen eines sechsten stehen sollen), eine Lösung versucht, die nur mit sehr ungewissen Andeutungen die Grenze des Molekülbegriffes zu durchbrechen sucht, indem diese Moleküle durch „Restaffinität" zum größeren Gebilde,

[1] Kurzes Handbuch der Kohlehydrate, 3. Aufl., S. 564. 1914.

[2] B. **33**, 2242 (1900). Eine ähnliche Zahl dürfte J. BÖESEKEN damals vorgeschwebt haben (Rec. Trav. chim. **35**, 323, 336 [1915/16]).

[3] Helv. chim. Acta **1**, 87 (1918). [4] Ztschr. f. Elektrochem. **26**, 232 (1920).

der eigentlichen Cellulose, zusammengefügt sein sollen. Was damals gegen diese Auffassung einzuwenden war, findet sich in K. FREUDENBERGS unten zu besprechender Abhandlung (1921)[1] und kam in einer Diskussion zur Sprache, in der unter anderen die These aufgestellt war, daß „die Cellulose nicht aus Penta-Glucosidyl-Glucose aufgebaut sei"[2]. Abgesehen von Einwänden, welche HESS' Experimente mit Äthylcellulose betreffen, oder die geltend machen, daß diese „Auffassung keinen Fortschritt für die Erklärung der Polymerisation bedeute", wurde hervorgehoben, daß diese Formel nach Zerstörung aller Tetra- und Trisaccharide 31 % eines *Gemisches* verschiedenster Disaccharide zuläßt, von dem bestenfalls nur ein Bruchteil Cellobiose sein könne (also viel weniger als 31 % der Cellulose). In Wirklichkeit entstehen 40 % Cellobiose, denen man noch den Teil zurechnen muß, der bei der Reaktion verloren wird. Außerdem sind, wenn im Acetolysengemisch bereits gegen 30 % Cellobiose auftreten, daneben erhebliche Mengen Tri- und Tetrasaccharid sowie noch höhere Zwischenstufen bis hinauf zu den Dextrinen vorhanden. Das lasse jeder Acetolysenversuch erkennen. Dies bestätigte in der Diskussion R. WILLSTÄTTER, indem er mitteilte, schon Jahre zuvor Spaltstücke vom Typus eines Tri- und Tetrasaccharids beim Abbau mit Salzsäure in Händen gehabt zu haben[3]. Mit der Ablehnung der Pentaglucosidylglucose erübrigte sich die Diskussion der vermeintlichen Rolle der „Partialvalenzen". Was uns hier interessiert, ist, daß sich die Diskussion Ende 1920 durchweg auf der als selbstverständlich angesehenen Basis der Hauptvalenzbindungen bewegte.

Um so mehr mußte eine Erklärung für die Tatsache gesucht werden, daß die Ausbeute an Disaccharid trotz der hervorragenden Eigenschaften der Octacetylcellobiose höchstens 40 % betrug. Zunächst stellten P. KARRER und FR. WIDMER[4] sowie K. FREUDENBERG[1] fest, daß während der Acetolyse tatsächlich erhebliche Anteile an Cellobiose verlorengehen. Beide Autoren folgerten daraus, daß die Auffassung von K. HESS abzulehnen sei. Die eingehenden Versuche von K. FREUDENBERG ergaben, daß im ganzen mehr, aber nicht viel mehr als 61 % Cellobiose während der Abbaureaktion entstehen, von denen etwa $^1/_3$ wieder verloren werden. Durch den Umstand, daß die experimentelle Feststellung der Verluste deutlich unter dem Gesamtbetrag von 100 % blieb, wurde K. FREUDENBERG veranlaßt, nach einer Erklärung zu suchen. Daß diese im Einklang mit der Konstitution der Cellobiose, und darüber hinaus, in Fortentwicklung der Vorstellungen von TOLLENS und EMIL FISCHER, gesucht werden mußte, konnte nicht zweifelhaft sein, wie denn überhaupt die Alternative: kleine Aggregate oder große Ketten *niemals* das entscheidende Problem der Polysaccharidchemie gewesen ist oder bei nüchterner Beobachtung hätte sein dürfen. Dies muß festgestellt werden trotz des großen Aufwands, mit dem das Turnier ausgefochten wurde, und das noch gar zu einer Zeit, als das Problem in den Grundzügen längst gelöst war. Man braucht nur einmal mit eigenen Händen einen Acetolysenversuch ausgeführt zu haben, um zu wissen, daß zwischen Glucose und Cellobiose auf der einen und den Dextrinen und der intakten Cellulose auf der anderen Seite eine ununterbrochene Folge von valenzchemisch aufzufassenden Zwischenprodukten steht[5]. Nicht die *Existenz* von Tri- oder anderen Oligosacchariden steht in Frage, sondern ihre Konstitution und konfigurative Beziehung zur Cellobiose. Die Fragestellung der Polysaccharidchemie ist die, ob in den ohne Zweifel vorhandenen Ketten

---

[1] B. **54**, 767 (April 1921). Hier auch Gründe gegen eine Octa-cellobiosyl-cellobiose.
[2] Habilitation von K. FREUDENBERG, München 2, Nov. 1920.
[3] Auf solche Diskussionsbemerkungen weist er später hin: B. **62**, 722 (1929); vgl. S. 99.
[4] Helv. chim. Acta **4**, 174 (März 1921). Die Autoren verwerten ihren Befund lediglich als Argument gegen HESS' Auffassung.
[5] Vgl. z. B. J. BÖESEKEN, S. 92, Anm. 2.

gleichmäßige oder ungleichmäßige Bindungen vorliegen, d. h. ob stets dieselbe Bindung von Glucose zu Glucose führt oder ob verschiedene Bindungsarten abwechseln.

Der experimentelle Befund — daß mehr, aber nicht viel mehr als 61 % Cellobiose entstehen — läßt sich gerade mit einer *gleichmäßigen* Kette erklären. In der erwähnten Arbeit von 1921 heißt es[1]:

„100 % Cellobiose könnten auf chemischen Wege nur erhalten werden, wenn jedes Cellobiosemolekül im großen Gefüge ein einigermaßen gesondertes Dasein führte und der Zusammenschluß der einzelnen Cellobiosekomplexe nach einem anderen, vom hydrolysierenden Mittel leichter angreifbaren Bindungsprinzip erfolgte. Bei der Stärke, die — allerdings durch Fermente, und das mahnt zur Vorsicht — zu 100 % in Maltose gespalten wird, liegt diese Vorstellung nahe; sie wird auch durch andere Beobachtungen gestützt. Bei der Cellulose ist bisher kein einziges Anzeichen für eine solche Unterteilung zu finden, und gerade wenn man *eine fortlaufende Kette von Glucose, oder was hier dasselbe bedeutet, von Cellobioseresten annimmt, die sämtlich nach dem Bindungsprinzip der Cellobiose verknüpft sind*[2], kann nach den Regeln der Wahrscheinlichkeitslehre bei der chemischen Spaltung nur ein erheblich unter 100 % liegender Anteil als Biose erhalten bleiben. Nach Berechnungen, die mir von befreundeter Seite zur Verfügung gestellt werden, können bei der Zertrümmerung einer gleichmäßigen Polysaccharidkette von 10 und mehr Gliedern[3] in homogener Lösung höchstens gegen 32 % in Form von Biose erhalten werden. Wenn dagegen sämtliche in allen Stadien der Reaktion gebildete Biose auskrystallisierte und dadurch vollständig erhalten bliebe, so würden 67 % Biose gewonnen. Bei der Cellulose krystallisiert nur ein Teil der während der Reaktion gebildeten Biose aus, die faßbare Ausbeute müßte danach — immer eine gleichmäßige Kette vorausgesetzt — über 32 und unter 67 % liegen. Gefunden sind gegen 40 % der Theorie an Octacetyl-cellobiose, und die Verlustberechnung nähert sich dem Werte 67 %. Wenn in diesen Feststellungen zwar kein Beweis für kontinuierliche Cellobioseketten vorliegt, so spricht gewiß auch nichts dagegen.“

Da zu jener Zeit über die Beschaffenheit der bei der Acetolyse und insbesondere beim Abbau mit Salzsäure entstehenden Oligosaccharide nichts Näheres bekannt war, ist das oben geschilderte Experiment und seine Deutung der erste Versuch von Bestand, über die Cellobiose hinaus das Konstitutionsproblem der Cellulose anzufassen.

Um jene Zeit (Anfang 1921) waren die röntgenoptischen Versuche, hauptsächlich von R. O. Herzog und W. Jancke[4] so weit fortgeschritten, daß die im Polarisationsmikroskop beobachtete Krystallstruktur der Cellulose auch im Röntgendiagramm festgestellt war. Darauf weist in unmittelbarer Fortsetzung des obigen Zitats die folgende Bemerkung hin: „dem Verlangen nach einem regelmäßigen[5] Maschenwerk ringförmiger Komplexe ist völlig zwanglos durch die Vorstellung Rechnung zu tragen, daß sich die bei der freien Glucose in der γ-Oxydgruppe festgelegte Bindung an einem anderen Glucosemolekül der eigenen oder einer neuen Kette betätigt. Damit ließe sich zugleich das Polymerisationsprinzip der Cellulose sowie das Vorkommen eines zweiten Zuckers, etwa der

[1] K. Freudenberg, B. **54**, 770 (1921).

[2] Im Original nicht kursiv.

[3] Aus der Korrespondenz mit W. Kossel, der damals die Berechnung freundlicherweise ausführte, geht hervor, daß der Betrachtung eine Kettenlänge von 100 Glucoseeinheiten zugrunde lag.

[4] Geschichte dieser Entwicklung: R. O. Herzog u. W. Jancke: Ztschr. f. physik. Ch. **139**, 235 (1928).

[5] Wie es durch die röntgen-spektrographischen Beobachtungen gefordert wird.

von H. OST und R. PROSIEGEL[1] als Biose angesprochenen Celloisobiose, verständlich machen."

Demnach ist, mit heute üblichen Worten, die folgende Vorstellung diskutiert: *Jede* Glucose ist mit der nächsten durch die Cellobiosebindung zu Ketten verknüpft. Die damals als γ-oxydisch, jetzt als δ-oxydisch erkannte Sauerstoffbrücke kann man sich, wenn sich diese Vorstellung als nötig erweist, „aufgeklappt" denken, und zwar nach der eigenen Kette hin oder nach einer anderen Kette hinüber. Man hat die letztere Vorstellung später „Vernähung" genannt. Das Röntgendiagramm des gesamten Krystallaggregates *wird durch die geregelte Anordnung der* (eventuell vernähten) *Ketten* erklärt ähnlich wie das Diagramm des Diamanten oder Graphits. Dies bedeutet in heutigen Worten, daß der Elementarkörper einem *Ausschnitt* aus Hauptvalenzketten oder einem 2- oder 3-dimensionalen Maschenwerk aus solchen gleichkommt. Wenn bei der Hydrolyse die Vernähung zwischen zwei Glucoseresten stehen bleibt und die Cellobiosebindungen gelöst werden, so entsteht ein zweites Disaccharid, die allerdings schon damals zweifelhafte Celloisobiose.

Diese Ergebnisse wurden am 10. Februar 1921 in der Münchener Chemischen Gesellschaft vorgetragen[2] und am 9. April 1921 veröffentlicht[3]. Am 7. März 1921 hielt unabhängig hiervon M. POLANYI in Dahlem einen Vortrag, über den am 29. April 1921 in den Naturwissenschaften[4] folgende Mitteilung erschien:

„R. O. HERZOG und W. JANCKE[5] fanden, daß geknüllte Cellulosefasern im monochromatischen Röntgenlichte DEBYE-SCHERRER Ringe geben, also mikrokrystallinische Struktur aufweisen. Weitere Röntgenaufnahmen wiesen nach, daß die Cellulosekrystallite parallel zur Faserachse orientiert sind[6]. Eine eingehende Diskussion letzterer Aufnahmen führt nun zum Ergebnis, daß die Cellulosekrystalle höchst wahrscheinlich aus Elementar-parallelepipeden bestehen, die dem rhombischen Krystallsystem angehören. Die Röntgenperioden sind $7{,}9 \cdot 10^{-8}$ cm, $8{,}45 \cdot 10^{-8}$ cm, $10{,}2 \cdot 10^{-8}$ cm. Unter der Voraussetzung, daß dies auch die Identitätsperioden sind, enthält das Elementar-parallelepiped vier Hexosereste, muß also nach Aussage der Krystallstrukturlehre meroedrische Symmetrie haben. Führt man hierzu die von chemischer Seite wohlbegründete Annahme ein, daß mindestens etwa 30% der Hexosereste der Cellulose in solcher Form vorhanden sein müssen, daß sie eine Cellobiose präformieren[7], also eine Glucosidbindung von der Form

$$\overrightarrow{C_6H_{11}O_5}—O—\overrightarrow{C_6H_{11}O_5}$$

bilden (wobei die Pfeile die ungleiche Lage der Aldehydgruppen des Traubenzuckers relativ zum glucosidischen Sauerstoff andeuten sollen), so kommt man durch Verfolgung der durch die Krystallstrukturlehre gestellten Symmetrieforderungen zu folgenden weiteren Schlüssen:

1. Die Symmetrie des Elementarparallelepipeds gehört der rhombisch hemiedrischen Klasse an.

2. Entweder besteht die Cellulose aus Ketten von der Form

$$\ldots —O—\overrightarrow{C_6H_{10}O_4}—O—\overrightarrow{C_6H_{10}O_4}—O—\overrightarrow{C_6H_{10}O_4}— \ldots$$

[1] Z. f. angew. Ch. **33**, 100 (1920); Zellstoffchem. Abh. **1**, 31 (1920).

[2] Chem.-Ztg. **45**, 666 (1921). [3] B. **54**, 767 (1921).

[4] Naturwissenschaften **9**, 288 (1921); HERZOG, R. O., u. W. JANCKE: Ztschr. f. angew. Ch. **34**, 385 (Juli 1921).

[5] Ztschr. f. Physik **3**, 196 (1920).

[6] HERZOG, R. O., u. W. JANCKE: Ber. Dtsch. Chem. Ges. **53**, 2162 (1920); HERZOG, R. O., W. JANCKE u. M. POLANYI: Ztschr. f. Physik **3**, 343 (1920); vgl. auch P. SCHERRER in ZSIGMONDYS Kolloidchemie, 3. Aufl. 1920.

[7] Vgl. OST: Ztschr. f. angew. Ch. **19**, 993 (1906).

oder aus Ringen von der Form

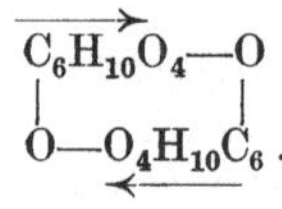

Sollte es sich herausstellen, daß die gefundene rhombische Symmetrie durch eine Pseudosymmetrie vorgetäuscht wird, die auf monokliner Grundlage entsteht, so wäre noch die Möglichkeit des Zusammenschlusses zweier Cellobiosemoleküle zu einem gemeinsamen Anhydrid in Betracht zu ziehen.“

M. Polanyi konnte nicht wissen, daß wenige Wochen zuvor nicht nur die Vorstellung gleichmäßiger Ketten vom Standpunkt der *präparativen Chemie* entwickelt war, sondern daß auch die Vorstellung eines ringförmigen Cellobioseanhydrids, das 100% Biose liefern müßte, *von vornherein widerlegt war*. Dieser Tatsache haben in der Folgezeit J. C. Irvine und E. L. Hirst Rechnung getragen. Es ist dagegen vollkommen zutreffend, was P. Karrer[1] ausspricht, daß vom Trioseanhydrid an aufwärts die Ausbeute an Cellobiose für *sich allein* betrachtet keine Entscheidung der Frage: Ketten oder ringförmige Anhydride bringt, indem Triose-, Tetraose-etc.-anhydride sämtlich die Bildung von 60—70% Biose zulassen. Es hieße aber die Tragfähigkeit der Röntgenanalyse in einer durch nichts gerechtfertigten Weise überschätzen, wenn man neben der viel einfacheren, mit den präparativen Befunden im Einklang stehenden Kettenformel dem vom krystallographischen Standpunkt noch diskutierbaren Tetraoseanhydrid den Vorzug geben wollte. Denn die Vereinigung solcher „Tetraosane“ zu höheren Aggregaten verlangt eine so radikale und unwahrscheinliche Erweiterung der Lehre von der chemischen Bindung, daß diese Hypothese neben der gut fundierten Kettenformel nicht in Betracht hätte kommen dürfen. Wie kann, um ein entscheidendes Argument anzuführen, bei einer solchen Auffassung die kontinuierliche Folge der bei der Acetolyse entstehenden Dextrine mittlerer Größe ohne gewagte Hilfshypothesen untergebracht werden? *Zusammen* mit dieser Tatsache ist der Versuch über die Ausbeute beweisend für die *kontinuierlichen* Ketten.

Zusammenfassend läßt sich über den Stand im Frühjahr 1921 folgendes feststellen:

1. Wir stehen zu Anfang April 1921 vor der eindeutigen Tatsache, daß die präparative Chemie, auf die es vor allem ankommt, mit der Annahme von Ketten, und zwar von *gleichmäßigen* Ketten im Einklang steht. Daß die Ausbeute an Cellobiose überhaupt keine andere Bindung zuläßt, wurde erst später erkannt[2]. Der krystalline Aufbau wird, wie wir heute sagen würden, mit den durch die Elementarzelle hindurchlaufenden Ketten gedeutet *unter Verzicht auf einen Zusammenhang zwischen Molekulargewicht und Elementarzelle*. Die Begriffe, um die man später glaubte ringen zu müssen, sind hier entwickelt. Das weitere Problem ist von da an, die Frage nach der vermeintlichen „Vernähung“ zu klären, neue Argumente für die gleichmäßige Bindung beizubringen (z. B. durch den Nachweis, daß in der zu erwartenden Cellotriose zwei Cellobiosebindungen vorliegen), sowie die Länge der Ketten und die Besetzung ihrer Enden zu ermitteln.

2. Zu Ende April meldet unabhängig hiervon die Röntgenoptik, daß sie, ohne darüber entscheiden zu können, neben anderen Möglichkeiten auch mit den gleichmäßigen Ketten einverstanden ist. Da sie sich stets an die präparative Chemie anzulehnen hat, besteht ihre Aufgabe, die in der Folgezeit von O. L. Sponsler richtig erkannt wurde, von nun an darin, die Röntgendiagramme unter dem Gesichtspunkt der durchlaufenden Ketten auszuwerten.

Da geschah etwas ganz Unerwartetes. Wir lesen bei einem sehr sachkundigen und kritischen Autor im Dezember desselben Jahres (1921) folgendes[3]:

---

[1] Einführung in die Chemie der polymeren Kohlehydrate, S. 237. Leipzig 1925.

[2] Im Zusammenhang mit der Kinetik, Ber. **65**, 484 (1932); vgl. voranstehenden Absatz sowie S. 100.

[3] Cellulosechemie **2**, 127 (1921.)

„Ich möchte hier noch besonders darauf hinweisen daß es zweifellos Nebenvalenzen der Anhydrozuckermoleküle sind, die den Zusammenhalt im polymeren Molekül der Stärke bewirken und daß bei der Polymerisation nicht Strukturänderung unter Öffnung der Sauerstoffbrücken eintritt.

Diese Bemerkung ist darum am Platze, weil von verschiedenen Seiten auch heute noch solche Formulierungen weitergeführt werden. Solche Formeln, Varianten der alten Kettenformel, stehen bei der Stärke mit allen bekannten Tatsachen im Widerspruch und sind auch für Cellulose unhaltbar."

Wie diese Auffassung zustande kam und wie sie schließlich überwunden wurde, soll im zweiten Kapitel geschildert werden. Wir wollen zunächst den Weg der positiven Beweise weitergehen.

c) Die Beweisführung.

Zu der Trinitro- und Triacetyl-cellulose gesellt sich 1921 das Trimethylderivat, dessen Bereitung nach mühsamen Versuchen W. S. DENHAM[1] gelingt. I. C. IRVINE und E. L. HIRST[2] gewinnen daraus 1923 gegen 80% 2,3,6-Trimethylglucose, deren Konstitution schon zuvor von W. S. DENHAM sowie W. N. HAWORTH und G. C. LEITCH[3] erkannt war. Einen kleinen Betrag von Dimethylglucose, den IRVINE und HIRST außerdem antreffen, erklären sie richtig mit unvollständiger Methylierung des Ausgangsmaterials. Sie sprechen aus, daß bei vollständiger Methylierung ausschließlich 2,3,6-Trimethylglucose entstehen würde und daß daher jede Glucose wie die andere gebunden sei[4]. Unter dem Einfluß der inzwischen aufgekommenen Hypothese von den kleinen Aggregaten schalten sie 3 Glucosereste zu einem ringförmigen Trioseanhydrid hintereinander. Die Zahl 3 wählen sie, weil ein Bioseanhydrid wegen der Ausbeute an Biose ausgeschlossen ist. Durch die Ringformel soll auch die Beobachtung erklärt werden, daß keine Tetramethylglucose nach der Spaltung angetroffen wird.

Einige Zeit darauf (1925/26) findet W. N. HAWORTH, daß die Zucker normalerweise Pyran-ringe bilden[5] und beweist später, daß Cellobiose eine 4-Glucosidylglucose ist[6]. 1926 erkennt O. L. SPONSLER[7], daß die in der Faserrichtung auftretende Periode von 10,25 Å im Gegensatz zu den übrigen Ausmessungen der Elementarzelle eine strukturelle, d. h. von der chemischen Konstitution der durch die Elementarzelle hindurchlaufenden Kette abhängige Größe ist. Aus dem von den beiden BRAGG festgestellten Atomdurchmessern des Kohlenstoffs und Sauerstoffs berechnet er für die 6gliedrigen Ringe von HAWORTH einen Durchmesser von 5,1 Å; die Elementarzelle besitzt also in den Faserachsen die Länge von 2 Glucoseeinheiten. Er legt die Ketten frei, ohne Vernähung, nebeneinander; dies ist jedoch ein Punkt, über den die Röntgenkrystallographie keine endgültigen Aussagen machen kann. „Die Cellulosestruktur ist der Länge nach durch primäre Valenzkräfte stabilisiert, die die Glucoseeinheiten verbinden; in der Querrichtung ist sie durch die Sekundärvalenzkräfte der Sauerstoffatome stabilisiert." Die Additivität der VAN DER WAALSschen Kräfte ist den amerika-

[1] Journ. Chem. Soc. London **119**, 77 (1921). [2] Ebenda **123**, 529 (1923).
[3] Ebenda **113**, 191 (1918). [4] Das Argument ist unzureichend, S. 99.
[5] Nature **116**, 430 (1925); CHARLTON, W., W. N. HAWORTH u. S. PEAT: Journ. Chem. Soc. London **128**, 89 (1926).
[6] CHARLTON, HAWORTH u. PEAT: l. c.; HAWORTH, W. N., C. W. LONG u. J. H. G. PLANT: Ebenda **1927**, 2809.
[7] Journ. Gen. Physiol. **9**, 677 (1926); SPONSLER, O. L., u. W. H. DORE: Colloid Symposium Monograph 176. New York 1926. Übersetzt in Cellulosechemie **11**, 185 (1930). Über die merkwürdige Weise, wie diese Arbeit in Europa bekannt wurde, siehe Journ. Chem. Soc. Ind. **1927**, 299 T; Ann. **461**, 130 (1928); Journ. Chem. Soc. Ind. **50**, 291 (1931); Ann. **494**, 53 Anm. (1932).

nischen Autoren geläufig, wie aus einer ihrer Zeichnungen hervorgeht; ob ihnen die diesbezüglichen Gedankengänge von VAN LAAR bekannt waren, ist nicht ersichtlich (vgl. S. 107). Leider war SPONSLER, der Botaniker ist, von chemischer Seite nur insofern gut beraten, als er die Ketten benutzte; die Bindung von Glucose zu Glucose hat er irrtümlich angegeben, indem er seinen schönen Modellen statt der 1—4,1—4-Bindung eine alternierende 1—1,4—4-Bindung zugrunde legt. Seine Überlegungen lassen sich jedoch auf die richtige Bindungsart übertragen. Es ist selbstverständlich, daß die Röntgenkrystallographie so spezielle Aussagen über Strukturfragen nicht machen kann. W. N. HAWORTH verwies bald danach[1] auf die schon bestehende Auffassung von Ketten mit Cellobiosebindung und einige Zeit später konnten K. H. MEYER und H. MARK[2] zeigen, daß krystallographische Annahmen (digonale Schraubung) genügen, um die Tatsache zu deuten, daß in der Faserachse eine Periode auftritt, die 2 Glucosereste umfaßt. Damit entfällt der noch von SPONSLER und DORE als notwendig erachtete Versuch, diese Zweizahl konstitutionschemisch zu erklären.

Durch die Arbeiten von SPONSLER und DORE war die Unterlage für die 1921 entwickelten Vorstellungen erweitert worden. Es ist selbstverständlich, daß die Anhänger der Kettenformel der Cellulose mit H. STAUDINGER übereinstimmten, als er die Polyoxymethylene, deren kettenförmigen Aufbau er vertrat, mit der Cellulose verglich[3]. Dieser Vergleich wurde vertieft, als sich 1927 Polyoxymethylene von faserig-krystallinischem Aufbau fanden[4], die ohne Schwierigkeiten mit den vorher an der Cellulose gewonnenen Vorstellungen, die als die primären zu betrachten sind, in Einklang gebracht werden konnten.

1927/1928 wird durch den Vergleich des synthetisch bereiteten monomolekularen 2,3,6-Trimethyl-glucoseanhydrids (S. 108) mit der Trimethylcellulose[5], deren hochmolekularer Charakter erneut festgestellt. Zugleich wird nach dem Endglied der Trimethylcellulosekette gesucht, das nach der Hydrolyse als Tetramethylglucose auftreten muß. Der Versuch von J. C. IRVINE und E. L. HIRST[6] wird mit dieser Absicht mit 30g Methylcellulose wiederholt[5]. Dabei „trat keine Tetramethylglucose, auch nicht in Spuren, auf. Wir hätten 1 g davon finden müssen und können daraus folgern, daß unter 30 Glucoseresten in unserer Cellulose noch nicht einer, wahrscheinlich überhaupt keiner, endständig gebunden ist. Wir fordern für die Konstitution der natürlichen Cellulose bis hinauf zu sehr großen Aggregaten die strenge Linienführung der Valenzlehre. Erst von hohen Aggregaten an aufwärts treten Molekülkräfte in Funktion. Wir können uns z. B. vorstellen, daß zunächst viele hundert Glucosereste nach dem gegebenen Schema valenzchemisch miteinander verbunden und daß diese Riesenmoleküle durch Gitterkräfte vereinigt sind, an deren Stelle auch vereinzelte Sauerstoffbrücken treten können." Das hier genannte „gegebene Schema" ist die *kontinuierliche* 1—4-Verknüpfung (Cellobiosebindung); ob der Pyranring gelegentlich oder gar nicht oder durchweg aufgeklappt ist, kann noch immer nicht durch struktur-

---

[1] Kongreß in Edinburgh, Juli 1927; vgl. Journ. Chem. Soc. Ind. **50**, 291 (1931); W. N. HAWORTH schreibt in diesem Zusammenhang (Journ. Chem. Soc. Ind. **1927**, 299 T): The possibility that the glucose residues in cellulose are linked to some extend if not altogether as in cellobiose, has been obviously considered. [2] B. **61**, 593 (1928).

[3] Ab 1925; STAUDINGER, H., u. M. LÜTHE: Helv. chim. Acta 8, 41, 65, 67 (1925); STAUDINGER, H.: B. **59**, 3019 (1926).

[4] STAUDINGER, H., H. JOHNER, R. SIGNER, G. MIE u. J. HENGSTENBERG: Ztschr. f. physik. Ch. **126**, 425 (1927).

[5] Mit E. BRAUN: Ann. **460**, 288 (1928); ausführlich vorgetragen in der I. G. Farbenindustrie November 1927. Die Nichtidentität von Trimethylcellulose und Trimethylglucoseanhydrid ist im April 1927 (München) in einer Diskussion über Cellulose begründet worden. Darstellung von Trimethylcellulose aus Ramie: Ann. **460**, 288 (1928); Ber. **63**, 1962 (1930); Ber. **66**, 780 (1933). [6] S. 97.

chemische Versuche entschieden werden. Obwohl SPONSLER diese Frage im Sinne selbständig nebeneinander liegender Ketten beantwortet hat und K. H. MEYER und H. MARK in einer schon erwähnten, wenige Wochen nach unserer Arbeit erschienenen Abhandlung[1] (April 1928) diese Vorstellung SPONSLERS auf Grund neuer Messungen bekräftigen, muß heute bezweifelt werden, ob die Krystallographie imstande ist, diese Frage selbständig zu beantworten.

Ein von M. BERGMANN und E. KNEHE[2] entdecktes, zunächst als Bioseanhydrid angesprochenes Produkt, dem sich bald darauf ein von K. HESS[3] untersuchtes ähnliches Präparat anschloß, ist ein als Acetat mühsam zur Krystallisation zu bringendes Substanzgemisch, das beim Abbau der Cellulose mit sauren Mitteln entsteht. Es handelt sich, wie 1928 erkannt wurde[4, 5], um Spaltstücke mittlerer Länge; wahrscheinlich sind die einzelnen zum Krystall vereinigten Ketten nicht gleich lang; auch Paraffine verschiedner Kettenlänge vermögen zu krystallisieren. Die durchschnittliche Kettenlänge dieser Cellodextrine zu nennenden Produkte wurde anfänglich[4] zu 4, dann zu 10—16[5,6] Glucoseeinheiten, später, nach Abtrennung kürzerer Bruchstücke zu etwa 30 Einheiten angegeben[7]. Für die Cellulose selbst, die somit Spaltstücke von solcher Kettenlänge liefert, muß eine erheblich größere Länge angenommen werden.

Seit 1923 bemühen sich G. BERTRAND und S. BENOIST[8] und J. C. IRVINE[9] und H. OST[10] um die Krystallisation der schon erwähnten Spaltstücke von der Art der Cellotriose. 1929 veröffentlichen R. WILLSTÄTTER und L. ZECHMEISTER[11] ihre bereits 1914 angestellten Versuche (vgl. S. 93), durch die eine Triose und Tetraose erwiesen wurde. Die Konstitution dieser beiden Oligosaccharide hat sich später völlig aufklären lassen[12], wodurch sie ein wichtiges Glied der Beweiskette wurden.

Die Kernfrage des Celluloseproblems, ob die Kettenglieder durch einheitliche oder alternierende Bindungen zusammengehalten werden, oder ob etwa 1—4 mit 1—5, sowie α- oder β-Bindungen abwechseln, war trotz der 1921 vorgebrachten Argumentierung zugunsten der einheitlichen Kette weiterer Behandlung bedürftig. Immerhin hat sich, wie sich aus dem Voranstehenden ergibt, nichts das Gegenteil Beweisendes finden lassen; sogar war ein Argument (S. 95), das eventuell gegen die einheitlichen Bindungen hätte angeführt werden können, weggefallen: jene von Anfang an zweifelhafte Celloisobiose, auch Isocellobiose genannt, ist nie bestätigt worden.

Weitere Beweise für einheitliche Bindungen ergaben sich aus dem Studium der Kinetik des Polysaccharid-abbaues. Da Trimethylcellulose quantitativ in 2,3,6-Trimethylglucose aufspaltet, stehen für die Verknüpfung des Hydroxyls 1 des einen Glucosegliedes zum folgenden nur dessen Hydroxyle 4 und 5 zur Verfügung. In die Kette eingestreute Verknüpfungen in 5-Stellung kämen aber dem

[1] B. **61**, 593 (1928). [2] Ann. **445**, 1 (1925).

[3] HESS, K., u. H. FRIESE: Ann. **450**, 40 (1926); HESS, K., u. C. TROGUS: B. **61**, 1982 (1928). [4] MEYER, K. H., u. H. MARK: B. **61**, 2432 (1928).

[5] FREUDENBERG, K.: Sitzungsber. Heidelberg. Akad. Wiss. **1928**, 19. Abh.; B. **62**, 383 (1929).

[6] BERGMANN, M., u. H. MACHEMER: B. **63**, 316 (1930); STAUDINGER, H.: Hochmol. organische Verbindungen, S. 460. Berlin 1932.

[7] FREUDENBERG, K., E. BRUCH u. H. RAU: B. **62**, 3078 (1929); FREUDENBERG, K., W. KUHN u. Mitarbeiter: B. **63**, 1527 (1930). Über das Zustandekommen solcher Krystallisate: K. FREUDENBERG u. W. DIRSCHERL: Ztschr. f. physiol. Ch. **202**, 196 (1931). Neuerdings beschreiben K. HESS, C. TROGUS u. K. DZIENZEL krystallisierte Nitroderivate dieser Cellodextrine (Ann. **501**, 49 [1933]). Auch K. HESS' krystallisierte Acetyl- und Methyl-„cellulosen" gehoren hierhin und sind moglicherweise mit Derivaten der Oligosaccharide durchsetzt.

[8] Compt. rend. **176**, 1583 (1923); **177**, 85 (1924); Bull. Soc. Chim. **33**, 1451 (1923); **35**, 58 (1924). [9] Journ. Chem. Soc. Ind. **44**, 242 (1925).

[10] Ztschr. f. angew. Ch. **39**, 1117 (1926). [11] B. **62**, 722 (1929). [12] S. 90.

Vorhandensein von Furan-Ringen gleich. Furanoide Bindungen, die mit der Geschwindigkeit des Rohrzuckers (also 1000mal so schnell als Cellobiose) gespalten werden, sind in der widerstandsfähigen Cellulose jedoch ausgeschlossen[1]. Somit könnte, wenn nicht die eingangs erörterten quantitativen Versuche von 1921 über die Ausbeute an Cellobiose von vornherein dagegen sprächen, außer der bestimmt vorhandenen β-glucosidischen Cellobiosebindung nur noch die entsprechende α-glucosidische Maltosebindung in Betracht kommen, da diese gleichfalls das 4-Hydroxyl beansprucht. Unter den Bedingungen, unter denen ab 1928[2] die Hydrolyse der Cellulose und Stärke und ihrer Disaccharide untersucht wurde[3], spaltet die Maltose etwa 1,5mal rascher auf als Cellobiose. Das Vorkommen einer nennenswerten Anzahl von Maltosebindungen in der Cellulose müßte sich im Verlauf der Spaltung der Cellulose bemerkbar machen, da dieser hierdurch beschleunigt würde; andererseits müßte bei diesem Verhältnis der Konstanten, von den mehr als 61% Abbauprodukt, das nachweislich die Biosestufe durchläuft, ein Teil Maltose sein; der Versuch hat aber ergeben, daß das gesamte Disaccharid Cellobiose ist. Vollends hat sich ergeben, daß sich der Abbau der Cellulose streng im Rahmen der Hydrolysengeschwindigkeit des unversehrten Polysaccharids und seines letzten zusammengesetzten Bruckstückes, der Cellobiose, abspielt. Selbst für die immer mehr ins Sagenhafte entschwindende „Vernetzung" oder „Aufklappung" bleibt kein Raum mehr, es sei denn, daß diese Querbindungen äußerst selten sind an Zahl, daß sie sich bei der Hydrolyse mit unmeßbar großer Geschwindigkeit in die gewöhnlichen 1—5-Brücken verwandeln, und daß ihr Verschwinden keine Änderung der optischen Drehung verursacht. Aus diesem Grunde wurde diese Vorstellung endgültig aufgegeben[4]. Die Röntgenoptik hatte diesen Schritt schon seit SPONSLER gewagt in richtiger, aber zunächst unzureichend begründeter Voraussicht.

Um auf den Ausschluß der Maltosebindungen zurückzukommen, ist hervorzuheben, daß noch weniger als im jodometrisch erfaßbaren Spaltungsverlauf ein Platz für diese Bindungsart gefunden wird im optischen Vorgang bei der Cellulosespaltung. Es zeigte sich, daß die jodometrisch ermittelte Kurve auf die optische umgerechnet werden kann unter der Voraussetzung, daß die molekulare Drehung eines n-Saccharids aus der Drehung des aldehydischen Anfangsgliedes, der Drehung von (n—2) Mittelstücken und der des Endgliedes additiv zusammengesetzt ist (S. 90). Durch diese Übereinstimmung werden andere als β-Bindungen (Cellobiosebindungen) in der Kette endgültig ausgeschlossen.

Als später der Ablauf der Cellulosespaltung auf eine noch breitere rechnerische[5], und durch Hineinbeziehung der Acetolyse[6] auch auf eine breitere experimentelle Grundlage gestellt wurde, ergab sich immer wieder eine Befestigung des bereits Gesagten. Dazu trug auch bei die Feststellung[7], daß sich die Di- bis Tetrapeptide des Glycins nach denselben Gesichtspunkten behandeln lassen.

Gegeben sind für die Berechnung der Ausbeute und des Spaltungsverlaufs 2 Größen: die experimentell festgetsellte Geschwindigkeit des Abbaus des un-

---

[1] Zu dieser Frage, die auch mit Feststellungen auf dem Gebiete des optischen Drehungsvermögens zusammenhängt, siehe K. FREUDENBERG u. W. KUHN: B. **64**, 733 (1931). S. auch S. 75.

[2] Mit W. DÜRR u. H. v. HOCHSTETTER: B. **61**, 1735 (1928); FREUDENBERG, K.: Sitzungsber. Heidelb. Akad. Wiss. **1928**, 19. Abh.

[3] Mit WERNER KUHN, W. DÜRR, F. BOLZ u. G. STEINBRUNN: B. **63**, 1510 (1930); FREUDENBERG, K.: Journ. Chem. Soc. Ind. **50**, 287 (1931); mit WERNER KUHN: B. **65**, 484 (1932).

[4] Mit W. KUHN u. Mitarbeitern: B. **63**, 1527 (1930).

[5] Mit W. KUHN: B. **65**, 484 (1932).

[6] Mit K. SOFF: B. **66**, 19 (1933).

[7] KUHN, W., C. C. MOLSTER u. K. FREUDENBERG: B. **65**, 1179 (1932).

versehrten Polysaccharids (Anfangsgeschwindigkeit) und die des Disaccharids. Die Abbaugeschwindigkeit (Anfangsgeschwindigkeit) aller übrigen Spaltstücke liegt zwischen diesen Größen. Unter Zuhilfenahme einfacher rechnerischer Annahmen[1] gelang die Berechnung.

Die eine Hilfsannahme bestand darin, daß die Spaltungsgeschwindigkeit aller Bindungen in ein und demselben Bruchstück dieselbe sei; z. B. sollen die 4 Bindungen einer Pentaose unter sich mit der gleichen Geschwindigkeit aufspalten, die aber verschieden ist von der Spaltungsgeschwindigkeit der 3 Bindungen der Tetraose. Die andere Hilfsannahme, mit der die Berechnung gleichfalls durchgeführt werden konnte, nahm an, daß in jedem Spaltstück eine endständige Bindung mit der Geschwindigkeit der Biose aufgespalten wird, während alle übrigen Bindungen mit der Spaltungsgeschwindigkeit der Polysaccharidbindung getrennt werden. Der Umstand, daß, wie erwähnt, nach beiden Berechnungsarten Ausbeute und Spaltungsverlauf mit dem Experiment völlig ausreichend übereinstimmen, zeigt, daß beide Hilfsannahmen brauchbare Annäherungen sind und dem wirklichen Verlauf sehr nahekommen; damit ist bewiesen, daß die allen diesen Vorstellungen zugrunde liegende Annahme *gleichmäßiger* Bindungen zutrifft. Die erwähnten Versuche an Polypeptiden haben ergeben, daß zur noch schärferen Erfassung des Hydrolysenverlaufes die mittlere Spaltungsgeschwindigkeit des Dreierstückes hinzugenommen werden müßte. Die Spaltungsgeschwindigkeit der Disaccharidbindung sei k_2; die beiden Bindungen des Dreierstückes spalten jede mit verschiedener Geschwindigkeit auf, deren Mittel festgestellt werden kann (wenn das Dreierstück vorliegt) und k_3 heißen soll. Diese mittlere Geschwindigkeit k_3 wird mit großer Annäherung in den beiden endständigen Bindungen eines jeden höheren Stückes angetroffen. Die mittelständigen Bindungen aller n-Saccharide von der Tetraose aufwärts entsprechen den Bindungen des Polysaccharids und werden sehr angenähert mit derselben Geschwindigkeit, die k_p genannt sei, aufspalten. Danach ist die mittlere Konstante (Anfangskonstante) für die Bindung im

$$\text{Disaccharid} = \qquad = k_2$$

$$\text{Trisaccharid} = \qquad = k_3$$

$$\text{Tetrasaccharid} = \frac{k_3 + k_p + k_3}{3} = \frac{2\,k_3 + k_p}{3}$$

$$\text{n-Saccharid} = \frac{k_3 + (n-3)\,k_p + k_3}{n-1} = \frac{2\,k_3 + (n-3)\,k_p}{n-1}$$

$$\text{Polysaccharid} = \frac{2\,k_3 + (\infty - 3)\,k_p}{\infty - 1} = k_p$$

Das Verhältnis $\frac{k_p}{k_2}$ ist bei Cellulose in 50proz. Schwefelsäure (18°) etwa 0,4; bei der Acetolyse ist merkwürdigerweise k_p größer als k_2, das Verhältnis ist etwa 2[2]. Im homogenen System baut 50proz. Schwefelsäure mehr vom Ende her ab, während die Acetolyse vorzugsweise an den Mittelbindungen einsetzt. Im heterogenen System (z. B. beim SCHOLLER-TORNESCH-Prozeß) liegen ganz andere Verhältnisse vor, die gleichfalls aufgeklärt sind[2].

---

[1] FREUDENBERG, K.: Ber. **54**, 770 (1921); Sitzungsber. Heidelb. Akad. Wiss. **1928**, 19. Abh., S. 8; KUHN, W.: Ber. **63**, 1503 (1930); FREUDENBERG, K., W. KUHN und Mitarbeiter: Ber. **63**, 1510 (1930); FREUDENBERG, K.: Journ. Chem. Soc. Ind. **32**, 287 (1931); KLAGES, F.: Ber. **65**, 302 (1932); FREUDENBERG, K., u. W. KUHN: Ber. **65**, 484 (1932); FREUDENBERG, K., u. K. SOFF: Ber. **66**, 19 (1933).

[2] Mit K. SOFF: Ber. **66**, 19 (1933).

Im Bestreben, das präparative Beobachtungsmaterial zu vermehren, wurden die methylierten Oligosaccharide des acetolytischen Abbaus untersucht. Es war beobachtet worden, daß ein Spaltstück von der Größe eines Trisaccharids nach der Methylierung destilliert werden konnte[1]. Danach ließ es sich krystallinisch gewinnen (I)[2]. Kurz darauf fand sich die ebenfalls destillierbare krystalline durchmethylierte Tetraose (II)[3]. Die eingehende Bearbeitung dieser beiden Produkte[4] erstreckt sich zunächst auf die Sicherstellung ihrer Konstitution und Konfiguration. Ein Teil der Beweise ist bereits auf S. 76 mitgeteilt. Wir wollen hier nur die Konfiguration berühren, um den Nachweis zu erbringen, daß die 3 Glucosidbindungen (r, s, t) des Trisaccharidderivates I sämtlich der β-Reihe angehören. Die mit W. Nagai[5] ausgeführte Synthese bediente sich eines Heptamethyl-cellobiose-chlorhydrins (S. 70, 74), das die Bindung t von der Cellobiose[6] her enthielt. Als anderer Reaktionsteilnehmer wurde das 2,3,6-Trimethyl-β-methylglucosid (S. 74) mit vorgebildeter Bindung r verwendet. Daß die Stelle des Zusammenschlusses s gleichfalls der β-Reihe angehört, ergibt sich daraus, daß die analoge Synthese mit Tetramethylglucose-1-chlorhydrin (S. 74) zu der krystallinen Oktamethyl-cellobiose führt (S. 74)[7], und daß die molekulare Drehung des Trisaccharidderivats (—75 in Chloroform) gegenüber dem entsprechenden Cellobiosederivat (—68) wie zu erwarten, eine schwache Zunahme der Linksdrehung zeigt. Wäre s eine Maltose- oder α-Bindung, so müßte die molekulare Drehung des Methyl-trisaccharides etwa $+510^0$ betragen.

In der Zwischenzeit war die Unsicherheit überwunden, die auf dem Gebiete der optischen Aktivität lange geherrscht hatte. Über eine Anwendung der gewonnenen Erkenntnis ist oben bereits zum Teil berichtet (S. 90).

```
      r ┌────────┐
  H3COCH         │
      │          │
    HCOCH3       │
      │          │
  H3COCH         │
      │          │      s    ┌──────┐
     HCO ────────┼──────────CH      │
      │          │           │      │
     HCO ────────┘         HCOCH3   │
      │                      │      │
   H2COCH3              H2COCH      │
                             │      │      t      ┌──────┐
                            HCO─────┼─────────────CH     │
                             │      │             │      │
                            HCO─────┘          HCOCH3    │
                             │                    │      │
                          H2COCH3             H3COCH     │
                                                  │      │
                                               HCOCH3    │
                                                  │      │
                                                 HCO─────┘
                                                  │
                              I                H2COCH3
```

[1] Freudenberg, K. und K. Friedrich: Naturwissenschaften **17**, 959 (1929).
[2] Mit K. Friedrich: B. **63**, 1963 (1930); ferner die drei nächsten Zitate sowie W. N. Haworth, E. L. Hirst u. K. A. Thomas: Journ. Chem. Soc. London **1931**, 824.
[3] Mit Friedrich: Naturwissenschaften **18**, 1114 (1930).
[4] Mit K. Friedrich u. I. Bumann: Ann. **494**, 41 (1932).
[5] Mit W. Nagai: Ann. **494**, 63 (1932).
[6] Synthese S. 72, 73.
[7] Mit C. Andersen u. Y. Go: B. **63**, 1962 (1930).

H_3COCH
$HCOCH_3$
H_3COCH
HCO — CH
HCO $HCOCH_3$
H_2COCH_3 H_3COCH
HCO — CH
HCO $HCOCH_3$
H_2COCH_3 H_3COCH
HCO — CH
HCO $HCOCH_3$
H_2COCH_3 H_3COCH
$HCOCH_3$
HCO
II H_2COCH_3

Zwei Versuche[1], die Drehung der Cellulose, der Stärke und ihrer Derivate sowie der Glucoside rechnerisch zu verwerten, stehen zwar mit der Auffassung einheitlicher β- bzw. α-Verknüpfungen in Cellulose und Stärke im Einklang, können aber keinen Anspruch auf quantitative Genauigkeit erheben[2]. Zu den gut definierten methylierten Oligosacchariden der Cellulose- und Stärkereihe gesellten sich 1931 nach einer Neubearbeitung der von R. WILLSTÄTTER und L. ZECHMEISTER 1929 beschriebenen freien Oligosaccaride die freie Cellotriose, -tetraose und -hexaose, wovon bestimmt die erste und wahrscheinlich auch die zweite jetzt in einheitlicher Gestalt vorliegt[3]. An ihnen wiederholt sich das Kernproblem der Cellulosechemie, das nicht in der abwegigen und längst beantworteten Frage nach Haupt- oder Nebenbindungen besteht, sondern in der Frage, ob in der Cellulose die Cellobiosebindung allein vorkommt oder mit einer anderen Bindungsart abwechselt.

Die sonst sehr selten exakt gültige optische Superposition läßt sich dank des gegenseitigen Abstandes der in Betracht gezogenen optisch aktiven Gruppen in diesem Falle quantitativ verwenden[4]. Die molekulare Drehung eines Disaccharids sei zusammengesetzt aus dem Drehungsanteil a des aldehydischen Glucoserestes und dem Drehungsanteil e des entgegengesetzten, endständigen Glucose-

[1] MEYER, K. H., u. H. MARK: B. **61**, 593 (1928); Ztschr. f. physiol. Ch. **132**, 115 (1929); MEYER, K. H., H. HOPF u. H. MARK: B. **62**, 1103 (1929); MEYER, K. H., u. H. MARK: Aufbau der hochpolym. organischen Naturstoffe, S. 162, 210. 1930. Das andere Verfahren: K. FREUDENBERG, W. KUHN u. Mitarbeiter: B. **63**, 1526 (1930).

[2] Beide Verfahren sind vom Standpunkt der optischen Superposition diskutiert und bezüglich ihrer Beweiskraft beurteilt in „Stereochemie" von K. FREUDENBERG, S. 713. 1932.

[3] ZECHMEISTER, L., u. G. TOTH: B. **64**, 857 (1931); ZECHMEISTER, L., H. MARK u. G. TOTH: B. **66**, 269 (1933).

[4] Mit K. FRIEDRICH u. I. BUMANN: Ann. **494**, 41 (1932); FREUDENBERG, K.: Stereochemie, S. 715, 720. 1932; B. **66**, 193 (1933). Die Formel über der Abb. 5 auf S. 193 ist verdruckt. Richtige Fassung S. 90, Anm. 1.

anteils. Im Trisaccharid kommt der Drehungsanteil m des mittelständigen Glucoseanteils hinzu, im Tetrasaccharid findet dieser sich zweimal, das Polysaccharid besteht nur aus Mittelstücken. Die molekulare Drehung [M] eines n-Saccharids ist daher $= a + e + (n\text{-}2)m$. Eine einfache Rechnung ergibt, daß $\frac{[M]n}{n}$ die molekulare Drehung der Glucoseeinheit in einem n-Saccharid ($n \geqslant 2$) gegen $\frac{n-1}{n}$ aufgetragen, eine Gerade ergeben muß. Diese Bedingung ist, wie Abb. 6 S. 90 zeigt, mit einer erstaunlichen Genauigkeit an allen Präparaten erfüllt, die zur Verfügung stehen: an methylierter Cellobiose, -triose, -tetraose und methylierter Cellulose in Wasser, Chloroform und Schwefelsäure; an den Gleichgewichtsformen der freien Cellobiose, Triose, Tetraose und Hexaose in Wasser; an methylierter Maltose, Maltotriose, Tetraose und Methylstärke in Chloroform. Damit ist scharf bewiesen:

1. Die krystallisierte Methyl-cellotetraose II ist von der Methyltriose I unterschieden durch ein weiteres, ebenfalls in β-Bindung stehendes Mittelstück. Die Methylcellulose besteht praktisch aus lauter solchen Mittelstücken der β-Konfiguration. Die Methylcellulose enthält nur β-Bindungen; schon *eine* α-Bindung auf 100 β-Bindungen würde sich zu erkennen geben $\left(\frac{[M]n}{n}\right.$ betrüge statt $- 9^0$ alsdann nur $\left.-3{,}6^0\right)$. Von einer Vernähung kann bei der Methylcellulose ebensowenig die Rede sein wie bei den methylierten Oligosacchariden.

2. Die freien Oligosaccharide: Cellotriose, Tetraose und Hexaose (der letzteren Einheitlichkeit ist nicht ganz gesichert) schließen sich durch das Drehungsvermögen ihrer Gleichgewichtsformen der Cellobiose nach Konstitution und *Konfiguration* an und bilden einen Hinweis auf den analogen Bau der freien Cellulose, deren Drehung in Wasser nicht meßbar ist.

3. Für die Stärke gilt entsprechendes wie das unter 1) für Cellulose Gesagte.

Um die Frage nach der *Länge* dieser homogenen, selbständigen Ketten zu beantworten, hat vor kurzem W. N. HAWORTH[1] die Suche nach der endständigen Tetramethylglucose in der Methylcellulose mit mehr Material als wir[2] wiederholt. Von 200 Glucoseresten tritt einer als Tetramethylglucose auf. Wenn man sicher wäre, daß kürzere Spaltstücke fehlen, so könnte demnach die Kettenlänge mit durchschnittlich 200 Glucosen angenommen werden. Da aber diese Möglichkeit nicht ganz auszuschließen ist, kann diese Zahl nur als ein Mindestwert angesehen werden. Sie steht ungefähr in Übereinstimmung mit der röntgenographisch abgeschätzten Länge des Micells (HERZOG, HENGSTENBERG, MARK). Auch die Zentrifugalmethode (STAMM) läßt auf eine ähnliche Größe schließen. Osmotische Versuche an Acetyl- und Nitrocellulose ergaben ähnliche Werte (HERZOG, DUCLAUX, BÜCHNER). Es muß jedoch bezweifelt werden, daß in diesen Präparaten die Kette intakt ist. Somit darf die Zahl von ungefähr 200 Kettengliedern als die untere Grenze aufgefaßt werden. Aus der Viscosität will STAUDINGER[3] sogar auf die Zahl von 750 Kettengliedern schließen in der Annahme, daß von Ketten mit kleiner Gliederzahl auf solche mit extremer Zahl in der von ihm angegebenen Weise extrapoliert werden darf, und daß wirklich keine Assoziate vorliegen.

[1] Nature **129**, 365 (1932); HAWORTH, W. N., u. H. MACHEMER: Journ. Chem. Soc. **1932**, 2372; Trans. Faraday Soc. **29**, 14 (1933), hier gibt HAWORTH als Kettenlänge 100—200 Glucosen an.

[2] Ann. **460**, 288 (1928); **494**, 54 (1932). S. 98.

[3] STAUDINGER, H.: Die hochmolekularen organischen Verbindungen. Berlin: Julius Springer 1932; Forschungen und Fortschritte **9**, 219 (1933). Farad. Soc. **29**, 18 (1933). Vgl. auch E. BERL u. H. UMSTÄTTER: Kolloid-Beihefte **34**, 1 (1931).

Es ist möglich, daß das Hinzutreten von quadratischen Gliedern zu dem linearen Gliede in der Formel der Viscosität ein stärkeres Anwachsen der Viscosität bei hohen Molekulargrößen bewirkt, was zur Folge haben würde, daß die von STAUDINGER angegebenen Werte eine obere Grenze für die mögliche Kettengröße darstellen[1].

Ob das aldehydische Ende der Ketten frei oder anhydrisch verschlossen ist, läßt sich bei der in die Hunderte gehenden Gliederzahl der Kette nicht aussagen. Vielleicht ist es so, wie es die Natur beim Abbruch der Spinnarbeit liegen läßt, vielleicht erleidet es hinterher eine Veränderung. So wird Oxydation zur Säure in Betracht gezogen[2].

d) Zusammenfassung.

Die *positiven Beweise* für den strukturchemischen (molekularen) Aufbau der Cellulose lassen sich folgendermaßen in chronologischer Ordnung zusammenfassen:

Bis **1921.** Cellulose besteht nur aus Glucose (WILLSTÄTTER u. a.), 3 Hydroxyle sind in jeder Glucoseeinheit unbesetzt; ein Teil der Bindungen ist identisch mit der glucosidischen (E. FISCHER) Bindung in der Cellobiose von FRANCHIMONT. Beim Abbau treten Zwischenprodukte mittlerer Größe und Dextrine auf (vgl. 1929).

1921. Die Menge der während der Acetolyse gebildeten Cellobiose beträgt über 60%, wovon während der Reaktion wieder 20% verlorengehen, so daß ca. 40% erhalten werden. Dieser Befund steht im Einklang mit einheitlichen fortlaufenden Ketten (FREUDENBERG), in denen jede Glucose mit der nächsten *strukturell und konfigurativ gleichartig*, und zwar nach Art der Cellobiose-bindung verknüpft ist. Die Röntgenoptik läßt diese Auffassung gleichfalls zu (POLANYI).

1923. Jede Glucose kann mit der nächsten nur in 4- oder 5-Stellung α- oder β-glucosidisch gebunden sein, da aus Trimethylcellulose (DENHAM 1921) nur 2, 3, 6-Trimethylglucose entsteht (IRVINE und HIRST 1923).

1926. Unter Benutzung der von W. N. HAWORTH 1925/26 erkannten Pyranstruktur der Zucker läßt sich die Periode von 10,2 Å in der Faserachse mit 2 Glucoseresten deuten. Die Ketten sind in der Faser seitlich durch Gitterkräfte zusammengehalten (SPONSLER und DORE).

1926. Trimethyl-cellulose schmilzt nicht, verkohlt über 300° (FREUDENBERG, URBAN).

1926/27. Aufklärung der Konstitution der Cellobiose (HAWORTH).

1928. Die vergebliche Suche nach Tetramethyl-glucose unter den Spaltungsprodukten der Trimethylcellulose ergibt „sehr große Aggregate", möglicherweise viele hundert (FREUDENBERG und BRAUN). Die Synthese eines destillierbaren Trimethylglucoseanhydrids beweist durch seinen Unterschied von der Trimethylcellulose die sehr hohe Molekülgröße der Cellulose (dieselben).

1928/29. Das vermeintliche, als Acetat krystallisierende „Bioseanhydrid" von BERGMANN und KNEHE (1925) und HESS und FRIESE (1926) ist ein Spaltstück mittlerer Länge (4 Glieder, MEYER, MARK; 10—16 Glieder, FREUDENBERG).

1929. Bekanntgabe der 1914 aufgefundenen Abbauprodukte Cellotriose und Tetraose (WILLSTÄTTER und ZECHMEISTER) in Übereinstimmung mit den seit 1923 in Gang befindlichen, nicht abgeschlosseueu Bemühungen, eine Triose bei der Acetolyse nachzuweisen (BERTRAND und BENOIST, IRVINE, OST).

1930. Die Kinetik des Abbaus (jodometrisch und optisch verfolgt) schließt alle anderen Bindungen als Cellobiosebindungen aus. „Aufklappung" oder

---

[1] Vgl. KUHN, W.: Kolloid-Ztschr., Herbst **1933**; Ztschr. f. physik. Ch. (A) **161**, 29, 427 (1932); Kolloid-Ztschr. **1933** (März).

[2] SCHMIDT, E., u. Mitarbeiter: Cellulosechemie **13**, 129 (1932); Naturwissenschaften **21**, 206 (1933). E. SCHMIDT nimmt eine Kettengröße von etwa 100 Gliedern an.

„Vernähung“ der Ketten wird widerlegt (FREUDENBERG, W. KUHN; erweitert und bestätigt 1933, FREUDENBERG und SOFF). Auffindung der krystallisierten destillierbaren durchmethylierten Cellotriose und Tetraose (FREUDENBERG und FRIEDRICH). Synthese der durchmethylierten Cellobiose (FREUDENBERG, ANDERSEN und GO).

1931. Neubearbeitung der freien Cellotriose und Tetraose, Beschreibung einer Cellohexaose (ZECHMEISTER und TOTH).

1932. Synthese der durchmethylierten Cellotriose (FREUDENBERG und NAGAI; Synthese der Cellobiose selbst 1933 durch dieselben). Hierdurch und die weitere Untersuchung ist die Konstitution und *Konfiguration* dieses Produktes klargestellt (FREUDENBERG, FRIEDRICH und BUMANN). Anwendung der 1931 gedeuteten optischen Superposition auf die methylierten und freien Oligosaccharide und erneuter Ausschluß aller anderen Bindungen als der einfachen Cellobiosebindung in der Kette (FREUDENBERG, FRIEDRICH und BUMANN).

Unter den Spaltstücken der Trimethylcellulose wird bei Wiederholung des Versuches von 1928 mit großen Mengen die Tetramethylglucose gefunden (HAWORTH), woraus anf 100 bis 200 Glucoseeinheiten in der Kette geschlossen wird, in Übereinstimmung mit früheren Schätzungen.

Mit den Mitteln der Konstitutions- und Konfigurationsforschung ist in zwölfjähriger geradliniger Entwicklung der Beweis erbracht worden, daß die Cellulose aus *einheitlichen* Ketten aufgebaut ist, in denen 200 oder mehr Glucoseeinheiten jede mit der nächsten nach Art der Cellobiosebindung (und nur nach dieser Art) verknüpft sind.

Wie viele dieser Ketten den Krystalliten bilden, wie sie darin ausgerichtet sind und welchen Abstand sie voneinander haben; wie sich die mechanischen Eigenschaften daraus erklären, dies und vieles andere zu beantworten, ist nicht Sache der Erforschung der molekularen Struktur, die wir uns hier allein zum Ziel gesetzt hatten.

B. Die Vorstellung von den kleinen Einheiten.

a) Allgemeines.

Eine Hypothese, die sich zehn Jahre hindurch bei vielen Geltung verschaffen konnte, verdient Beachtung und kann nicht einfach auf mangelnde Kritik oder unvollkommenes Experiment zurückgeführt werden. Ein Teil der Fragen mußte im Interesse positiver Arbeit geklärt werden. Wir unterlassen es aber, auf den allzulange gegen einen zurückweichenden Gegner geführten Kampf einzugehen, soweit der Streit keine positiven Beiträge geliefert hat. Argumente, die von selbst zusammengebrochen sind, werden hier nicht aufgeführt. Es wird auch nicht möglich sein, alle Ursachen für diese Episode aufzuzählen. Einige mögen genügen.

Hat sich der Konstitutionsforscher, sagen wir vor 1920, je Gedanken darüber gemacht, warum der Krystall der Weinsäure hart und der ihres Diacetates weich ist? Stellte er nicht unbedenklich CO_2 und SiO_2 nebeneinander, um sich erst danach zu überlegen, warum zwei so ähnliche „Moleküle“ in derart verschiedener äußerer Erscheinung auftreten? Doch bei der Cellulose ist das Interesse am *äußeren Habitus* das Primäre; schon deshalb, weil bei mancherlei Umsetzungen — Nitrierung, Acetylierung, Methylierung, Bildung von Hydratcellulose usw. — die sichtbare Gestalt erhalten bleibt. Der Konstitutionsforscher, der bei der Weinsäure Halt macht, wenn er den Zusammenhang der 16 Atome des

Moleküls erkannt hat, findet bei der Cellulose nicht die sonst so klare Linie, nämlich die Grenze des Moleküls, an der er Halt zu machen gewöhnt ist. Er gerät, ohne zu wissen an welchem Punkte, in die Welt der übermolekularen Kräfte, für die sein Rüstzeug zunächst nicht ausreicht. Wir lesen 1905 bei E. F. Cross, E. J. Bevan und J. Traquair[1]: „Wir sind der Meinung, daß Cellulose eher ein Aggregat von der Natur einer Lösung ist: das andere Reaktionseinheiten als Molekeln, wie sie gemeiniglich aufgefaßt werden, einschließt, nämlich ionisierte Komplexe, deren Dimensionen daher bestimmt sind als ein besonderes dynamisches Gleichgewicht, abhängig von den besonderen Reaktionsbedingungen, unter denen man sie beobachtet."

Das Reale und Zutreffende an dieser geheimnisvollen Äußerung ist: Mit dem Molekülbegriff kommen wir nicht aus, wir brauchen neue Vorstellungen. „Komplexe", „von einem Gleichgewicht abhängige Dimensionen": 15—20 Jahre später hallten uns diese Begriffe von allen Seiten entgegen.

In der ganzen Folgezeit war eines klar und ist es auch heute noch: starke, übermolekulare Gitterkräfte müssen vorliegen. Auch darin ist man sich allerseits klar, daß sie entwickelt werden von durch Hauptvalenzen zusammengehaltenen Atomgruppierungen (um einen allgemeineren Ausdruck als Molekel zu wählen). Die Frage ist demnach: sind diese Atomgruppierungen mit ihren starken Gitterkräften klein oder groß, und was haben sie sonst für Eigenarten.

Hier trennen sich die Wege. Der eine ging neue Wege, vielleicht durch die obige Äußerung der britischen Forscher ermutigt, und stattete kleine Atomgruppierungen mit starken Gitterkräften aus; der andere, Vorsichtigere, stützte sich nur auf die Atomgruppierung und ging mit der für diese bewährten Denkweise der Konstitutionsforschung vor, um bald wahrzunehmen, daß sich der valenzmäßige Aufbau von Etappe zu Etappe als größer und größer erwies. In demselben Maße verlor das Problem der Gitterkräfte an Bedeutung, da sich deren Erklärung aus den langen Kettenmolekülen schließlich von selbst ergab[2]. Den so Arbeitenden konnte die Kontroverse nur insofern interessieren, als sie Widersprüche experimenteller Art zu zeitigen schien, die das Strukturproblem berührten.

Ein zweiter Umstand, der zur Entwicklung der irrtümlichen Richtung beitrug, war die Verquickung der Cellulosechemie mit der Chemie der Stärke. Dieses Polysaccharid hatte zunächst (vor 1920) die Chemiker stärker beansprucht. Die größere Löslichkeit und leichtere Angreifbarkeit (z. B. durch Amylasen und Bacillus macerans) hat wohl dazu verleitet, die Stärke als das leichter zu behandelnde Polysaccharid anzusehen, während in Wirklichkeit die Cellulose durch ihre Einheitlichkeit, ihr Krystallgefüge und die hervorragenden Eigenschaften der Octacetylcellobiose für den Experimentator manchen Vorteil vor der Stärke bietet. Bei dieser waren es die krystallisierten Dextrine, von Schardinger 1904 entdeckt, valenzchemisch gesättigte Substanzen von der angeblichen Molekulargröße $(C_2H_{10}O_5)^{2-8}$, die dem Gedanken einer als Assoziation gedeuteten Polymerisation Nahrung gaben.

Man bedenke ferner die damalige Unklarheit des Begriffes Polymerisation und seine ungeklärte Beziehung zu den Molekülverbindungen. Es

---

[1] Chem.-Ztg. **29**, 257 (1905).

[2] In langen Ketten summieren sich die Gitterkräfte. Das ist in einer Zeichnung von O. L. Sponsler u. W. H. Dore (1926), wiedergegeben in Cellulosechemie **11**, 196 (1930), sehr anschaulich dargestellt. Auf die Additivität der van-der-Waalsschen Molekularattraktion hat wohl zuerst van Laar hingewiesen. K. H. Meyer u. H. Mark (B. **61**, 593 [1928]) haben sich später ausführlich mit dem Gedanken befaßt. Ferner: W. Dunkel, Zschr. phys. Chem. A. **138**, 42 (1928).

genügt, auf die Schilderung hinzuweisen, die H. STAUDINGER 1920 gibt[1]. Obwohl hier die Kohlenhydrate noch nicht berührt werden, lassen sich dennoch die begrifflichen Schwierigkeiten verstehen, die mit dem längst gebräuchlichen Ausdruck „polymerisiertes Anhydrid der Glucose“[2] für die Cellulose verbunden waren.

Zu diesen Begriffen trat die Lehre von den Gitterkräften der Krystallographie; für die Cellulose im besonderen werden neben den uninteressant erscheinenden Ketten die viel verlockenderen kleinen Aggregate vom Standpunkt der Röntgenoptik (völlig zutreffend) für zulässig erklärt (Frühjahr 1921). Klang das nicht geradezu wie eine Bestätigung? Bedenken wir noch das psychologische Moment: EMIL FISCHERS unbeirrbare Gestalt fehlte einer jüngeren, von den Wirrnissen der Nachkriegszeit umgebenen Generation. An die Konstitutionsforschung hochmolekularer und amorpher Gebilde sollte nur herantreten, wer sich gründliche Übung in der Konstitutionsermittlung definierter molekular-disperser Substanzen erworben hat; auch an diesem Punkte hat es hier und da gefehlt.

Richtig handelte und zum Ziele gelangte, wer als Konstitutionsforscher vom Molekül (also selbstverständlich der Hauptvalenzverbindung) ausging und bis an dessen sich immer weiter ausdehnende Grenze vordrang; falsch handelte, wer die Grenze des Moleküls, da er sie nicht sogleich fand, überhaupt leugnete oder zu verwischen suchte durch Einführung anderer als konstitutionschemischer Vorstellungen, die erst dann hätten eingesetzt werden dürfen, wenn die Strukturforschung, das heißt die Erforschung der von Hauptvalenzen zusammengefügten Gebilde, am Ende ihrer Mittel angelangt war.

b) Einzelnes.

Nur wenige der früheren Einwände gegen die Kettenmoleküle oder der vermeintlichen Argumente für die kleinen Molekeln sollen angeführt werden.

Als erstes Glied der zur Trimethylcellulose führenden polymeren Reihe wurde das Trimethylglucoseanhydrid (α 1,4) (β 1,5) hergestellt[3]. Der Vergleich dieser leicht destillierbaren, zu keiner Assoziation fähigen beweglichen Flüssigkeit mit der bei 300° ohne Schmelzen verkohlenden Trimethylcellulose bestätigt das hohe Molekulargewicht der letzteren und zeigt die Abwesenheit besonderer Gitterkräfte bei niederen Anhydriden. Für den Zusammenhalt der Einheiten in der Trimethylcellulose und damit auch der Cellulose stehen nur normale Valenzen zur Verfügung.

HC
$HCOCH_3$
H_3COCH
HCO
HCO
H_2COCH_3

Wirkliche und vermeintliche anhydrische Spaltstücke haben eine wichtige, aber unberechtigte Rolle unter den Argumenten für die mit starken Gitterkräften ausgestatteten kleinen Moleküle gespielt. Mit gleichem Recht könnte man für das Glucosid des p-oxy-Acetophenons eine andere Bindungsart als die gewöhnliche vorschlagen, da es mit verdünntem Alkali in Laevoglucosan und p-Oxy-Acetophenon zerfällt[4].

---

[1] B. **53**, 1073 (1920).

[2] TOLLENS, B.: Kurzes Handbuch der Kohlenhydrate, 3. Aufl., S. 561—566 (1914).

[3] Mit E. BRAUN: Ann. **460**, 288 (1928). Dieses Argument gegen die kleinen Moleküle wurde im April 1927 in einer Tagung in München vorgetragen. Vgl. Ann. **460**, 291 (1928), Anm. 2; ferner B. **62**, 384 (1929). Über die Schreibweise s. K. FREUDENBERG u. S. BRAUN: B. **66**, 780 (1933). Ein unreines Präparat hauptsächlich gleicher Konstitution: FR. MICHEEL u. K. HESS: B. **60**, 1898 (1927); K. HESS: Ba. **66**, 774 (1933); vergl. K. FREUDENBERG u. E. BRAUN: Ber. **66**, 780 (1933).

[4] TANRET: Bull. Soc. Chim. (3) **11**, 949 (1894). Andere Phenolglucoside verhalten sich ebenso.

```
                                   ┌──┐                                     ┌──────────┐
H3C—C—⟨benzene⟩—O—CH  │        H3C—C—⟨benzene⟩OH           ┌──CH   │
    O                    │  │            O                    +   │   │    │
                       HCOH │                                     │  HCOH  │
                         │  │                                     │   │    │
                       HOCH │  ──────→                            │  HOCH  │
                         │  │                                     │   │    │
                       HCOH │                                     │  HCOH  │
                         │  │                                     │   │    │
                       HCO──┘                                     │  HCO───┘
                         │                                        │   │
                       H2COH                                      └──OCH2
```

Bei der Stärke wird vielleicht ein anhydrischer Zusammenbruch der Kette vom Bacillus macerans von SCHARDINGER bewirkt (eine andere Erklärung wird unten gegeben). Diese Feststellungen sprechen ebensowenig wie im Falle der erwähnten Glucoside gegen echte Glucosidbindungen[1].

Die Depressionen, die bei der Kryoskopie von Polysacchariden und ihren Derivaten beobachtet wurden, haben zum großen Teil andere Ursachen als die Anwesenheit kleiner Teilchen. Als eine dieser Ursachen wurde die Verzögerung beim Wiedererstarren der unterkühlten Lösung gefunden[2]. Die Kryoskopie ist auf diesem Gebiete wertlos[3]. Das gilt sogar schon für gewisse Oligosaccharide. Die krystalline methylierte Cello-Tetraose fällt z. B. aus wäßriger Lösung beim Erwärmen als Emulsion aus (offenbar durch Zerfall von Hydraten) und ist deshalb ebenso wie die entsprechende methylierte Triose in Wasser nicht zu bestimmen. In organischen Lösungsmitteln verhalten sich diese Substanzen normal.

Der thermische Abbau, mit oder ohne Lösungsmittel, ist für die Polysaccharide zu gewaltsam, und die auf ihn gegründeten Folgerungen sind wertlos. Vor allem der Stärke und dem Inulin hat man mit diesem Verfahren, kombiniert mit zahllosen Molekulargewichtsbestimmungen, immer wieder Gewalt angetan. Diese Arbeiten verdienen keine andere Erwähnung als diese.

C. Die chemische Konstitution der Stärke.

a) Vorarbeiten

Zunächst ist auch bei der Stärke, deren Spaltprodukt das Disaccharid Maltose ist, der Gedanke selbstverständlich, daß die Glucosereste, und zwar viele, mit Glucosidbindungen hintereinander geschaltet sind. Derartige Vorstellungen sind zu Lebzeiten E. FISCHERS allgemein verbreitet. In einer Arbeit aus dem Stockholmer Laboratorium schlägt z. B. O. v. FRIEDRICHS[4] Ketten großer Länge (mehrmals 10 Glucoseeinheiten) vor, in denen α-Bindungen mit β-Bindungen abwechseln. Den Abschluß der nicht reduzierenden Kette soll eine Isotrehalosebindung bilden. Dieses Beispiel, dessen sterische Einzelheiten nicht von Bestand sein konnten, soll hier lediglich dartun, daß die frühe Chemie der Stärke mit Hauptvalenzbindungen mit derselben Selbstverständlichkeit operierte, wie dies in der Cellulosechemie der Fall war.

Dieser Vorstellung stellt sich ab **1914** eine andere entgegen, die schließlich auf die Assoziation kleiner Einheiten hinauslief. Der Ausgangspunkt waren die

---

[1] Ann. **494**, 52 (1932).

[2] FREUDENBERG, K.: Naturwissenschaften **17**, 959 (1929); mit E. BRUCH u. H. RAU: B. **63**, 3078 (1929); K. FREUDENBERG: Journ. Chem. Soc. Ind. **50**, 287 (1931).

[3] Mit demselben Nachdruck, mit dem früher ein monomeres Glucoseanhydrid verfochten wurde, wird jetzt mit neuem Verfahren, aber wiederum mit Messungen in extremer Verdünnung versucht, ein Bioseanhydrid zu beweisen (K. HESS, Forsch. u. Fortschr. **9**, 268 (1933)). Vergl. dagegen S. 96.

[4] Arkiv för Kemi, Min. och Geol. **5**, Nr. 2 (1913).

SCHARDINGERschen krystallisierten Dextrine, unter denen man solche mit niederem Molekulargewicht (2 und 3 Glucoseeinheiten neben solchen bis hinauf zu 8 Einheiten) zu erkennen glaubte. Die zwei oder mehr Glucoseeinheiten sollten einer Art Ring-Polymerisation fähig sein oder sich sonstwie polymerisieren können. Wir unterlassen die nähere Schilderung dieser Hypothese, über die im vorstehenden Kapitel einiges gesagt ist.

Stärke ist bekanntlich nicht einheitlich, aber der Unterschied der beiden Anteile, Amylose und Amylopektin, betrifft nicht die Struktur der Kohlenhydratketten, sondern beruht auf geringen Mengen akzessorischer Gruppen wie Phosphorsäure oder Fettsäure. Beide Anteile liefern dieselbe Trimethylstärke[1]. Bei der Hydrolyse entsteht zu 80% dieselbe 2,3,6-Trimethylglucose wie aus Methyl-cellulose[1]. Die Konstitution des Disaccharids der Stärke, die Maltose, war lange umstritten, obwohl W. N. HAWORTH und S. PEAT[2] durch Abbau der methylierten Maltobionsäure die später anerkannte Formel ermittelt hatten. Aber aus gewissen Berechnungen über das Drehungsvermögen war C. S. HUDSON[3] zu dem Schluß gekommen, daß während der Methylierung der Zucker und ihrer Derivate eine Verschiebung der Ringsysteme eintreten könne[4]. Insbesondere der Maltose war ein furoider Ring zuerkannt worden. Seit die auf das optische Verhalten gestützten Argumente HUDSONS widerlegt oder anderweitig erklärt sind[5], ist die Formel der Maltose nicht mehr umstritten.

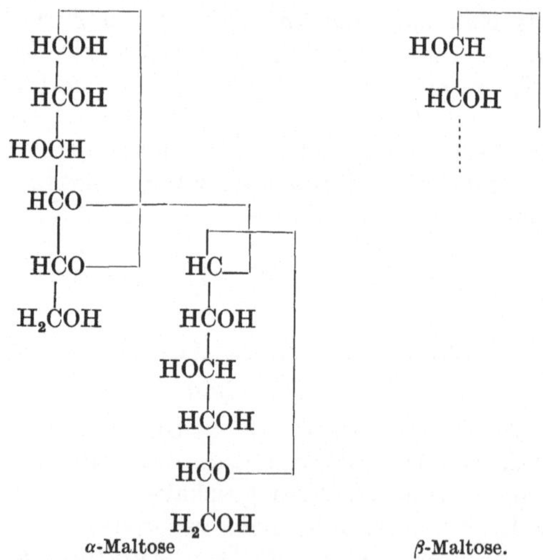

α-Maltose β-Maltose.

b) Die Fragestellung und der Beweis

Die Fragestellung der Stärkechemie ist dieselbe wie bei der Cellulose: kehrt die Bindung des Disaccharids, also hier die α-glucosidische Bindung der Maltose, durch die ganze Kette hindurch von Glucose zu Glucose wieder oder wechselt diese Bindung mit einer anderen ab; sind die Ketten voneinander unabhängig oder sind sie „vernäht"; wie groß sind sie und wie ist ihr Abschluß beschaffen?

Die Ausbeute an Maltose ist hier kein Beweismittel, denn das Disaccharid hat weit weniger schöne Eigenschaften als die Cellobiose und insbesondere deren

[1] HAWORTH, W. N., E. L. HIRST u. J. J. WEBB: Journ. Chem. Soc. London **1928**, 2681.
[2] Journ. Chem. Soc. London **1926**, 3094.
[3] Union internat. de Chimie Lüttich 1930.
[4] HUDSON, C. S.: Journ. Amer. Chem. Soc. **52**, 1713 (1930).
[5] FREUDENBERG, K.: Sitzungsber. Heidelberg. Akad. Wiss. **1930**, 14. Abh.; FREUDENBERG, K., u. W. KUHN: B. **64**, 733 (1931). Vgl. S. 75.

leicht isolierbares Octacetat. Der *chemische* Abbau zur Maltose verläuft nicht befriedigend; neuerdings erhält R. SUTRA[1] aus 100 g Stärke 40—50 g Octacetylmaltose, also 20—25% der Menge an Disaccharid, die entstehen würde nach der Gleichung

$$\underset{\text{n-gliedriges Polysaccharid.}}{(C_6H_{10}O_5)_{(n-1)}C_6H_{12}O_6} + \frac{n-2}{2}H_2O = \frac{n}{2}C_{12}H_{22}O_{11}$$

Diese Ausbeute sagt nicht viel aus; man hat deshalb schon früher versucht, die Frage auf anderem Wege zu lösen. Mit Acetylbromid liefert Stärke 80% der möglichen Menge an amorpher Acetobrommaltose.[2] Aus dieser läßt sich krystallisierte Heptacetylmaltose herstellen, und zwar 30% bezogen auf Stärke. Da Maltose gleichfalls auf dem Wege über amorphe Acetobrommaltose ebensoviel Heptacetylmaltose liefert, wurde angenommen, daß im Anfangsstadium der Reaktion aus der Stärke 100% eines Maltosederivates entstehen. Die Bedenken gegen diese Schlußfolgerung bestehen in der schlechten Beschaffenheit der amorphen Acetobrommaltose. Zweifellos enthält diese erhebliche Anteile Orthoacetat[3] vom Typus I und II neben den pyroiden Acetobrommaltosen III und IV und vielleicht noch anderen Beimengungen. Ihr Mengenverhältnis im Gemisch wird für die Ausbeute an Heptacetylmaltose maßgebend sein, die auf sehr verschiedene Weise zustande kommen kann.

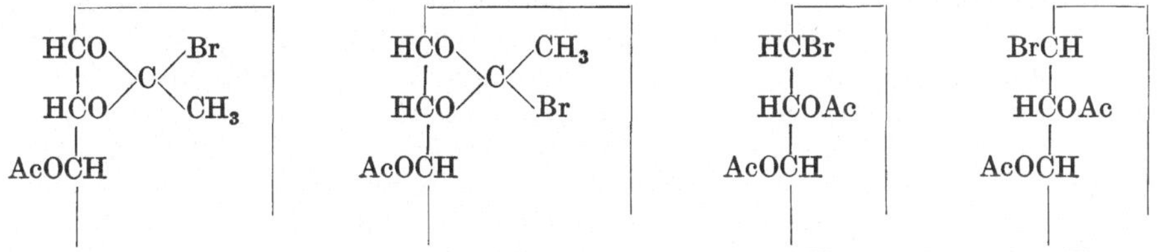

```
HCO\   /Br        HCO\   /CH3       HCBr        BrCH
 |   >C<           |   >C<           |           |
HCO/   \CH3       HCO/   \Br        HCOAc       HCOAc
 |                 |                 |           |
AcOCH             AcOCH             AcOCH       AcOCH
 |                 |                 |           |

   I                 II               III         IV
```

Der Versuch könnte erst dann gegen die kontinuierlichen Ketten ins Feld geführt werden, wenn mehr als 70% eines *definierten* krystallinen, von der Maltose abgeleiteten Produktes entständen. Auch dann muß zunächst festgestellt werden, ob man die α-glucosidische Bindung der Acetylstärke mit derselben Bindung in der Acetobrommaltose vergleichen darf; Versuche von P. KARRER scheinen anzudeuten, daß das Bromatom die benachbarte Glucosidbindung gegen den Angriff von Acetylbromid stabil macht. Ist das der Fall, so darf trotz homogener Ketten mehr als 70% Maltosederivat entstehen[4]. Die Reaktion mit Acetylbromid muß, so wie sie ist, aus der Beweisführung ausscheiden[5]. Dasselbe gilt vom fermentativen Abbau, selbst wenn er nach neueren Ergebnissen zu weit weniger als 100% Maltose führt und somit in das Schema der kontinuierlichen Ketten besser zu passen scheint, als man früher angenommen hat. Schon 1921[6] wurde darauf hingewiesen, daß der fermentative Abbau nicht mit einem chemischen verglichen werden darf. Es ist nicht anzunehmen, daß das Ferment wahllos die Bindungen einer Kette angreift so wie dies ein chemisches Agens tut; es ist viel-

[1] Compt. rend. Acad. Sc. **195**, 1079, 1282 (1932); R. SUTRA glaubt ein von der Maltose verschiedenes Disaccharid, das in Maltose übergeht, angetroffen zu haben. Es kann nicht als erwiesen angesehen werden.

[2] KARRER, P., C. NÄGELI, O. HURWITZ u. A. WÄLTI: Helv. chim. Acta **4**, 678 (1921).

[3] Dieser Typus ist an der Acetochlormaltose festgestellt. FREUDENBERG, K.: Naturwissenschaften **18**, 393 (1930). Vgl. S. 69.

[4] Mit K. SOFF: B. **66**, 26 (1933).

[5] FREUDENBERG, K.: Journ. Chem. Soc. Ind. **50**, 287 (1931).

[6] S. 91.

mehr wahrscheinlich, daß das Ferment für die Bildung seiner Verbindung mit dem Substrat zwischen Kettenmitte und Kettenende unterscheidet. Schneidet das Ferment vom Ende her jeweils ein Zweierstück ab, so kann auch bei homogener Bindung eine Ausbeute von 100% an Disaccharid erreicht werden. Hierbei sind die Formen, unter denen die Maltose entsteht (ob α- oder β-Isomeres), völlig gleichberechtigt. Bei der Spaltung einer Kettenbindung wird die Bindung zwischen dem alkoholischen Sauerstoff (4) des einen Zuckerrestes und dem C-Atom 1 des anderen gelöst. Das C-Atom 1 wird dabei durch Hydroxyl substituiert. Dies bedeutet Gelegenheit zu WALDENscher Umkehrung. Tatsächlich hat man bei gewissen Amylasen die Bildung von α-, bei anderen die Bildung von β-Maltose beobachtet[1]. Auf die Konfiguration der gelösten Bindung läßt diese Tatsache natürlich keinen Schluß zu[2]. Es ist nicht ausgeschlossen, daß der Zusammenbruch der Kette zunächst in der Bildung eines unbekannten Zwischenproduktes besteht, etwa mit anhydrischem Schlußstück, das hinterher erst die eduzierende Zuckergruppe liefert.

Kettenförmige Bruchstücke mit anhydrischem Abschluß sind wohl die SCHARDINGERschen krystallisierten Dextrine. Ihre Gliederzahl dürfte keinesfalls unter 4, möglicherweise 6—8 betragen. Ich halte es für möglich, daß der anhydrische Abschluß noch der der ursprünglichen Kette ist, daß sie also Dextrine sind, die durch Abbau von dem nicht aldehydischen Ende der Stärkekette her entstanden sind. Abgesehen davon, daß sie als höhere Spaltstücke die Kettenauffassung stützen, sind sie für das eigentliche Problem, die Frage, ob die Ketten homogen sind oder nicht, erst dann zu brauchen, wenn sie aufgeklärt sind und ihre Entstehung aus der Stärke besser erforscht ist.

Wir kommen zum Ergebnis, daß zwar die Art der Abbauprodukte qualitative Aufschlüsse liefert, daß aber aus ihrer Menge, ganz anders als bei der Cellulose, keine quantitativen Schlüsse gezogen werden können. Irgendein anderes Disaccharid als Maltose hat man nicht gefunden[3].

Damit sind die Hilfsmittel für die Konstitutionsforschung außerordentlich eingeschränkt. Trotzdem hat die an der Cellulose entwickelte Methode zu bündigen Schlüssen geführt.

Die *Kinetik* des Abbaus der Stärke läßt sich auf Grund der Vorstellung langer homogener Ketten vollkommen befriedigend mit der Hydrolysen-anfangskonstanten des unversehrten Polysaccharids und der Konstanten der Maltose erfassen[4]. Da die β-Bindung sowohl im Polysaccharid (Cellulose) wie im Disaccharid (Cellobiose) erheblich beständiger ist als die α-Bindung in Stärke und Maltose, müßte bei der Hydrolyse, wenn β-Bindungen vorhanden wären, Cellobiose auftreten. Das ist nicht der Fall; im kinetischen Ablauf der Stärkehydrolyse ist kein Platz für β-Bindungen. Für Furanosidbindungen gilt dasselbe. Damit scheidet die von R. SUTRA[5] noch in letzter Zeit erwogene Vorstellung von vornherein aus, daß in der Stärke Pyranosen und Furanosen abwechseln. „Vernähungen" müßten, falls sie vorhanden wären, mit außerordentlich großer Geschwindigkeit zurückklappen.

Die Umrechnung des jodometrisch ermittelten Hydrolysenverlaufs auf den optisch ermittelten gelingt *exakt* mit Hilfe der Vorstellung, daß die molekulare

[1] KUHN, R.: Ann. **443**, 1 (1925). R. KUHN hat die Möglichkeit der WALDENschen Umkehrung diskutiert.

[2] Vgl. meine Kritik an G. A. VAN KLINKENBERGS gegenteiliger Ansicht: B. **66**, 26 (1933).

[3] Die angebliche Gegenwart von Spuren von Gentiobiose in Maisstärke hat keine konstitutionelle Bedeutung.

[4] Mit W. KUHN, W. DÜRR, F. BOLZ u. G. STEINBRUNN: B. **63**, 1510 (1930).

[5] l. c.

Drehung $[M]_n$ eines Spaltestückes ($n \geqslant 2$) additiv zusammengesetzt ist aus der Drehung des Disaccharids $a + e$ und der vom Trisaccharid an aufwärts hinzukommenden Drehung m des Mittelstückes. Daher $[M]_n = a + e + (n - 2)m$; diese Feststellung beweist scharf, daß alle Zwischenprodukte vom Disaccharid aufwärts, also Maltotriose, -tetraose usw. bis zur Stärke selbst nur die Bindung des freien Disaccharids, der Maltose besitzen und nicht „vernäht" sind.

Die Bestätigung dieser optischen Feststellungen ergab sich bei der Untersuchung der methylierten Zwischenprodukte der Stärkehydrolyse[1]. Destillierbar sind das permethylierte Di-, Tri- und Tetrasaccharid, ihre Siedepunkte (0,1 mm) liegen jeweils um 60° auseinander. Die Drehung ist sehr hoch und folgt einschließlich der Methylstärke mit geradezu erstaunlicher Schärfe der auf S. 104 angeführten Berechnung (Abb. 90). Damit ist streng bewiesen, daß die Stärke aus langen, homogenen Ketten besteht, in denen jede Glucose mit der nächsten α-glucosidisch nach Maltoseart (1—4) verbunden ist.

Die Kettenlänge wurde von W. N. Haworth[2] sowie E. L. Hirst, M. M. T. Plant und M. D. Wilkinson[3] auf dieselbe Weise geprüft wie an der Cellulose. Das Verfahren schließt sich an Versuche von J. C. Irvine und E. L. Hirst[4] an der Cellulose an und ist später mit der Absicht, die Kettenlänge der Cellulose zu bestimmen, von K. Freudenberg und E. Braun[5] wiederholt worden. Es besteht in der Suche nach Tetramethylglucose unter den Spaltstücken der methylierten Cellulose oder Stärke. Haworth sowie Hirst und Mitarbeiter fanden eine Kettenlänge von 24—30 Glucosen sowohl für Amylose wie Amylopektin. Dies dürfte ein Mindestwert sein, da es möglich ist, daß die aus der Acetylstärke bereitete Methylstärke nicht mehr die Kettenlänge der ursprünglichen Stärke besitzt.

Der Abschluß der Stärkeketten bedarf noch der Aufklärung. Verschiedene Vorschläge sind gemacht, so der oxydierter[6] oder anhydrischer[7] Endgruppen. Große Ringe, die früher diskutiert wurden, scheint man allgemein aufgegeben die zu haben.

c) Zusammenfassung.

Die *positiven Beweise* für den strukturchemischen Aufbau der Stärke lassen sich in chronologischer Ordnung folgendermaßen zusammenfassen:

Bis 1921. Die Stärke ist nur aus Glucose zusammengesetzt; ein Teil der Bindungen ist identisch mit den glucosidischen Bindungen im disaccharidischen Spaltstück, der Maltose. Zwischen diesem und dem Polysaccharid gibt es Übergänge, die beim partiellen Abbau auftretenden Dextrine.

1926. Aufklärung der Konstitution der Maltose (Haworth).

1928. Amylose und Amylopektin liefern dieselbe Trimethylstärke, die zu 80% in 2, 3, 6-Trimethylglucose aufspaltet (Haworth).

1930/31. Beseitigung der aus der optischen Aktivität abgeleiteten Zweifel an der Beweiskraft des Methylierungsverfahrens (Freudenberg, W. Kuhn).

1930. Die Kinetik des Abbaus der Stärke schließt sich in allen Punkten der Kinetik der Cellulose-hydrolyse an und ist nur mit strukturell und konfigurativ *einheitlichen* Ketten zu erklären, in denen ausschließlich Pyranosen vorkommen, die nach Art der Maltosebindung verknüpft sind (Freudenberg, W. Kuhn).

---

[1] Mit K. Friedrich: Naturw. **18**, 1114 (1930); mit K. Friedrich u. I. Bumann: Ann. **494**, 41 (1932).
[2] Nature **129**, 365 (1932). Trans. Faraday Soc. **29**, 14 (1933).
[3] Journ. Chem. Soc. London **1932**, 2375.
[4] Irvine, I. C., u. E. L. Hirst: Journ. Chem. Soc. London **123**, 529 (1923).
[5] Ann. **460**, 288 (1928). [6] Hirst, Plant u. Wilkinson: l. c.
[7] Freudenberg, K.: Journ. Chem. Soc. Ind. **50**, 292 (1931).

1932. Die Untersuchung der durchmethylierten Maltose, Maltotriose, Maltotetraose und Stärke ergab wie bei der Cellulose die strenge Gültigkeit der optischen Superposition und damit den bündigen Beweis für das Vorliegen der oben beschriebenen einheitlichen Ketten, die nicht „vernäht" sind (FREUDENBERG, FRIEDRICH und BUMANN). Aus dem Auftreten von Tetramethylglucose bei der Methylierung der Methylstärke wird auf eine Kettenlänge von mindestens 24 Einheiten geschlossen (HAWORTH, HIRST).

IV. Konstitution und Morphologie des Lignins[1].

Mitbearbeitet von **WALTER DÜRR.**

A. Die chemische Konstitution des Lignins.

a) Einleitung.

Das Ligninproblem ist unter vielfältigen Gesichtspunkten — technologischen, botanischen, chemischen — zusammenfassend behandelt worden, so in den Monographien von FUCHS und KÜRSCHNER. Der Ausgangspunkt der folgenden Kapitel ist die Konstitutionschemie. Unter ähnlichem Gesichtspunkte sind bisher vornehmlich zwei Zusammenfassungen geschrieben worden, die unter R. WILLSTÄTTERS Leitung angefertigte Dissertation von ENDRE UNGAR[2] und das dem Lignin gewidmete Kapitel des Werkes „Die Chemie der Cellulose und ihrer Begleiter" von K. HESS[3]. Im folgenden kam es darauf an, mit absichtlicher Ausschließlichkeit die brauchbaren *chemischen* und *physikalischen* Tatsachen zusammenzufassen.

Die Forschungen der letzten Jahre haben ergeben, daß das Lignin, an seinem Prototyp, dem Fichtenholzlignin gemessen, eine chemische Substanz von einigermaßen deutlichen Umrissen ist. Es gleicht hierin dem Galläpfeltannin, z. B. dem chinesischen Tannin. Hier hat die Forschung das Bauprinzip und die summarische Zusammensetzung aus den Bausteinen ermitteln können[4]. Nachdem das Prinzip erkannt war, fiel der Konstitutionsforschung die Aufgabe zu, die Grenzen abzustecken, innerhalb deren Variationen vorkommen.

Das Galläpfeltannin besteht aus einem Gemisch endlich begrenzter, nach demselben Bauprinzip zusammengefügter Moleküle, wie etwa in kleinerem Maßstabe die Fette; das Lignin hat dagegen, in der chemischen Formelsprache ausgedrückt, ein unendlich großes Molekül. Es gleicht hierin der Cellulose. EMIL FISCHER hat dieses Polysaccharid gleichfalls als hochmolekular angesehen. Aber schon aus dem Umstande, daß er in die „Polysaccharide" auch die Di- und anderen Oligosaccharide einbezog[5], geht hervor, daß er sich über die Größenordnung keine bestimmte Vorstellung machte und den uns heute geläufigen Unterschied zwischen dem endlichen Molekül der einzelnen Tanninanteile oder der Oligosaccharide und der Cellulose nicht ins Auge gefaßt hat. Für Proteine schwebten ihm Molekulargewichte von 4000—5000 vor[6]. Noch 1921 konnte für die Cellulose ein Molekül von der Größenordnung und valenzmäßigen Ab-

---

[1] Das Kapitel IV entspricht im wesentlichen dem gleichlautenden Abschnitt von K. FREUDENBERG u. W. DÜRR in G. KLEINS Handbuch III, Band S. 125 (1932). Die wichtigste Einschaltung findet sich auf S. 125/126.

[2] Dissert., Techn. Hochsch. Zürich 1914.

[3] Chemie der Cellulose. 1928.

[4] FISCHER, E.: Ber. **52**, 828 (1919).

[5] Ztschr. f. physiol. Ch. **26**, 60 (1898); Naturwiss. Rundschau **18**, Nr. 13 u. 14 (1902); Ann. **372**, 35 (1910).

[6] Sitzungsber. Kgl. Preuß. Akad. Wiss. Berlin **1916**, 990; Ber. **46**, 3288 (1913).

geschlossenheit des Tannins diskutiert werden. Als diese Auffassung fiel, betrat die Forschung zwei Wege, um die Grenze des Molekülbegriffes hinauszuschieben. K. FREUDENBERG entwickelte und stützte seit 1921[1] die Vorstellung „kontinuierlicher Cellobioseketten“, die sich seither durchgesetzt hat, besonders seit SPONSLER (1926)[2] das Röntgenbild mit der Vorstellung sehr langer Ketten in Einklang brachte. Eine andere, inzwischen aufgegebene Richtung versuchte durch Annahme von Gitterkräften, die zwischen kleinen Molekülen wirken sollten, die Grenze des Molekülbegriffs zu sprengen (S. 96, 107).

Das Ergebnis ist im Falle der Cellulose die Vorstellung sehr langer Ketten, die einheitlich nach einem einzigen Bauprinzip gebildet sind. Der Unterschied vom Tannin ist ein doppelter: bei diesem endliche Moleküle, die innerhalb scharf umrissener Möglichkeiten in ihrem Aufbau variieren; dort praktisch endlose Ketten — von mehreren hundert Gliedern —, die aber streng nach einem einzigen Bindungsprinzip errichtet sind. Beiden ist gemeinsam eine Eigenschaft, die weniger von grundsätzlicher Bedeutung als von Wichtigkeit für den Experimentator ist: die experimentelle Möglichkeit, durch Abbauverfahren die einzelnen Bausteine herauszuarbeiten.

Das Lignin vereinigt den Typus des Tannins mit dem der Cellulose. Mit dem Tannin hat es gemeinsam die Freiheiten der Variation innerhalb gewisser Grenzen, die abzustecken der eine Teil der Aufgabe ist; mit der Cellulose hat es gemeinsam das praktisch endlose Molekül. Es vereinigt in sich also gerade diejenigen Eigenschaften, die der experimentellen Behandlung und der Begriffsbildung die größten Schwierigkeiten gemacht haben. Dazu kommt, daß bisher kein Verfahren gefunden ist, das eine saubere Zerlegung in einfache Bausteine erlaubt.

Es ist daher verständlich, daß die Auffassungen über die Konstitution des Lignins nach der begrifflichen Seite weit auseinander gehen und die Bewertung der einzelnen experimentellen Beobachtungen höchst ungleichmäßig ist. Im folgenden wird die hier gegebene Begriffsbildung vorweggenommen, um sie Schritt für Schritt zu begründen. „Formeln“ nach Art begrenzter Moleküle, oder solche, die zwar mit dem Begriff der Polymerisation arbeiten, aber das Polymerisationsprinzip eines in gewissen Grenzen variablen Bausteines nicht erkennen lassen, können nicht oder nur beiläufig behandelt werden.

Lignin ist eine durch chemische Reaktionen und Zusammensetzung gekennzeichnete *chemische Substanz*, oder besser gesagt, ein Gemisch einander äußerst nahestehender Substanzen. In diesem und keinem anderen Sinne sollte die Bezeichnung Lignin auch bei kolloidchemischen, technischen oder botanischen Betrachtungen verwendet werden.

b) Eigenschaften und Chemie des Fichtenholzlignins.

1. Allgemeines.

Von den in der Literatur beschriebenen Präparaten eignen sich nur wenige zur Erforschung der Konstitution. Viele ältere Ergebnisse sind an Präparaten gewonnen worden, die später durch andere, verbesserte ersetzt werden konnten. Außerdem sind alle qualitativen Angaben nur von beschränktem Werte. Quantitative Feststellungen, die im Falle des Lignins allein Wert haben, müssen aber an sorgfältig ausgewählten Präparaten erarbeitet werden. Da die quantitative Analyse im Vordergrund der Ligninforschung steht, ist die Materialfrage von entscheidender Bedeutung.

---

[1] Ber. **54**, 767 (1921); vgl. S. 94. [2] Vgl. S. 97.

Zur Begründung dieser grundsätzlichen Behauptung sollen einige Erläuterungen eingeschaltet werden. Wenn durch irgendwelche präparative Operationen im Chinin sekundäres Hydroxyl, im Morphin sekundäres und phenolisches Hydroxyl festgestellt wird oder wenn die Cellobiose Aldehydreaktionen zeigt, so muß das Formelbild dieser zwar komplizierten, aber endlich begrenzten Moleküle über jene Gruppen Rechenschaft geben. Beim Lignin jedoch, dessen Reaktionen ebenfalls auf sekundäres Hydroxyl sowie Aldehydgruppen hinweisen, erhebt sich die Frage, ob solche Gruppen anzusehen sind als

1. typisch, d. h. ob sie Bestandteile der im Riesenmolekül vielmals wiederkehrenden Bausteine sind, wie z. B. das primäre Hydroxyl jedes einzelnen Glucosegliedes der Cellulose oder der Stickstoff des Chitins, das aus sehr vielen Glucosamingliedern aufgebaut ist;

2. akzessorisch, wie z. B. die jodbläuende vermutlich anhydrische Endgruppe der Stärke, die in Spuren vorhandene, Kupfer reduzierende Gruppe der Cellulose oder die esterartig gebundene Phosphorsäure bestimmter Stärkepräparate.

Im ersteren Falle stehen die festgestellten Gruppen im stöchiometrischen Verhältnis zu den übrigen Gruppen der Bausteine, im zweiten Falle stehen sie zu diesen in einem wechselnden, der Menge nach untergeordneten Verhältnis. Das Hydroxyl des Lignins ist typisch, die Aldehydgruppe, falls überhaupt vorhanden, akzessorisch.

Die qualitative Feststellung irgendeiner Gruppe im Lignin erhält erst Bedeutung, wenn Sicherheit darüber besteht, daß in dem zum Versuch dienenden Präparat der *Typus Lignin* einheitlich vorliegt und wenn die quantitative Bestimmung die Frage nach den stöchiometrischen Beziehungen zu anderen Gruppen beantwortet. Die Frage, ob eine Gruppe typisch oder akzessorisch ist, steht deshalb im Vordergrund der Konstitutionsforschung des Lignins. Die typischen Gruppen müssen im Konstitutionsschema zum Ausdruck kommen; die akzessorischen können erst beim feineren Ausbau des Schemas berücksichtigt werden. Sie stehen im gesamten Problem an Bedeutung zurück und müssen verstärkter Kritik unterworfen werden, weil sie von Beimengungen herstammen können. Die molekulare Konzentration der typischen Gruppen übertrifft die der akzessorischen um Größenordnungen; über die Zuteilung zu diesen beiden Gruppen kann nur die Messung entscheiden.

Alle diese Betrachtungen setzen zweierlei als erwiesen voraus:

1. daß Präparate zur Untersuchung zur Verfügung stehen, in denen der Typus Lignin frei von Beimengungen fremder Körperklassen ist wie Kohlenhydrate, Gerbstoffe und andere;

2. daß im Lignin ein oder mehrere bestimmte, konstitutionschemisch zu ermittelnde Bausteine wiederkehren, die nach einem oder mehreren Bindungsprinzipien verknüpft sind; mit anderen Worten, daß Lignin hochpolymer ist, und zwar homöopolymer oder heteropolymer.

Aus dem bisher Gesagten geht hervor, daß wir diese Annahmen mit gewissen Vorbehalten bejahen. Die Frage nach der Einheitlichkeit kann für sich behandelt werden, während die nach dem polymeren Charakter zusammen mit der Struktur des Bausteins betrachtet werden muß (Kap. b 6 u. 7).

2. Die Einheitlichkeit der Ligninpräparate.

Das oben zum Vergleich herangezogene Morphin nennen wir einheitlich, weil es alle Kennzeichen — Molekulargewicht, konstante Analysenwerte, Krystallform, Schmelzpunkt usw. — besitzt, die wir bei einer Substanz erwarten, deren Moleküle identisch sind.

Indem wir dem Begriff eine etwas andere Bedeutung beilegen, nennen wir einheitlich ein Substanzgemisch wie das Tannin, wenn alle Moleküle nach *einem Schema* aufgebaut sind und außer den für die Substanz charakteristischen Bausteinen — beim Tannin Glucose und Gallussäure — keine weiteren Bausteine nachweisbar sind. Wir fordern gegebenenfalls noch, daß sich das Gewicht der einzelnen Moleküle innerhalb bestimmter, im Einzelfall zu definierender Grenzen hält und daß eine im Mittel sich ergebende, in den verschiedenen, als „einheitlich" zu bezeichnenden Präparaten übereinstimmende Elementarzusammensetzung vorliegt. Die Unterscheidung ist ähnlich der bei den Elementen eingeführten: wir unterscheiden „Reinelemente", die nur aus einem Isotop bestehen, und „Mischelemente", die aus einem gleichbleibenden Gemisch isotoper Atome gleicher Kernladung bestehen. In Analogie hierzu können wir sagen: Der Morphinkrystall ist eine „Reinsubstanz", das Tanninteilchen eine „Mischsubstanz", wenn wir von einer „Substanz" in diesem Falle eine ähnliche Einheitlichkeit verlangen wie von einem Element.

Lignin kann nur nach Art einer solchen „Mischsubstanz" einheitlich sein. Im folgenden wird Einheitlichkeit in diesem Sinne verstanden. Vom Lignin, dessen „Moleküle" wohl von der Größenordnung der Partikelchen selbst sind, wird verlangt, daß diese bezüglich der darin vorkommenden Bausteine sowie einer oder verschiedener Verknüpfungsarten übereinstimmen, während für die Partikel- (Molekül-) Größe und die Verteilung der Bausteine innerhalb des Strukturschemas keine Übereinstimmung verlangt wird.

Praktisch lautet die Forderung, daß in den Präparaten neben der typischen Ligninsubstanz keine Reste und Umwandlungsprodukte der Kohlenhydrate, Eiweißstoffe, Gerbstoffe usw. vorkommen. Vor allem die „Humine" aus Kohlenhydraten, sowie die Gerbstoffe und andere zur Bildung schwerlöslicher Kondensationsprodukte neigende Begleitstoffe sind zu beachten.

Keine Gewähr für die Einheitlichkeit ist gegeben bei den durch alkalischen Aufschluß verholzter Faser gewonnenen „Alkaliligninen". Der Angriff des Alkalis, das zur Bildung von vorher nicht vorhandenen Carboxyl- oder Phenolgruppen führt, ist ebenso wenig einheitlich wie die gleichzeitig einsetzende Oxydation; Zersetzungsprodukte der alkaliempfindlichen Kohlenhydrate lassen sich nicht abtrennen. Tatsächlich scheint es, als seien irgendwelche Tatsachen, die für die Struktur des Lignins maßgebend sind, noch nicht an „Alkaliligninen" ermittelt worden.

Ähnliches gilt für die „Ligninacetale". Es ist zwar denkbar, daß aus einem mit Alkohol-Benzol sowie verdünntem Alkali extrahierten ausgesuchten Holzmehl die Ligninkomponente mit Alkoholen sowie Glykolen und Säure einigermaßen einheitlich in Lösung gebracht wird; aber es kann ebensogut sein, daß Umsetzungsprodukte der Kohlenhydrate mit in Lösung gehen und nicht mehr abtrennbar sind; das Kriterium der Einheitlichkeit fehlt, da Alkohole, sowie Glykole und Glycerin bei der Bestimmung nach ZEISEL Methoxyl vortäuschen und somit die Methoxylbestimmung illusorisch machen. Der neuerdings[1] verwendete Benzylalkohol ist vielleicht besser brauchbar.

Die „Phenollignine", *technische* Sulfitablauge (auch nach Reinigung über Aminsalze), sowie die technischen, bei der Holzverzuckerung abfallenden Lignine sind ebenfalls zur Konstitutionsforschung ungeeignet.

Nachdem R. WILLSTÄTTER und L. ZECHMEISTER[2] die Darstellung des bekannten Salzsäurelignins gefunden hatten, begannen alsbald R. WILLSTÄTTER und E. UNGAR a.a.O. eine umfassende Prüfung des experimentellen Materials an dem nunmehr zur chemischen Untersuchung geeigneten Lignin. Die Darstellung

[1] Ber. **66**, 262 (1933); S. 125.

[2] Ber. **46**, 2401 (1913).

wurde später von R. WILLSTÄTTER und L. KALB[1] sowie von K. FREUDENBERG und H. URBAN[2] verbessert. Für eine erneute chemische Durchforschung benutzte K. FREUDENBERG das nach seinem Verfahren dargestellte Lignin[3].

Für die Einheitlichkeit dieses Präparates spricht zunächst der hohe Methoxylgehalt (16,5 %, bei besonders ausgesuchtem Fichtenholzmehl bis 1 % mehr)[4,5]. Es ist nicht gelungen, diesen Betrag zu überschreiten. Weitere Kriterien sind: der gleichbleibende Gehalt an aliphatischem Hydroxyl (S. 122) und Methylendioxygruppen (S. 121), die Elementarzusammensetzung (S. 119), die Abwesenheit von Phenolhydroxyl (S. 122), Abwesenheit von alkalilöslichen Anteilen und von Kohlenhydraten. Eine weitere Stütze ist die Tatsache, daß sorgfältig bereitete und gereinigte Sulfitablauge, wenn ihr Gehalt an $—SO_3H$ berücksichtigt wird, in allen Punkten dieselbe Elementarzusammensetzung nebst Methoxylgehalt usw. besitzt. Verbrennt man in Wasser suspendiertes Lignin zur Hälfte mit Ozon, so hat der übrigbleibende Teil dieselbe Zusammensetzung wie vorher das Ganze[6].

3. Die Elementarzusammensetzung.

Selbst nach 1—2tägigem Trocknen des Lignins unter 1 mm Druck bei 130° wird bei Verbesserung des Vakuums (flüssige Luft) noch 1—2 % Wasser abgegeben[7]. Berücksichtigt man dies, so lassen sich folgende Ziffern angeben:

Gef. C 66—67 %; H 6,1; OCH_3 16,8 %; OCH_2 1,2 % (geschätzt 1,5); OH 9,6 %; $—\underset{H}{C}{=}\underset{H}{C}—$ 1,7 %.

Um diese Zahlen auf die typischen Gruppen zu reduzieren, werden die akzessorischen Gruppen folgendermaßen eliminiert: Für 1,5 OCH_2 wird derselbe Betrag OCH_3 in Rechnung gestellt. Dies ist zulässig, weil die Dioxymethylengruppe bestimmt ebenso wie die Methoxylgruppe aromatisch gebunden ist. Aus

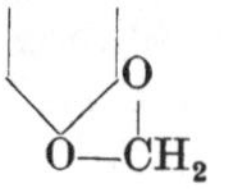

$$\text{(Ring mit } O—CH_2—O\text{)} \quad \text{wird dadurch} \quad \text{(Ring mit } OCH_3 \text{ und } O\text{)}.$$

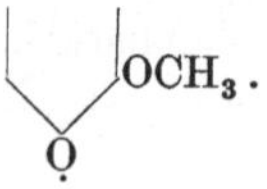

Die Äthylengruppe (1,7 % $—\underset{H}{C}=\underset{H}{C}—$) wird in $—\underset{HOH}{C}—\underset{H_2}{C}$ umgerechnet, indem 1,2 % Wasser zugezählt werden, die 0,1 % Wasserstoff und 1,1 % OH enthalten. Die obigen Analysenzahlen werden somit auf 101,2 statt 100 bezogen, der Wasserstoffgehalt wird 6,2, der Methoxylgehalt 18,3, der Hydroxylgehalt 10,7. Wieder auf 100 zurückgerechnet, ergibt sich:

Gef. C 65,2—66,2; H 6,1; OCH_3 18,1; OH 10,6; (—O—) 9,2.

Die letzte Zahl ist aus der Differenz berechnet. Ohne die Korrektur der etwas unsicheren Äthylengruppe ergibt sich:

Gef. 66—67 % C; 6,1 H; 18,3 OCH_3; 9,6 OH; (—O—) 8,8.

I $C_8H_6(OCH_3)(OH)(—O—) = C_9H_{10}O_3$
Ber. C 65,0; H 6,1; OCH_3 18,7; OH 10,2; (—O—) 9,6.

II $C_9H_6(OCH_3)(OH)(—O—) = C_{10}H_{10}O_3$
Ber. C 67,3; H 5,7; OCH_3 17,4; OH 9,5; (—O—) 9,0.

III $C_9H_8(OCH_3)(OH)(—O—) = C_{10}H_{12}O_3$
Ber. C 66,6; H 6,7; OCH_3 17,2; OH 9,4; (—O—) 8,9.

---

[1] Ber. 55, 2637 (1922).
[2] Dissert., H. URBAN, Karlsruhe 1926; URBAN, H.: Cellulosechemie 7, 73 (1926).
[3] Mit H. ZOCHER u. W. DÜRR: Ber. 62, 1814 (1929).
[4] Mit W. BELZ u. CHR. NIEMANN: Ber. 62, 1554 (1929).
[5] HÄGGLUND, E., u. H. URBAN: Biochem. Ztschr. 207, 1 (1929).
[6] Mit F. SOHNS, unveröffentlicht.
[7] Mit F. SOHNS, W. DURR u. CHR. NIEMANN: Cellulosechemie 12, 263 (1931).

Die zugrunde liegenden Kohlenwasserstoffe sind I′ C_8H_{10}, II′ C_9H_{10} oder III′ C_9H_{12}.

Die Formeln II bzw. II′ verdienen das größte Zutrauen, I bzw. I′ das geringste. Vielleicht steht ein Mittelwert zwischen II und III bzw. II′ und III′ der Wirklichkeit am nächsten.

Der Kohlenwasserstoff C_8H_{10} enthält 4 Doppelbindungen oder eine Ringbindung und 3 Doppelbindungen. Da ein Octatetraen nicht in Frage kommt, bleibt nur Äthylbenzol oder Xylol.

C_9H_{10} kann nur Allyl-Benzol, Isopropyliden-Benzol, Methyl-Styrol oder Hydrinden sein.

C_9H_{12} könnte Nonatetraen sein, das aber aus anderen Gründen ausgeschlossen ist. Propylbenzol oder ein isomeres Benzolderivat ist allein möglich.

In allen Fällen wird aus der Elementarzusammenstellung ein Benzolring gefordert[1]. Wollte man die beiden Tetraene in Erwägung ziehen, so müßten auch im Lignin selbst zahlreiche konjugierte Doppelbindungen vorkommen, oder es müßten *zwei* sauerstoffhaltige Heterocyclen angenommen werden. Es ist aber nur *ein* ätherartiges Sauerstoffatom vorhanden. Benzo-furan oder Benzopyransysteme sind dagegen möglich, wenn der Grundkohlenwasserstoff Äthyl-, Allyl- oder Propyl-benzol ist.

4. Einzelne Gruppen und Reaktionen.

Die Brenzcatechingruppe. Geht man einen Schritt weiter und nimmt man den Benzolkern in der aus vielen Gründen naheliegenden

Anordnung A —O⟨ ⟩—C
H₃CO

an, so müßten bei quantitativem Verlauf der Kalischmelze 62 % Brenzcatechin oder 86 % Protocatechusäure entstehen. Qualitative Hinweise auf die angegebene Gruppierung sind schon seit langem für Betrachtungen über die Konstitution des Lignins benutzt worden, so das spurenweise Auftreten von Vanillin bei oxydativen Veränderungen des Lignins oder der Sulfitablauge. Trotz mancherlei gegenteiliger Behauptungen können nur weniger als 2 % Vanillin aus Ligninpräparaten gewonnen werden, und es muß darauf hingewiesen werden, daß die Vanillin liefernde Gruppe akzessorisch sein könnte. Selbstverständlich ist die Gegenwart von Methoxyl ein starker Hinweis auf die Vanillingruppierung. Ähnlich sind die Folgerungen zu bewerten, die sich auf das Coniferin stützen. Dieses Glucosid des Oxy-methoxy-zimtalkohols (Coniferylalkohols)

H H
HO⟨ ⟩—C=C—CH₂OH
H₃CO

kommt in reichlicher Menge im Cambialsaft vor. Es ist sehr wahrscheinlich, daß zwischen Coniferylalkohol und Lignin ein biochemischer Zusammenhang besteht (KLASON); aber über die quantitativen Verhältnisse ist damit nichts ausgesagt.

Leider verläuft auch die Kalischmelze in quantitativer Hinsicht sehr unbefriedigend. Bis 260° wird das Lignin nicht tiefgreifend abgebaut, darüber findet unter Wärmeentwicklung eine starke Reaktion statt. Das Ergebnis ist neben viel Oxalsäure wenig Protocatechusäure, die schwer von der Oxalsäure zu trennen ist. Dies gelingt jedoch nach der Methylierung, da die entstehende

[1] Mit W. BELZ u. CHR. NIEMANN: Ber. **62**, 1554 (1929).

Veratrumsäure leicht zu bestimmen ist. Mehr als 13 % Protocatechusäure einschließlich Spuren von Brenzcatechin sind nicht nachweisbar, also nur ein Siebentel der erwarteten Menge[1]. Da aber Eugenol

$$\mathrm{HO(H_3CO)C_6H_3{-}CH_2{-}CH{=}CH_2}$$

bei der Kalischmelze ebensowenig Brenzcatechinderivate liefert[1], kann in dem Ergebnis kein Beweis gegen das vorwiegende Vorkommen des Brenzcatechinsystems im Lignin erblickt werden. So viel ist aber sicher, daß die Brenzcatechinanordnung zu den typischen und nicht den akzessorischen Anteilen des Lignins gehört.

Das Absorptionsspektrum des Lignins steht gleichfalls mit der Anordnung A in Einklang[2]. Auch hier läßt sich sagen, daß diese Komponente typisch und nicht nur akzessorisch ist. Ob aber 10, 20 oder 60 % des Lignins dieser Gruppe angehören, entscheiden die Aufnahmen nicht.

Wichtig ist der hohe Brechungsexponent 1,61 des Lignins[3,4], der durchaus in die Gruppe des Guajacols, Vanillins und Eugenols weist. Hier kann wohl auch ausgesagt werden, daß die Anordnung A in überwiegender Menge anwesend sein muß. Natürlich können hier wie bei den Absorptionsmessungen isomere Gruppierungen dasselbe Ergebnis liefern.

Die Elementaranalyse und Verteilung des Sauerstoffes sowie die Kalischmelze weisen auf Dioxybenzol, und zwar Brenzcatechin hin. Als typischer Bestandteil ausgeschlossen, höchstens als akzessorischer zulässig, ist Benzol, das nicht mit Sauerstoff substituiert oder nur einfach damit substituiert ist. Wo solche Systeme in Spuren angetroffen wurden, ist außerdem ihre sekundäre Bildung möglich. Das ist bewiesen bei den von Fr. Fischer und Schrader sowie von W. Fuchs[3,5] bei der Druckoxydation festgestellten Benzolpolycarbonsäuren und ist sehr wahrscheinlich bei der von M. Phillips und M. J. Goss[6] beobachteten Anissäure[7]

$$\mathrm{CH_3O{-}C_6H_4{-}COOH}\,.$$

Diese in Bruchteilen eines Prozentes bei der Oxydation von Produkten der Zinkstaubdestillation gewonnene Säure kann von dem Isovanillinsystem stammen, das schon früher wahrscheinlich gemacht wurde, oder es kann die Methylgruppe gewandert sein, wie dies bei hohen Temperaturen leicht vorkommt[8]. Ebensowenig lassen sich für das Buchenholzlignin Schlüsse ziehen aus dem spurenweisen Auftreten der m-, m- Dimethoxy-benzoesäure bei ähnlicher Behandlung[9]. Hier war die erhaltene Menge unzureichend, um reine Schmelzpunktsproben herzustellen.

---

[1] Mit M. Harder u. L. Markert: Ber. **61**, 1760 (1928); mit F. Sohns: Ber. **66**, 622 (1933). Durch neuere Bestimmungen bestätigt.

[2] Hägglund, E., u. F. Klingstedt: Svensk. Kem. Tidskr. **41**, 185 (1929); Ztschr. f. physik. Ch. A **152**, 295 (1931); Herzog, R. O., u. A. Hilmer: Ber. **60**, 365 (1927); Ztschr. f. physiol. Ch. **168**, 117 (1927); Ber. **64**, 1288 (1931); Papierfabrikant **1931**.

[3] Mit Sohns, Dürr, Niemann: Cellulosechemie **12**, 263 (1931).

[4] Mit Zocher u. Dürr: Ber. **62**, 1814 (1929).

[5] Horn, O.: Brennstoffchemie **1929**, Nr. 18.

[6] Journ. Amer. Chem. Soc. **54**, 1518 (1932).

[7] Das verwendete Lignin stammt aus Maisspindeln. Das gleichzeitig beobachtete Hydroeugenol ist ebenfalls in zu geringer Menge entstanden, um weitere Schlüsse zu erlauben.

[8] Pschorr, R., u. M. Silberbach: Ber. **37**, 2149 (1914); Freudenberg, K., H. Fikentscher u. M. Harder: Ann. **441**, 1601 (1925).

[9] A. v. Wacek: Ber. **63**, 282, 2984 (1930).

Alle Hinweise vereinigen sich demnach beim Fichtenlignin auf das Gerüst der Protocatechusäure

HO, HO —C—,

wobei zunächst offen bleibt, ob der Vanillin-, Isovanillin-typus oder beide nebeneinander vorliegen. Später wird gezeigt, daß mindestens zwei substitutionsfähige Wasserstoffatome im Kern vorhanden sind[1].

Die Methoxylgruppe. Bestimmung. Präparate, die mit Alkohol oder Äther in Berührung waren, müssen zunächst mit Wasser aufgekocht und dann getrocknet werden, weil anderenfalls die organischen Lösungsmittel auch bei schärfstem Trocknen adsorbiert bleiben und die Analyse verfälschen. Zur Mikroanalyse muß äußerst fein gepulvert und gemischt werden, weil die geringste Inhomogenität des Materials große Verschiedenheiten verursachen kann. Gutes Fichtenlignin enthält 16—17% OCH_3. Die Methoxylgruppe verhält sich wie aromatisch gebundenes Methoxyl. Dies wurde durch vergleichende Behandlung mit Jodwasserstoff festgestellt[1]. Die Resistenz gegen wäßrige Alkalien oder Säuren zeigt, daß nur eine Methyläther-, nicht eine Ester- oder Acetalgruppe in Frage kommt. Aliphatische Methyläther, z. B. der Cellulose, werden bedeutend leichter von Jodwasserstoff angegriffen als Lignin, das sich in dieser Hinsicht wie der Methyläther eines Phenols verhält.

Trotzdem ist es möglich, daß die Methoxyle den Benzolkern an verschiedenen Stellen substituieren. Es ist nicht ausgeschlossen, daß im Lignin neben dem Vanillintyp

—O —C—, OCH_3

der des Isovanillins vorkommt.

H_3CO · —C—, ·O

Das Lignin des Buchenholzes hat einen höheren Methoxylgehalt (21—22%) als das des Fichtenholzes[2, 3]. Vorsichtig bereitete Sulfitablauge besitzt noch den gesamten Methoxylgehalt des ursprünglichen Lignins[3].

Die Dioxymethylengruppe. Die geringe Menge Formaldehyd (0,9—1,2%), die mit heißer Säure aus dem Fichtenlignin abgespalten wird[3, 4], ist lange Zeit für Furfurol gehalten worden und hat Anlaß zu der irrtümlichen Annahme gegeben, daß Lignin Pentosane enthalte. Da Formaldehyd aus verdünnter wäßriger Lösung nicht, Furfurol aber leicht ausgeäthert werden kann, ist die Unterscheidung leicht durchzuführen. Der Formaldehyd wird mit Dimedon bestimmt. Gelegentlich auftretende Spuren von Acetaldehyd konnten auf einen geringen Gehalt des verwendeten Äthers an Acetaldehyd oder Acetal zurückgeführt werden[3].

Der Formaldehyd ist aus dem Lignin unter denselben Bedingungen abspaltbar wie aus Piperonylsäure oder anderen aromatischen Methylendioxyverbindungen, z. B. Narcein, Narcotin. In allen Fällen wird nur ein Teil des Formaldehyds gefunden, der wirkliche Gehalt des Lignins an acetalartig ge-

[1] Mit W. Belz u. Chr. Niemann: Ber. **62**, 1554 (1929).
[2] Wacek, A. v.; Ber. **63**, 282, 2984 (1930). [3] Mit F. Sohns: Ber. **66**, 262 (1933).
[4] Ber. **60**, 581 (1927); **61**, 1760 (1928); Cellulosechemie **12**, 263 (1931).

bundenem Formaldehyd dürfte 1,5% sein, also etwa ein Zehntel des Methoxyls. Bei der Betrachtung der Struktur des Lignins darf er nicht vernachlässigt werden.

Erhitzt man Lignin mit verdünntem Alkali unter Luftabschluß mehrere Tage auf 100°, so wird der Formaldehyd abgespalten, ohne daß Lignin in Lösung geht[1]. Im Lignin sind die der Dioxymethylengruppe entsprechenden zwei Phenolhydroxyle jetzt nachweisbar; qualitativ gibt sich das an der Graugrünfärbung mit Eisenchlorid zu erkennen. Das technische, sog. Torneschlignin enthält keinen Formaldehyd mehr, da er bei der Behandlung mit verdünnter Säure bei 170° abgespalten wird[1].

Das freie Hydroxyl. Die durchaus zu den typischen Gruppen gehörige Hydroxylgruppe[2] ist lange übersehen worden. Sie kann durch Titration nach Verley und Bölsing[3], sowie durch Acetylierung, Methylierung, Toluolsulfonierung oder sonstige Veresterung nachgewiesen werden und steht mit ausreichender Genauigkeit im stöchiometrischen Verhältnis zur Methoxylgruppe.

Zwecks Titration wird ein Gemisch von Essigsäureanhydrid und Pyridin ohne und mit Lignin bei 35° aufbewahrt und titriert. Essigsäureanhydrid gibt ungeachtet des anwesenden Pyridins den gesamten vom Zerfall in Essigsäure herrührenden acidimetrischen Titrationswert; die mit Lignin versetzte Probe verbraucht weniger Lauge, entsprechend den mit dem Lignin veresterten Acetylgruppen. Auf diese Weise hergestelltes Acetyl-lignin gibt bei der Acetylbestimmung Werte, die mit der Titration übereinstimmen.

Mit Toluolsulfochlorid läßt sich das Hydroxyl gleichfalls umsetzen; allerdings reagieren in diesem Falle, wohl wegen der Sperrigkeit des Chlorids, nur etwa 90% der Hydroxyle. Derartiges Toluolsulfolignin enthält etwa 40% Toluolsulfogruppen, trotzdem ist im mikroskopischen Aussehen ebenso wie beim Acetyllignin kein Unterschied gegenüber dem Lignin selbst wahrzunehmen.

Die Hydroxylgruppe kann primär, sekundär, tertiär oder phenolisch sein. Primäres Carbinol ist schon deshalb ausgeschlossen, weil es in stöchiometrisch verlaufender Reaktion zu Carboxyl oxydierbar sein müßte. Der oxydative Angriff auf das Lignin verläuft jedoch gänzlich anders.

Zur Kennzeichnung des Hydroxyls wurde die Umsetzung des Toluolsulfolignins mit Hydrazin benutzt[2] (S. 68). Primäres, mit Toluolsulfosäure verestertes Carbinol wird dabei vorwiegend durch Hydrazin ersetzt; sekundäres wird teils ersetzt, teils mit benachbartem Wasserstoff abgespalten unter Hinterlassung einer ungesättigten Verbindung; tertiäres ist noch nicht untersucht und dürfte vorwiegend abgespalten werden; Phenolester der Toluolsulfosäure bilden das freie Phenol zurück, wobei ein Äquivalent der besonders leicht wahrnehmbaren Toluolsulfinsäure entsteht (durch Reduktion des entstandenen Toluolsulfo-hydrazids durch Hydrazin). Der Reaktionsverlauf schließt Phenol und primäres Carbinol aus. Er ist unter der Annahme von sekundärem Carbinol einwandfrei zu erklären, da etwa zur Hälfte Substitution durch den Hydrazinrest, zur anderen Hälfte Wasseraustritt erfolgt[4]. Über die Möglichkeit eines tertiären Carbinols läßt sich wenig aussagen, da bisher keine Toluolsulfoester tertiärer Alkohole bekannt sind. Sie scheinen sich schwer zu bilden. Dennoch muß neben sekundärem auch tertiäres Carbinol in Betracht gezogen werden.

---

[1] Mit F. Sohns: Ber. **66**, 262 (1933).

[2] Mit H. Hess: Ann. **448**, 121 (1926); Cellulosechemie **7**, 73 (1926); **12**, 263 (1931).

[3] Ber. **34**, 3354 (1901); Peterson, V. L., u. E. S. West: Journ. Biol. Chem. **74**, 379 (1927).

[4] Die Ähnlichkeit der Ringsysteme des Lignins mit denen des Catechins kann auch vermuten lassen, daß Hydrazin unter Lösung von C—C-Bindungen eintritt. Vgl. Ann. **436**. 286 (1924) u. S. 60.

Der Umstand, daß bisher eine saubere Dehydrierung zum Keton mit keinen Mitteln erreicht wurde, könnte zugunsten tertiären Hydroxyls ausgelegt werden. Aber es gibt nicht selten sekundäre Carbinole, insbesondere alicyclische, die gleichfalls nicht dehydrierbar sind (z. B. Diacetonglucose, Tetramethylcatechin). Beim Lignin kommt hinzu, daß alle Reaktionen in der festen Phase verlaufen, was mancherlei Behinderung erklären könnte.

In der Ligninsulfosäure ist die Hydroxylgruppe (eine auf jedes Methoxyl) unverändert vorhanden[1].

Mit Diazomethan ist, wie bei Polysacchariden, nur eine unvollständige Methylierung des Hydroxyls zu erreichen. Dagegen führt Dimethylsulfat zur vollständigen Verätherung. Das Methyllignin hat sehr vorteilhafte Eigenschaften, insbesondere gegenüber Reagenzien, die den Benzolkern substituieren. Morphologisch und in seiner Unlöslichkeit ist es nicht vom Lignin zu unterscheiden.

Der Äthersauerstoff. Von den 3 Sauerstoffatomen der Grundsubstanz ist eines in der Methoxyl-, das zweite in der Hydroxylgruppe untergebracht. Für das dritte fehlt jeder direkte Nachweis. Einzig die tiefe Grünfärbung, die Lignin mit starken Mineralsäuren annimmt und die beim Verdünnen sofort verschwindet, läßt auf Äthersauerstoff, vielleicht cyclischen, schließen. Doch hat diese Reaktion keine quantitative Bedeutung.

Über den Charakter dieses Äthersauerstoffs läßt sich wenig aussagen. Jodwasserstoff scheint ihn bis 150° weder im Lignin noch der Ligninsulfosäure anzugreifen[2]. Damit ist ein aliphatischer Äther ausgeschlossen. Aromatische Äther, z. B. Diphenyloxyd, zeigen sich resistent gegen Jodwasserstoff. Aber auch cyclische Äther, in denen der Sauerstoff auf einer Seite von Benzol flankiert ist, sind widerstandsfähig. Bekanntlich kann in Flavonen, Flavonolen und Anthocyanidinen die Jodwasserstoffsäure das heterocyclische Sauerstoffatom nicht angreifen. Vom Äthersauerstoff des Lignins läßt sich also aussagen, daß er cyclisch und auf der einen Seite von Phenyl flankiert ist, während die andere Komponente unbekannt ist.

Wasserstoffatome des Kerns. Substitution. Es ist schon lange bekannt, daß Halogene sowie Salpetersäure energisch auf Lignin einwirken. Hier interessiert die Frage, ob hierbei Addition an eine Doppelbindung oder Substitution eines Benzolkernes eintritt. Im Falle der Halogene muß bei dem letzteren Vorgang ein Äquivalent Halogenwasserstoff auftreten. Um dieselbe Frage auch für die Nitrolignine zu entscheiden, wurde die *Einwirkung von Stickstoffdioxyd* untersucht, weil Salpetersäure zu viele Nebenreaktionen verursacht. Hierbei muß entweder NO_2 addiert werden, oder es muß für jede eintretende Nitro-gruppe ein Äquivalent salpetrige Säure oder, was dasselbe bedeutet, ein halbes Äquivalent Stickoxyd auftreten.

Die Reaktion führt zur Hauptsache zum Monosubstitutionsprodukt[2], z. B.

$$\text{C—C}_6\text{H}_3(\text{OCH}_3)\text{—O—} + (NO_2)_2 = \text{C—C}_6\text{H}_2(\text{O}_2\text{N})(\text{OCH}_3)\text{—O—} + HNO_2$$

Hierbei tritt Stickoxyd als Zerfallsprodukt der salpetrigen Säure in der erwarteten Menge auf. Gleichzeitig wird in einer Nebenreaktion $^1/_5$—$^1/_3$ des Methyls

[1] Mit F. Sohns: B. **66**, 262 (1933).
[2] Mit W. Dürr: Ber. **63**, 2713 (1930).

abgespalten. Die Einwirkung des Stickstoffdioxyds verläuft am einfachsten am Methyllignin.

Wenn ein solcher Reaktionsverlauf den gewünschten Aufschluß geben soll, muß er die ausreichende Übersichtlichkeit besitzen. Er muß vor allem auch mit einem Überschuß des Reaktionsmittels zum Stillstand kommen und darf von keiner störenden Nebenreaktion, wie etwa Oxydation, in nennenswertem Maße begleitet sein. Die unmittelbare Wirkung von wäßrigem Chlor oder Brom auf Lignin führt zu einem außerordentlich großen Verbrauch von Halogen und endet in der Bildung halogenreicher, wasserlöslicher Produkte von chinonartiger Beschaffenheit. Dagegen ist *Brom in Bromwasserstoff* verwendbar[1], weil dieser die Hydrolyse von Brom und damit die Oxydationswirkung zurückdrängt. Lignin nimmt für jedes Methoxyl ein Atom Brom auf, das sich hinterher in fester Bindung in dem unverändert aussehenden Bromlignin vorfindet. Zugleich wird etwas mehr als ein weiteres Atom in Bromwasserstoff übergeführt. Dieser Mehrbetrag rührt von einer Nebenreaktion her, bei der ein Teil ($^1/_3$—$^1/_4$) des Methyls abgespalten wird. Man darf die Hauptreaktion als glatte Substitution formulieren, z. B.

C — (Ring) — OCH_3, O — $+ Br_2 =$ C — (Ring) — Br, OCH_3, O — $+ HBr$

(wobei die Stellung des eintretenden Broms willkürlich gewählt ist), und kann für die zweite Reaktion, die nur zu einem Drittel abläuft, Bildung von o- oder p-Chinon annehmen, wobei weiterer Bromwasserstoff gebildet sowie Brommethyl oder Methylalkohol abgespalten wird. Die Hauptreaktion darf als gesichert angesehen werden.

Von besonderer Bedeutung ist die Tatsache, daß Bromlignin nitriert und Nitrolignin bromiert werden kann in einem Ausmaße, das auf die Gegenwart von mindestens 2 substitutionsbereiten Kernwasserstoffatomen schließen läßt[2].

Die sauberste Substitutionsreaktion des Lignins besteht in der Einwirkung von *Quecksilberacetat* in warmer alkoholischer Lösung[2]. In das unlösliche Lignin oder Methyllignin tritt an Stelle eines Wasserstoffatoms die einwertige Quecksilberacetatgruppe, und zwar 0,8 Atom Hg

C — (Ring) — OCH_3, O — $+ Hg(OOC \cdot CH_3)_2 =$ C — (Ring) — $HgOOC \cdot CH_3$, OCH_3, O — $+ HOOC \cdot CH_3$

für ein ursprüngliches Methoxyl. Daß nicht ein ganzes Atom eintritt, mag mit dem sperrigen Bau des Quecksilberacetats zusammenhängen, oder es liegt ein Teil des Lignins in einer anderen, der obigen isomeren Form vor, die weniger leicht reagieren könnte. Das mit 30—40% Quecksilber beladene Lignin oder Methyllignin hat das morphologische Bild vollkommen unverändert beibehalten. Durch Jod wird die Quecksilberacetatgruppe quantitativ ersetzt. Auch das Jodlignin sieht unverändert aus. Methyl wird bei diesen Reaktionen nicht abgespalten.

[1] Mit W. Belz u. Chr. Niemann: Ber. **62**, 1554 (1929).
[2] Cellulosechemie **12**, 263 (1931).

Diese Reaktionen weisen sämtlich auf die Anwesenheit eines Benzolkerns hin, der an mindestens 2 Stellen substituierbar ist.

Kondensationsprodukte mit Alkoholen. Die Bildung dieser wenig erforschten Substanzen, die zu Unrecht den Namen Ligninacetale tragen, wurde von J. GRÜSS[1] entdeckt. Holz gibt an heißen Alkohol, der wenig wäßrige Mineralsäure enthält, den Ligninanteil ganz oder zum Teil ab. Diese Reaktion ist von RASSOW, HÄGGLUND, HIBBERT, FUCHS auf verschiedene ein- und mehrwertige Alkohole ausgedehnt worden. Auch (acetalhaltiges?) Dioxan hat Verwendung gefunden, und wir können dieser Reihe den *Benzylalkohol* als ein sehr geeignetes Reagens anfügen. Daß es sich um eine Kondensation handelt (vielleicht auch teilweise Umätherung), geht aus der Gewichtszunahme des Lignins während der Auflösung hervor[2].

Gerade am Benzylalkohol konnte vor 60 Jahren (V. MEYER und C. WURSTER)[3] eine Reaktion entdeckt werden, deren biochemische Bedeutung bisher nicht genügend erkannt war. Dieser Alkohol kondensiert sich unter der Einwirkung von *Schwefelsäure* bei niederer Temperatur mit *Benzol* zu *Diphenylmethan, Dibenzyl-benzol* und höheren Kohlenwasserstoffen. Später ist diese Reaktion auf andere, insbesondere aliphatische Alkohole ausgedehnt worden, so von A. BROCHET[4], der I.-G. Farbenindustrie[5] sowie von H. MEYER und K. BERNHAUER[6]. Substituiertes Benzol erweist sich, wie zu erwarten, als reaktionsfähiger. Vor allem sind Phenole und Phenolderivate geeignet.

Der Versuch von V. MEYER und C. WURSTER war angeregt durch eine Beobachtung von A. BAEYER[7], der aus Methylal, Benzol und Schwefelsäure Diphenyl-methan und dieselben höheren Kohlenwasserstoffe gewonnen hatte. Es versteht sich von selbst, daß sich hierbei zunächst Benzylalkohol oder eines seiner Derivate bildet, die sich weiter mit Benzol oder dem Benzolkern des Benzylalkohols kondensieren. *Salicylalkohol* oder *p-Oxy-benzylalkohol*, die beide aus Phenol und Formaldehyd zugänglich sind[8], bilden außerordentlich leicht harzige Kondensationsprodukte[9] von derselben Art, wie sie unmittelbar aus Phenol und Formaldehyd entstehen[10]. Diese Produkte gehören dem *Bakelit*-Typus an, in dem Phenolreste durch Methylenbrücken wirr zu hochmolekularen Gebilden kondensiert sind. Ohne Zweifel verläuft die Kondensation des Coniferylalkohols entsprechend. In Schema I ist die Stellung, in der das primäre Carbinol mit dem Kern kondensiert ist, willkürlich angenommen. Neuerdings hat sich ergeben[11], daß der Kondensation (unter Verlust von Wasser) eine Polymerisation vorausgeht.

In der Chemie der *Gerbstoffe* bildet diese Reaktion die Erklärung für die bisher unverständliche Kondensation einfacherer Gerbstoffe, etwa des *Catechins* (II), zu höher molekularen, amorphen Gerbstoffen bis hinauf zu den schwerlöslichen Gerbstoff-Roten oder Phlobaphenen[12]. In diesem Falle dürfte das sekundäre Hydroxyl vorwiegend mit dem Phloroglucinkern des nächsten Moleküls kondensiert werden; das Kondensationsprodukt besitzt seinerseits dieselben Gruppen zur Weiterführung der Reaktion. Man kann die reaktionsfähige Stelle eines Phenols in den aktivierten Doppelbindungen erblicken; in besonderen Fällen genügt auch eine einzelne reaktionsfähige Doppelbindung, so im *Glucal* (III), dessen Neigung zur Verharzung M. BERGMANN und C. POJARLIEFF[13] bereits früher mit der Rotbildung verglichen haben. Zur Bildung phlobaphenartiger Substanzen sind, wie zu erwarten,

---

[1] Ber. dtsch. bot. Ges. **38**, 361 (1921).
[2] Cellulosechemie **12**, 263 (1931).
[3] B. **6**, 963 (1873).
[4] Bull. Soc. Chim. France (3) **9**, 687 (1893); C. r. d. l'Acad. des sciences **117**, 235 (1893).
[5] GÜNTHER, FR.: DRP. 336558, 350809 (1921).
[6] Monatshefte f. Chemie **54**, 721 (1929).
[7] B. **6**, 221 (1873).
[8] MANASSE, O.: B. **27**, 2411 (1894).
[9] PIRIA: Ann. Chim. Phys. (3) **14**, 268 (1845); DE LAIRE: C. **1907 II**, 2002; Molekülgröße: Cellulosechemie **12**, 274 (1931).
[10] BAEYER, A.: B. **5**, 1094 (1872).
[11] Unveröffentlicht. Vielleicht ist das primäre Produkt von der Art des Dehydrodiisoeugenols (H. ERDTMANN, Ann. **503**, 283 (1933). Vergl. S. 136, 138.
[12] FREUDENBERG, K.: Collegium **1924**, 418; B. **66**, 263 (1933). Auch hier scheint (unter Ringöffnung?) zunächst kein Verlust von Wasser einzutreten.
[13] Collegium **1931**, 244.

auch carbonylhaltige Substanzen befähigt (z. B. Maclurin, ein Pentaoxy-benzophenon) oder Poly-phenole selbst. Die Kondensation des Phloroglucins zum Pentaoxy-biphenyl kann als ein einfaches Beispiel solcher Reaktionen angesehen werden. Vielleicht reagiert hier die Ketoform des einen Phloroglucin-Moleküls mit der Enolform des anderen.

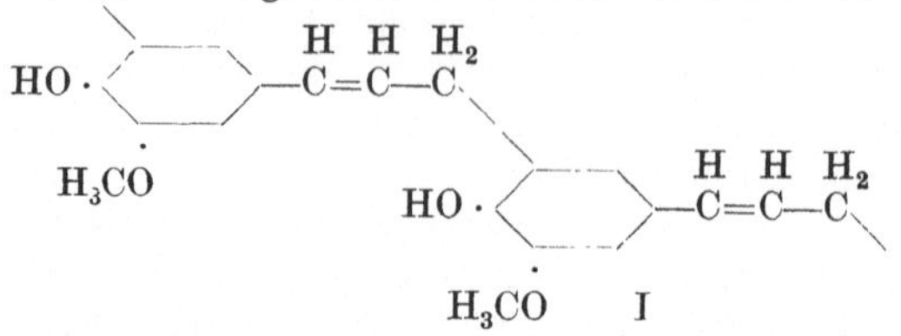

HO · ⟨ ⟩ —C=C—C (H H H_2)
H_3CO
HO · ⟨ ⟩ —C=C—C (H H H_2)
H_3CO I

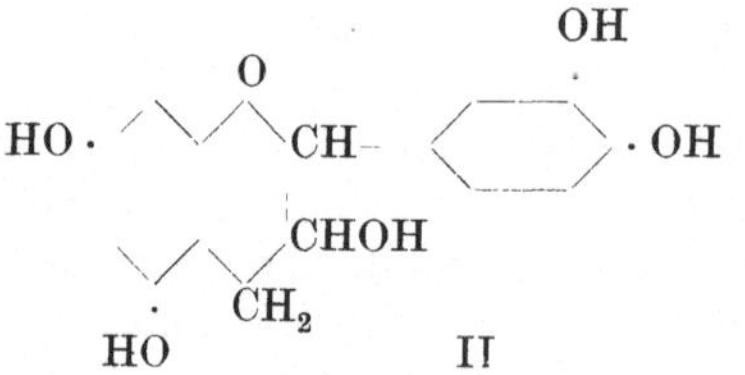

HO · ⟨ ⟩ O CH — ⟨ ⟩ · OH (OH) ; CHOH ; CH_2 ; HO II

HC (O) CH · CH_2 · OH ; HC CHOH ; C ; HOH III

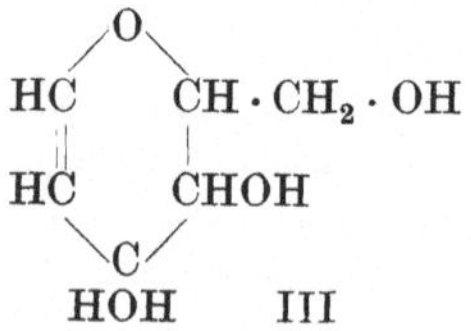

In der Ligninchemie begegnen wir diesen Reaktionen in mannigfaltiger Form. Zunächst besteht der Aufbau des Kohlenstoffgerüstes des Lignins in der Kondensation der Seitenkette des einen Phenyl-propan-Restes mit dem Kern des nächsten[1]. Sodann kann die Vergrößerung der Teilchen während der postmortalen Lagerung im Holze oder der chemischen Eingriffe bei der Isolierung des Lignins in Kondensationen des Carbinols des Lignins mit den Kernen beruhen. Ferner sind die oben geschilderten, fälschlich „*Ligninacetale*" genannten Kondensationsprodukte mit Alkoholen unter diese Reaktion einzureihen und schließlich noch die Kondensationsprodukte von Phenolen mit Lignin, die sog. „*Phenollignine*".

Zum Zwecke der Übersicht kann man sämtliche Reaktionen in zwei Klassen einteilen: 1. Ein Alkohol oder eine Carbonylverbindung (in Sonderfällen auch ein Phenol) reagiert mit einem Benzolderivat (z. B. Isopropylalkohol mit Kresolsulfonsäure[2], Glykol-monochlorhydrin mit Lignin). Die Reaktionsteilnehmer sind vorher getrennt; nach ihrer Vereinigung bleibt die Reaktion stehen. 2. Alkoholische und benzolische Komponenten sind im gleichen Molekül vereint (Salicylalkohol, Catechin, Glucal); das entstehende Kondensationsprodukt besitzt dieselben Funktionen und reagiert bis zum hochpolymeren Zustand weiter.

Wir bezweifeln nach alledem nicht, daß die Auflösung des Lignins in angesäuerten Alkoholen auf einer solchen Kondensation beruht[3], vermuten aber, daß außerdem Ätherbildung und Umätherung eintreten kann[4]. Die „Ligninacetale" und alle durch Glykole[5], Phenole[6] und andere organische Lösungsmittel gewonnenen Ligninpräparate sind von höchst unübersichtlicher Zusammensetzung. Vor allem gilt dies für solche Präparate, die in Gegenwart anderer Holzbestandteile in Lösung gebracht sind und unter Namen wie „Primärlignin" usw. in der Literatur eine Rolle spielen.

Diazobenzolsulfosäure läßt sich, wenn auch nicht in stöchiometrischem Ausmaße, mit Lignin kuppeln[7]. Das alkalilösliche Reaktionsprodukt ist zum Spreitungsversuch verwendet worden, s. S. 131.

---

[1] Die verschiedenen Moglichkeiten sind auf S. 136 angeführt.
[2] Fr. Gunther: DRP. 336558, 350809 (1921).
[3] Cellulosechemie **12**, 273 (1931).
[4] Vgl. E. Hägglund u. T. Rosenquist: Biochem. Ztschr. **179**, 376 (1926).
[5] Glykol täuscht Methoxyl im Zeisel-Apparat vor.
[6] Küster, W., u. F. Schoder: Ztschr. f. physiol. Ch. **170**, 44 (1927). Der Formaldehyd des Lignins reagiert unter anderem mit β-Naphthol.
[7] Küster, W., u. R. Daur: Cellulosechemie **11**, 4 (1930).

Die Doppelbindung. Die Reaktion mit Brom hat die *Abwesenheit* einer bromierbaren, mit dem Methoxyl oder den anderen typischen Gruppen im stöchiometrischen Verhältnis stehenden Äthylenbindung ergeben. Von den 3 Benzol-Kohlenwasserstoffen, auf welche der Baustein des Lignins zurückgeführt werden kann, läßt nur einer, C_9H_{10}, eine Doppelbindung in der Seitenkette zu. Einsatz der typischen Gruppen in diesen Kohlenwasserstoff würde

```
               H  H  H
—O<     >—C—C=C—
H3CO        OH
```

als die einzige denkbare ungesättigte Formel für den Baustein des Lignins ergeben, in welchem danach die Vinyläthergruppe

```
   H  H
R—C=C—O—<
```

die einem Halbacetal gleich zu werten ist, vorkäme. Das ist aber angesichts der Festigkeit dieser Bindung unmöglich. Abgesehen davon fehlt jeder unmittelbare experimentelle Hinweis für das Vorkommen einer Doppelbindung unter den typischen Gruppen. Läge die obige Formel vor, so sollte mit Bleitetra-acetat ein Acetylprodukt

```
                H    H    H
—O<     >—C—C—C—
H3CO        OH OAc OAc
```

mit 28% Acetyl entstehen. Es wird zwar Acetoxyl aufgenommen, so daß im Reaktions-produkt 5—6% Acetyl gefunden werden[1]; aber dieser Betrag weist erst für jeden achten Vanillylrest auf eine Doppelbindung hin. Möglicherweise ist die Zahl der Doppelbindungen noch geringer, und es kann sein, daß diese Doppelbindungen dadurch zustande kommen, daß in einem kleinen Teil der Bausteine die Gruppe

```
 H  H
—C—C—
OH H
```

Wasser abspaltet. Die Doppelbindung nimmt ebenso wie die Methylendioxydgruppe eine Zwischenstellung zwischen den typischen und den akzessorischen Gruppen ein. In den weiter unten beschriebenen ringförmigen Kondensationsprodukten ist die Gegenwart von Doppelbindungen leichter zu erklären.

Die Ligninsulfosäure. Die Konstitutionsforschung kann sich nur auf Präparate verlassen, die aus ausgesuchtem Fichtenholz in schonender Weise bei nicht mehr als 120° hergestellt sind. Da bei der Kochung große Mengen von Kohlenhydraten in Lösung gehen, muß die Ligninsulfosäure von diesen getrennt werden. Dies geschieht zweckmäßig durch Fällen mit Chinolin[2] und Zerlegen des Niederschlags mit Alkali[3]. Das Chinolin wird ausgeäthert, und der Rest mit Wasserdampf im Vakuum abdestilliert. Durch Elektrodialyse wird die Ligninsulfosäure schließlich von Mineralbestandteilen befreit; sie wird durch Eindunsten ihrer wäßrigen Lösung als hellbraunes Pulver gewonnen.

Der Gehalt an Schwefel (ca. 4%) zeigt an, daß etwa in jede vierte Vanillylgruppe eine SO_3H-Gruppe eingetreten ist. Sie läßt sich acidimetrisch und potentiometrisch titrieren. Rechnet man diese Gruppe ab, so ist die Elementarzusammensetzung des Lignins unverändert geblieben; auch der Gehalt an Methoxyl und Dioxymethylen ist der gleiche; durch Methylierung läßt sich das aliphatische Hydroxyl nachweisen[3].

---

[1] Cellulosechemie **12**, 263 (1931).
[2] Weil dieses als tertiäres Amin keine Kondensationsprodukte liefert und daher leicht zu entfernen ist.
[3] Ber. **66**, 262 (1933).

Auch im starken Potentialgefälle durchdringt die Ligninsulfosäure nicht die Pergamentmembran; ihr mittleres Molekulargewicht muß viele Tausende betragen. Es ist selbstverständlich, daß die Teilchengröße sehr schwankt, und obendrein dürfte die Sulfogruppe sehr unregelmäßig über die Teilchen verteilt sein. Kleine Teilchen mit viel Sulfogruppen werden leichter lösliche Salze bilden als große mit wenig Sulfogruppen; daraus läßt sich z. B. das Vorkommen von Naphtylaminsalzen verschiedener Löslichkeit erklären. Die in der Literatur verzeichneten Versuche, die abgestufte elektrolytische Dissoziation der Ligninsulfosäure zu deuten, müssen an der Ungleichartigkeit der Teilchen scheitern.

Die Bildung der Ligninsulfosäure kann in einer Anlagerung an eine Doppelbindung bestehen:

$$\begin{matrix} \text{H} & \text{H} \\ -\text{C}= & \text{C}- \end{matrix} + HSO_3H = \begin{matrix} \text{H} & \text{H} \\ -\text{C}- & \text{C} \\ \text{H} & SO_3H \end{matrix}$$

Da aber mehr Sulfogruppen eintreten als Doppelbindungen im Lignin vorhanden sind, müßten zuerst Doppelbindungen entstehen:

$$\begin{matrix} \text{H} & \text{H} \\ -\text{C}- & \text{C}- \\ \text{H} & \text{OH} \end{matrix} = \begin{matrix} \text{H} & \text{H} \\ -\text{C}= & \text{C}- \end{matrix} + H_2O$$

Möglicherweise entsteht zuerst ein Ester der schwefligen Säure

$$\begin{matrix} \text{H} & \text{H} \\ -\text{C}- & \text{C}- \\ \text{H} & \text{O}\cdot SO_2. \end{matrix}$$

der sich direkt in Sulfosäure umlagert oder schweflige Säure abspaltet unter Bildung einer Doppelbindung. Anlagerung von schwefliger Säure ist besonders in der Gruppe der Zimtsäure gut bekannt.

Neben dieser Auffassung von der Ligninsulfosäure kommt noch Sulfurierung des Kernes in Betracht, die bei Phenolen oder Phenolderivaten vorkommt. Da während des Kochprozesses teilweise Disproportionierung der schwefligen Säure eintritt, kann folgendes Reaktionsschema in Betracht kommen:

$$[\text{Ring}]\begin{matrix} \text{CH} \\ \text{CH} \end{matrix} + \begin{matrix} SO_3H \\ \text{H} \end{matrix} = [\text{Ring}]\begin{matrix} \text{H} \\ \text{C}-SO_3H \\ CH_2 \end{matrix} + \frac{SO_2}{2} = [\text{Ring}]\cdot SO_3H + H_2O + \frac{S}{2}.$$

Die Zusammensetzung der Ligninsulfosäure macht es wahrscheinlich, daß bei der Sulfurierung alles oder fast alles Hydroxyl erhalten bleibt[1]. Daraus wäre zu schließen, daß tatsächlich Sulfurierung des Kernes vorliegt.

Optische Aktivität kann nur an gelösten Präparaten untersucht werden. Ligninsulfosäure ist inaktiv[2]; die starke Färbung macht allerdings eine genaue Beobachtung unmöglich, und es könnte dennoch eine spezifische Drehung von einigen Graden vorliegen. Es ist jedoch sehr wahrscheinlich, daß während der Kochung Razemisierung eingetreten wäre, falls Lignin überhaupt optisch aktiv ist. Versuche mit der Lösung des Natriumsalzes von Azobenzolsulfo-lignin, die in der Kälte herstellbar ist, haben gleichfalls zur Feststellung geführt[2], daß die spezifische Drehung, falls sie vorhanden ist, geringer als 5^0 sein muß. Da jedoch alles zur Untersuchung gelangte Lignin nach seiner Entstehung durchschnittlich viele Jahre im Holze geruht hat, ist es denkbar, daß in dieser langen Zeit schon bei gewöhnlicher Temperatur Razemisierung eingetreten ist. Ein ähnlicher Fall liegt beim Catechin aus altem Akaziaholz vor[3]. Beim Lignin

[1] K. Freudenberg, Papierfabrikant **30**, Heft 13 (1932); K. Freudenberg, F. Sohns, Ber. **66**, 262 (1933). Vergl. E. Hägglund u. G. E. Carlsson, Biochem. Ztschr. **257**, 467 (1933).

[2] Ber. **66**, 262 (1933). [3] Mit L. Öhler: Ann. **483**, 142 (1931).

liegt das Asymmetriezentrum möglicherweise nahe an Benzolkernen und ist daher der Razemisierung leichter zugänglich als z. B. die Carbinole der Zucker, deren Aktivität so beständig ist wie die Substanz selbst. Die Inaktivität der Ligninderivate steht daher nicht in Widerspruch mit der Anwesenheit einer asymmetrischen Gruppe.

Oxydation und Reduktion. Ein Konstitutionsschema des Lignins muß der beachtenswerten Tatsache Rechnung tragen, daß durch gelinde Oxydation einzelne periphere Carboxylgruppen entstehen, die das Teilchen alkalilöslich machen, ohne das gesamte Gefüge nennenswert zu verändern. Tiefer greifende Oxydation führt aber stets zu einfachsten Abbauprodukten wie Ameisen-, Essig- und Oxalsäure. Es gelingt nicht, ein molekulardisperses Zwischenprodukt der Oxydation zu fassen; ein solches muß vielmehr, falls es zwischendurch entsteht, sehr oxydabel sein. Das ist verständlich, wenn als Zwischenprodukte des oxydativen Abbaus Phenole entstehen. Die unten gegebenen Formeln lassen einen solchen Vorgang erwarten.

Die quantitative Bestimmung der Essigsäure hat ergeben, daß bei der nassen Oxydation des Lignins *Essigsäure* gebildet wird in einem Ausmaße, das auf das Vorkommen der typischen Gruppe $CH_3 \cdot C$— hinweist. Mit Ozon entsteht 1—2% Essigsäure, mit Chromsäure 6%; das bedeutet $^1/_5$ H_3C—C auf eine Methoxylgruppe[1]. Ob die esterartig gebundene Essigsäure des Holzes (1—2%) der Ligninkomponente angehört, ist nicht erwiesen. Die Abwesenheit von Bernsteinsäure in den Oxydationsprodukten des Lignins sowie des mit Jodwasserstoff reduzierten Lignins wird auf S. 137 besprochen. Die Reduktion verwandelt bei energischer Einwirkung (250°) von Jodwasserstoff und Phosphor einen Teil des Lignins in ein Gemisch von Kohlenwasserstoffen verschiedener hohen Molekulargewichts, deren durchschnittliche Zusammensetzung $(C_1H_{1,6})_x$ ist[2]. Nach heutiger Auffassung ließe sich daraus folgern, daß Ketten vorliegen, in denen 4 Glieder der Formel I mit einem Glied der

I C_9H_{14} II C_9H_{16}

Formel II abwechseln. Solche Mischungen würden der angegebenen Zusammensetzung entsprechen und im Einklang stehen mit den weiter unten vorgeschlagenen Formeln.

Bei 150° scheint nach neueren Versuchen ein Produkt zu entstehen[1], das dem Lignin nahesteht, aber entmethyliert ist und das aliphatische Hydroxyl verloren hat. In diesem hochmolekularen Produkt scheint das Kohlenstoffgerüst des Lignins noch erhalten zu sein. Auch das Äthersauerstoffatom ist noch vorhanden.

Die Zinkstaubdestillation. Bei 400° entstehen ölige Destillate[3], aus denen definierte Produkte in so winzigen Mengen isoliert wurden, daß sie für Schlüsse auf die Konstitution nicht herangezogen werden können (vgl. S. 120).

Alkalischmelze. Die Einwirkung von Alkali führt unter 260° zu oberflächlich veränderten, alkalilöslichen Produkten, die noch hochmolekular sind. Erst bei der genannten Temperatur setzt der stark exotherm verlaufende Zusammenbruch des Lignins ein. Offenbar wird eine bestimmte Bindung der Bausteine gesprengt, die wir weiter unten zu definieren suchen. Was übrigbleibt, sind

[1] Mit F. Sohns: Ber. **66**, 262 (1933).
[2] Willstätter, R., u. L. Kalb: Ber. **55**, 2637 (1922).
[3] Phillips, M., u. M. J. Goss: Journ. Amer. Chem. Soc. **54**, 1518 (1932).

molekulardisperse Spaltstücke — vor allem Protocatechusäure (nachweisbar bis 13%)[1], Ameisen-, Essig- und Oxalsäure sowie Zersetzungsprodukte.

Bei der hohen Temperatur, die für die Kalischmelze nötig ist, geht etwa entstehende Dicarbonsäure in Monocarbonsäure über, da von allen Dioxybenzoldicarbonsäuren nur die Protocatechusäure unter diesen Bedingungen standhält. Das Ergebnis der Kalischmelze beweist also nichts gegen die Annahme, daß der Protocatechurest

—O·⟨benzene ring⟩—C
—O·

noch an einer anderen Stelle durch Kohlenstoff substituiert ist. Weiteres ist bereits auf S. 119 und 120 mitgeteilt.

Akzessorische Gruppen. Die eigentliche Farbreaktion auf Lignin — Rotfärbung mit Salzsäure und Phloroglucin — ist durchaus untypisch, da sie von verschiedensten Methoxy- und Oxybenzolderivaten mit ungesättigter Seitenkette gegeben wird[2], unter anderem vom Coniferylalkohol

$$HO\langle\;\rangle\!-\!\overset{H}{C}\!=\!\overset{H}{C}\!-\!CH_2OH\,.\quad (H_3CO)$$

Eine quantitative Angabe der reagierenden Gruppe ist unmöglich, und es ist nicht einmal feststellbar, ob sie dem Lignin selbst oder einer in Spuren anwesenden Beimengung angehört.

Ähnlich steht es mit der Reaktion auf Aldehyde. Schon die Gelbfärbung, die Fichtenholz mit Alkalien zeigt, deutet auf die Anwesenheit von freiem Oxyaldehyd hin, wobei es dahingestellt bleibt, ob dieser dem Lignin angehört. Isoliertes Lignin gibt mit Anilin und anderen Aminen gelbe Färbungen, die durch Bildung SCHIFFscher Basen gedeutet werden. Das direkte Bindungsvermögen des isolierten Lignins für Hydrazin ist jedoch sehr gering[3].

5. Molekulare Beschaffenheit.

Lignin ist in situ, also im Holze, reaktionsfähiger als im isolierten Zustande. Offenbar findet während der Isolierung eine weitere Kondensation statt. Das sog. genuine Lignin läßt sich nicht isolieren oder in Gestalt brauchbarer Derivate der Untersuchung zuführen. Das einzige zuverläsige Material ist, wie schon oben erwähnt, das isolierte, hochkondensierte Lignin sowie sorgfältig gereinigte Ligninsulfosäure. Beide haben ein sehr hohes „Molekulargewicht", das nicht definierbar ist, da die Teilchen bestimmt nicht unter sich gleich sind. Alle Versuche zur Molekulargewichtsbestimmung halten wir für völlig zwecklos, besonders auch deshalb, weil hochmolekulare Substanzen häufig bei den üblichen Meßverfahren kleine Molekulargewichte vortäuschen.

Der Unterschied zwischen genuinem und isoliertem Lignin ist nur gradueller, nicht grundsätzlicher Art. Insbesondere fällt auf, daß der Lösungsvorgang bei Behandlung mit Alkoholen und Säuren sowie mit Bisulfit am isolierten Lignin stark verzögert ist. Dies kann einer dichteren Packung zugeschrieben werden; das Ligningefüge schrumpft etwas bei der Isolierung. Da es aber nahezu quantitativ „durchreagiert" wie ein gelöster Körper, möchten wir für die geringe Reaktionsfähigkeit des isolierten Lignins eine andere Ursache vermuten. Ein

---

[1] Ber. **61**, 1760 (1928); **66**, 262 (1933).
[2] CZAPEK, F.: Ztschr. f. physiol. Ch. **27**, 154 (1899).
[3] Mit K. HESS: Ann. **448**, 121 (1926).

einzelnes Teilchen des genuinen Lignins soll beispielsweise die willkürlich gewählte Molekülgröße 4000 haben. Es wird zu seiner Löslichmachung einer bestimmten Anzahl, sagen wir 6, einzuführender Alkohol- oder Sulfogruppen bedürfen. Wird es kondensiert, z. B. auf das 5fache, so wird das Teilchen, das jetzt die Größe 20000 besitzt, *mehr* als 5 mal 6 eingeführte Gruppen brauchen, um in Lösung zu gehen. Das Konstitutionsschema des genuinen Lignins muß derart sein, daß eine Fortsetzung der Kondensation erklärlich wird. Dabei bleibt zunächst die Frage offen, ob das Kondensationsprinzip, das vom genuinen zum isolierten Lignin führt, dasselbe ist wie das von den Bausteinen zum genuinen Lignin führende oder ein anderes. Die später zu besprechende Tatsache, daß das isolierte Lignin die ursprüngliche Lage des genuinen, wenn auch nach einer gewissen Schrumpfung, beibehält (Erhaltung des morphologischen Aufbaus), läßt darauf schließen, daß sich die kondensationsbereiten Stellen leicht zueinanderfinden ohne nennenswerte Veränderung der Lage des Teilchens. Der feste Zusammenhalt des isolierten Ligningefüges, der an Zunder erinnert, läßt außerdem auf eine dreidimensionale Ausbildung des Teilchens schließen. Hiermit stimmt der Spreitungsversuch überein, der mit Lignin ausgeführt wurde, das durch Kuppelung mit diazobenzolsulfosaurem Natrium in Lösung gebracht war. Die Dicke beträgt etwa 20 Å[1].

Sämtliche Reaktionen des ungelösten Lignins, die oben geschildert sind, beweisen, daß es „durchreagiert". Es ist eine permutoide Substanz, deren Gruppen sämtlich offen liegen. Das Röntgendiagramm ist das einer amorphen Substanz. Reagenzien brauchen keine meßbare Zeit zur Durchdringung des Gefüges und reagieren sofort mit allen Gruppen. Alles dies läßt auf eine vollständig wirre Anordnung schließen („ideal amorph", s. weiter unten).

Trotz der Inhomogenität der Reaktionsmischungen verlaufen die Methylierung und Acetylierung, also die wichtigsten Umsetzungen des Carbinols, quantitativ. Die Veresterung mit Toluolsulfochlorid gelingt dagegen nur zu 80—90%. Hieran dürfte die Sperrigkeit der Toluolsulfosäure schuld sein. Dasselbe gilt für die Kernsubstitution durch Quecksilberacetat. Bromierung und Nitrierung des Kernes scheinen dagegen quantitativ zu verlaufen, sind aber durch Nebenreaktionen in ihrer Schärfe beeinträchtigt. Hier zeigt sich die immer wiederkehrende Schwierigkeit der Ligninchemie; während bei molekulardispersen Substanzen Nebenreaktionen dadurch überwunden werden, daß man das Hauptprodukt durch Krystallisation oder sonstwie von den Nebenprodukten abtrennt, bleiben hier alle Reaktionsprodukte in ein und demselben Gefüge untrennbar vereinigt.

Über andere, mit der molekularen Beschaffenheit zusammenhängende Erscheinungen ist in den Abschnitten über die Oxydation und die Kalischmelze berichtet worden. Es handelt sich um die Erscheinung, daß periphere Gruppen in Carboxyl verwandelt werden ohne tiefgreifende Veränderungen des gesamten Gefüges. Erst weitere Einwirkung verursacht Auftrennung in kleinere Stücke.

6. Polymerer Zustand.

Im Kapitel b 1 wurde die Behauptung aufgestellt, daß das Lignin hochpolymer ist, und zwar homöopolymer oder heteropolymer. Unter diesem Gesichtspunkte sind sämtliche experimentellen Feststellungen der voranstehenden Kapitel b 2—b 5 betrachtet worden. Es muß unbedingt verlangt werden, daß diese Auffassung nunmehr näher begründet wird, da sie den Ausgangspunkt für alle weiteren Betrachtungen über die Konstitution des Lignins bildet.

---

[1] Nach Versuchen von E. Braun, mitgeteilt in Cellulosechemie **12**, 263 (1931).

Hochmolekulare Substanzen, zu denen Lignin ohne jeden Zweifel rechnet, können grundsätzlich nach zwei Prinzipien aufgebaut sein, die wir an ihren Grenzfällen betrachten wollen. Der eine Grenzfall ist der homöopolymere Aufbau, gekennzeichnet durch das Beispiel der Cellulose. Mit einer Gleichmäßigkeit, die sich mit der Verfeinerung des Experiments immer klarer ergibt, reiht sich ein und derselbe Baustein in ein und derselben Bindungsweise zu einer einheitlichen Kette zusammen. Der einfachste Fall ist das Fadenmolekül eines sehr hochmolekularen normalen Paraffins. Außer diesen eindimensionalen homöopolymeren Aufbau ist der zweidimensionale (Graphit oder sein hypothetisches Hydrierungsprodukt) sowie der dreidimensionale (Diamant) bekannt. Es ist verständlich, daß die Möglichkeiten für zwei- und insbesondere dreidimensionalen homöopolymeren Aufbau sehr beschränkt sein müssen, wenn wie hier nur Kovalenzverbindungen betrachtet werden.

Für den anderen Grenzfall wollen wir wiederum das Morphin als Beispiel heranziehen. Nach Prinzipien, die durchaus undurchsichtig sind, fügt sich Atom an Atom und Gruppe an Gruppe, ohne daß ein Atom dem anderen oder eine Gruppe der anderen gleicht. Kaum eine Bindungsart kehrt auch nur zweimal wieder: das eine Hydroxyl ist aromatisch, das andere aliphatisch (hydroaromatisch), ein drittes Sauerstoffatom ist cyclisch gebunden; die drei Substituenten des Stickstoffatoms sind verschieden. Es wäre denkbar, daß die Natur mit der gleichen Unregelmäßigkeit weiterbauen und statt eines Moleküls von der Größe 300 ein solches von 3000 hervorbringen könnte, in dem sich kein regelmäßig wiederkehrendes Bauprinzip erkennen ließe.

Es läßt sich feststellen, daß in einem heute überwundenen Stadium der Ligninforschung eine Strukturformel gesucht wurde nach denselben Gedankengängen, die zur Formel des Morphins geführt haben. Warum lehnen wir diese Betrachtungsweise heute mit Bestimmtheit ab?

Obwohl die an molekulardispersen Substanzen erprobten Methoden (Krystallisation, Darstellung einheitlicher Derivate, Bestimmung des Molekulargewichts usw.) versagen, lassen sich einfache stöchiometrische Beziehungen zwischen den wichtigsten Gruppen, wie Hydroxyl, Methoxyl, Äther-sauerstoff, feststellen. Schon in einem Teilchen von der Größe 3000, die sicher viel zu niedrig gegriffen ist, müßten je 16—17 dieser Gruppen vorliegen, und es ist kein Anzeichen dafür vorhanden, daß die einzelnen Gruppen in verschiedener Weise gebunden sind (für das Methoxyl kommen möglicherweise zwei einander sehr ähnliche Bindungsweisen in Betracht). Weiterhin hat die Untersuchung ergeben, daß 7 von je 10 Kohlenstoffatomen in methoxylierten Benzolringen vorliegen, die von mindestens einem achten substituiert sind. Diese Hinweise, die sich vermehren ließen, genügen, um eine gewisse Periodizität der Gruppen sicherzustellen, wie sie bei hochpolymeren Substanzen vorliegt. Damit schließt sich das Lignin den übrigen hochpolymeren Naturkörpern an.

Wenn wir somit den einen, am Beispiel des Morphins gekennzeichneten Grenzfall ablehnen, so müssen wir auch den anderen einer einheitlichen, homöopolymeren Substanz ausschließen. Schon der Formaldehyd der Dioxymethylengruppe, die in keinem einfachen stöchiometrischen Verhältnis zu den Hauptgruppen — dem Brenzcatechinrest, Methoxyl, Hydroxyl, Äthersauerstoff — steht, zeigt, daß der Grenzfall der Homöopolymerie nicht erreicht wird. Der gleiche Hinweis ist gegeben durch das verschiedene Verhalten der Methoxylgruppen bei der Bromierung und Nitrierung.

Die begrenzte Periodizität, die wir zu fordern haben, kann auf zwei Wegen zustande kommen, die wir an zwei Beispielen erläutern wollen, dem Gallotannin und den Proteinen. Die letzteren sind im wesentlichen nach dem Schema

—NH · CHR · CO— aufgebaut, in dem R variiert. Das Schema erlaubt unbegrenzte Ausdehnung. Gallotannin dagegen oder die Fette enthalten eine als Gerüst dienende Komponente, den Zucker oder das Glycerin, deren Hydroxyle verestert sind. Substanzen der letzteren Art können zwar hochmolekular sein, schwerlich aber ein Molekulargewicht von vielen Tausenden erreichen. Ihr Kennzeichen wird immer sein, daß eine *Gerüst*substanz vorliegt (Glycerin bei den Fetten und Zucker beim Gallotannin), die entweder anderer Art ist oder in anderer Bindung vorkommt als die übrigen Komponenten des Moleküls. Das Lignin könnte z. B., wie dies schon vorgeschlagen wurde, einen zentralen Benzolkern besitzen, an den die übrigen Bausteine durch maximal 6fache Kondensation angegliedert wären. Dies würde bedeuten, daß dieser zentrale Teil anderer Zusammensetzung wäre als die peripheren Glieder des Moleküls, und daß die einmal fertigen Moleküle sich untereinander nicht weiter verknüpfen könnten. Das Lignin besteht dagegen nur aus Bausteinen, die einander sehr ähnlich sind und ist offenbar weiterer Kondensation fähig.

Wir halten das Lignin für heteropolymer wie ein Proteinmolekül, das aus 3 oder 4 verschiedenen einander sehr ähnlichen Aminosäuren aufgebaut ist, und glauben, daß im Gegensatz zu Polypeptidketten auch das Verknüpfungsprinzip, innerhalb gewisser Grenzen variiert, ähnlich wie die Esterbindung bei Fetten oder Gallotanninen.

c) Konstitution.

Wir wollen zunächst die Formel $C_8H_6(OCH_3)(OH)(\cdot O \cdot)$ zurückstellen (S. 119, 137) und dem Baustein des Lignins die Zusammensetzung $C_9H_8(OCH_3)(OH)(\cdot O \cdot)$ zuerteilen in der

Anordnung I

$$\cdot O \cdot C_6H_3(\cdot O)(CH_3) - \overset{H}{\underset{\cdot}{C}} - \overset{2\,H}{\underset{\cdot}{C}} - \overset{1\,H}{\underset{\cdot}{C}} \cdot \quad (2H, OH)$$

Die 3 C-Atome außerhalb des Benzolkerns fügen wir diesem als normale Kette an, weil in dieser Anordnung die einfachste Konstitutionsformel für das Lignin entworfen werden kann, und weil der Typus

$$\cdot O \cdot C_6H_3(H_3CO) - C\begin{matrix} C \\ C \end{matrix} \quad \text{oder} \quad \cdot O \cdot C_6H_2(H_3C)(H_3CO) - C - C$$

in der Natur nicht oder selten beobachtet wird. Letzterer würde sich außerdem in der Alkalischmelze als Methyl-protocatechusäure zu erkennen geben. Eines der beiden Sauerstoffatome ist methyliert, das andere anderweitig veräthert.

Das nicht methylierte Sauerstoffatom der Anordnung I kann nicht, wie dies neuerdings versucht wurde[1], als Diphenyloxyd im Sinne der folgenden Anordnung untergebracht werden, weil im Lignin auf jeden Benzolkern *ein* Äther-sauerstoffatom kommt.

$$C-C-C-C_6H_3(OCH_3)-O-C_6H_3(OCH_3)-C-C-C.$$

Eines der O-Atome der Anordnung I ist methyliert, das andere muß in Ätherbindung stehen mit einem der 3 C-Atome des nächsten Bausteins. Nimmt man p-ständige Verätherung *ohne* Kernkondensation an (und Methylierung in m-

[1] KÜRSCHNER, K., u. W. SCHRAMEK: Technol. u. Chem. d. Papier- u. Zellstoffabr. 29, 35 (1932).

Stellung; Vanillintyp), so ergeben sich unter Berücksichtigung des aliphatischen Hydroxyls die Möglichkeiten der Verknüpfung Ia, Ib und Ic

Ia $\cdot O \cdot C_6H_3(OCH_3)\text{—}CH_2\text{—}CH(OH)\text{—}CH_2\text{—}O \cdot C_6H_3(OCH_3)\text{—}CH_2\text{—}CH(OH)\text{—}CH_2\text{—}$;

Ib $\cdot O \cdot C_6H_3(OCH_3)\text{—}CH(OH)\text{—}CH_2\text{—}CH_2\text{—}O \cdot C_6H_3(OCH_3)\text{—}CH(OH)\text{—}CH_2\text{—}CH_2\text{—}$;

Ic $\cdot O \cdot C_6H_3(OCH_3)\text{—}CH(OH)\text{—}CH(CH_3)\text{—}O \cdot C_6H_3(OCH_3)\text{—}CH(OH)\text{—}CH(CH_3)\text{—}$.

Weitere Möglichkeiten verbieten sich, weil keine primäre Hydroxylgruppe vorhanden ist und das Hydroxyl nicht am gleichen Kohlenstoff wie der Äthersauerstoff haften kann. Statt des para-Sauerstoffatoms kann auch das metaständige veräthert sein und die Methylgruppe in para-Stellung stehen (Isovanillintyp). Schließlich kann der endständige Baustein durch die Methylendioxy-gruppe

$H_2C(\text{—}O\text{—})_2C_6H_3\text{—}$

abgeschlossen sein. Aus der Menge des abspaltbaren Formaldehyds wird auf etwa 12 Bausteine in einer Kette geschlossen; eine solche Kette könnte dem Primärlignin entsprechen (Schema A, wenn die Formel Ia zugrunde gelegt wird); statt Verknüpfung in p-Stellung ist teilweise eine solche in m-Stellung möglich.

$$H_2C(\text{—}O\text{—})_2C_6H_3\text{—}CH_2\text{—}CHOH\text{—}CH_2\text{—}\left(O\text{—}C_6H_3(OCH_3)\text{—}CH_2\text{—}CHOH\text{—}CH_2\text{—}\right)_{10}O\text{—}C_6H_3(OCH_3)\text{—}CH_2\text{—}CHOH\text{—}CH_2\text{—}OH$$

Schema A

Dem Schema A kann ebensogut die Formel Ib oder Ic zugrunde gelegt werden. Hiernach würde das Primärlignin durch 2 Vorgänge entstehen, deren zeitliche Reihenfolge ungewiß ist: 1. die Anordnung I ist in p- oder m-Stellung mit Atom 1 oder 2 des nächsten ätherartig verknüpft, 2. freie Phenolhydroxyle sind durch Methyl oder Methylen abgedeckt.

Obwohl das Schema A zahlreiche Erscheinungen des Lignins zu erklären vermag, bleibt es dennoch in einigen Punkten unbefriedigend. Man müßte erwarten, daß die Ätherbindung von Jodwasserstoff bei 150^0 aufgetrennt wird; aber das Reduktionsprodukt des Lignins ist hochmolekular; ferner gibt das Schema A keine befriedigende Erklärung für die weitere Kondensation des Primärlignins. Daß eine solche postmortal im Holz oder bei der Isolierung eintritt, halten wir für wahrscheinlich. Zur Erklärung wurde bisher die endständige Gruppe

$$\text{—}O\text{—}C_6H_3(OCH_3)\text{—}CH_2\text{—}CHOH\text{—}CH_2OH$$

einem in Parastellung verätherten Coniferylalkohol

$$\text{—}O\text{—}C_6H_3(OCH_3)\text{—}CH=CH\text{—}CH_2OH$$

gleichgesetzt; da Coniferylalkohol ungemein leicht polymerisiert, wurde das gleiche für die endständige Gruppe angenommen. Demnach wurde für den Übergang des Primär- in das Sekundärlignin nicht dasselbe Bindungsprinzip herangezogen, durch welches das Primärlignin selbst aufgebaut ist, sondern ein neues, davon unabhängiges. Somit müßten sich die langen Ketten von Primärlignin, wenn sie sich weiter polymerisieren, mit ihren endständigen Seitenketten zusammenfinden. Dies ist aber bei einer ungelösten Substanz sehr unwahrscheinlich. Nachdem neuerdings die Polymerisation des Coniferylalkohols als eine Kernkondensation erkannt ist[1], müßte diese für den Übergang vom Primär- zum Sekundärlignin angenommen werden. Damit entfiele zwar das zuletzt geäußerte Bedenken, aber der Unterschied zwischen dem Aufbauprinzip des Primärlignins (Verätherung) und seinem Übergang zu Sekundärlignin (Kernkondensation) bliebe bestehen.

Deshalb greifen wir auf ein Bauprinzip zurück, das wir bereits mehrfach[2], diskutiert haben und jetzt durch die neuere Auffassung von der Polymerisation des Coniferylalkohols eine Stütze erhalten hat. Die Polymerisation des Coniferylalkohols besteht in einer Kondensation, indem das alkoholische Hydroxyl mit einem Wasserstoffatom des Kernes austritt, z. B.

$$HO\langle C_6H_3(OCH_3)\rangle{-}\overset{H}{C}{=}\overset{H}{C}{-}\overset{H_2}{C}OH + HO\langle C_6H_3(OCH_3)\rangle{-}\overset{H}{C}{=}\overset{H}{C}{-}\overset{H_2}{C}OH =$$

$$= HO\langle C_6H_3(OCH_3)\rangle{-}\overset{H}{C}{=}\overset{H}{C}{-}\overset{H_2}{C}{-}\langle C_6H_2(OCH_3)(\cdot OH)\rangle{-}\overset{H}{C}{=}\overset{H}{C}{-}\overset{H_2}{C}OH.$$

Es kann auch das mittlere Kohlenstoffatom der Seitenkette mit dem nächsten Kern kondensiert werden[3]. Die Kondensation kann auch in o- oder p-Stellung zum Methoxyl vor sich gehen, außerdem können in einzelnen Fällen 2 oder 3 Bausteine mit einem anderen kondensiert werden. Das entstehende Produkt ist erneut der Kondensation fähig. Statt des Coniferylalkohols und seines Hydrats kann auch dessen nächsthöhere Oxydationsstufe in Betracht gezogen werden.

Übertragen wir diese Vorstellung auf das Lignin, so ergibt sich das folgende Bild. Der Aufbau besteht aus 3 Phasen: 1. Kondensation der Bausteine, 2. Ringschluß, 3. Abdeckung der Phenolgruppen durch Methyl oder Methylen.

Die Bausteine sind die auf gleicher Oxydationsstufe stehenden Brenzcatechinderivate Dioxyphenyl-glycerin

$$(HO)_2\langle C_6H_3\rangle_{(5,6,2)}{-}\underset{OH}{\overset{H}{C}}{-}\underset{OH}{\overset{H}{C}}{-}\underset{OH}{\overset{H_2}{C}},$$

Dioxyphenyl-oxypropion-aldehyd

$$(HO)_2\langle C_6H_3\rangle{-}\underset{H}{\overset{H}{C}}{-}\underset{OH}{\overset{H}{C}}{-}\underset{O}{\overset{H}{C}} \quad \text{und} \quad (HO)_2\langle C_6H_3\rangle{-}\underset{OH}{\overset{H}{C}}{-}\underset{H}{\overset{H}{C}}{-}\underset{O}{\overset{H}{C}}$$

oder Dioxyphenyl-acetyl-carbinol

$$(HO)_2\langle C_6H_3\rangle{-}\underset{OH}{\overset{H}{C}}{-}\underset{O}{C}{-}CH_3.$$

Aus ihnen lassen sich 12 verschiedene Kondensationsprodukte ableiten, wenn jeder Baustein mit sich selbst kondensiert wird, indem die Methingruppen 2, 5

[1] Ber. **66**, 262 (1933).

[2] Sitzungsber. Heidelberg. Akad. Wiss. **1928**, 19. Abh.; Cellulosechemie **12**, 263 (1931); Papierfabrikant **30**, Heft 13 (1932).

[3] Vgl. S. 114, Anm. 1 und S. 136, Anm. 1.

oder 6 mit dem primären Carbinol oder den Carbonylgruppen kondensiert werden; z. B.

Nunmehr tritt überall, wo hierzu Gelegenheit ist, unter erneutem Wasseraustritt Ringschluß ein[1], und schließlich werden die einzelnen Phenolhydroxyle methyliert, die paarigen mit Formaldehyd acetalisiert. Hieraus ergeben sich folgende Möglichkeiten:

I

II

III

IV

V

VI

VII

VIII

[1] Die Ringbildung bei diesen Kondensationsreaktionen (Heid. Akad. Wiss. 1928, 19. Abh.) wird neuerdings gestützt durch Beobachtungen von H. ERDTMANN über die oxydative Kondensation von Isoeugenol (Ann. **503**, 283, 1933). Vergl. S. 18.

In allen diesen Formeln können die kursiv gedruckten zusammengehörigen *H*- und *OH*-Gruppen die Plätze tauschen. Damit sind 15 verschiedene Formen möglich, von denen je 5 dem Vanillin-, Isovanillin- und Piperonyl-typus angehören. Wenn in einem Benzolkern zweimalige Kondensation stattfindet, so ergeben sich weitere Möglichkeiten. Dieser Fall dürfte selten sein, da im Durchschnitt 2 Kernwasserstoffatome frei und für Bromierung, Nitrierung oder Merkurierung zugänglich sind.

Im Lignin kommen wohl diese Typen regellos vor. Wenn im Durchschnitt von 12 Bausteinen 7—8 dem Vanillin, 3—4 dem Isovanillin und etwa einer dem Piperonyl-typus angehören, so ist damit die Menge des abspaltbaren Formaldehyds sowie der Umstand erklärt, daß 20—30 % der Methoxylgruppen durch Oxydation, die zu chinonartigen Stoffen führt, leichter als die übrigen angegriffen werden. Die drei letzten Formeln erklären die Entstehung von Essigsäure bei der Oxydation; von ihnen hat nur die angeschriebene Variante der Formel VII ein sekundäres Hydroxyl. Die Formeln VI, VIII und die nicht angeschriebene Variante von VII enthalten ein tertiäres Hydroxyl, das nicht so glaubhaft ist wie die sekundären Hydroxyle der übrigen Formeln. Andererseits veranlaßt uns die Bildung von mehreren Prozent Essigsäure bei der Oxydation[1], die Formeln VI—VIII als wesentliche Beimengung der anderen Typen in Betracht zu ziehen.

Bei der Reduktion mit Jodwasserstoff liefern alle diese Produkte *hochmolekulare* Reduktionsprodukte, denen das sekundäre (oder tertiäre) Hydroxyl fehlt, und in denen die Methyl- und Methylengruppen abgespalten sind. Wie S. 129 erwähnt, läßt sich aus diesen Reaktionsprodukten bei der Oxydation keine Bernsteinsäure herausarbeiten, was man erwarten sollte, wenn der Typus II, III und V vorläge[2]. Daher muß zunächst VI, VII und VIII sowie den beiden Varianten von I und IV der Vorzug vor den anderen gegeben werden, ohne diese jedoch auszuschließen[2].

Die hier gegebene Auffassung hat den Vorteil, daß der Vergrößerung des Teilchens bei weiterer Kondensation (postmortal oder bei der Isolierung) nichts im Wege steht, da die kondensationsbereite Endgruppe genügend Benzolringe finden wird. Ein gesondertes Polymerisationsprinzip ist zur Erklärung des Überganges vom Primär- zum Sekundär-lignin nicht mehr nötig. Dagegen eröffnet sich im Rahmen des Kondensationsprinzips noch eine weitere Möglichkeit: die Carbinolgruppe (z. B. von Formel II) kann in vereinzelten Fällen mit Benzolkernen anderer Ketten Kondensation eingehen (entsprechend der Selbstkondensation des Catechins). Hierdurch kann das Gefüge dreidimensional ausgebildet werden.

Die 4 Bausteine: das Dioxyphenyl-derivat des Glycerins, des α- und β-Oxypropionaldehyds und Acetylcarbinols sind vom biochemischen Standpunkt aus identisch. Ihre wahllose Selbstkondensation, gefolgt von Ringschluß und Methylierung bzw. Formylierung führt zum Lignin. Mit dem Baustein C_8H_6-(OCH_3) (OH) (—O—) kann man dieselbe Betrachtung anstellen[3]; die Zahl der möglichen Formen wird wesentlich kleiner. Ein Benzolring mit einer aus 2 Kohlenstoffatomen bestehenden Seitenkette ist jedoch biochemisch unwahrscheinlich. Außerdem ist die bei der Oxydation entstehende Essigsäure nicht zu erklären.

Wollte man die Konstitution des Bakelits durch Abbau ermitteln, so stände man vor ähnlichen Schwierigkeiten wie beim Lignin. Aber mit dem Bakelit hat das Lignin gemeinsam die Einfachheit der Genese. Bakelit ist ausreichend beschrieben durch die Angabe, daß es ein hochmolekulares Produkt wahlloser Kondensation von Formaldehyd und Phenol ist; wollte man die einzelnen Varian-

---

[1] Ber. **66**, 262 (1933).

[2] Das meiste Gewicht liegt auf der Bildung von Essigsäure, während das Ausbleiben von Bernsteinsäure wenig beweist.

[3] Sitzungsber. Heidelberg. Akad. Wiss. **1928**, 19. Abh.

ten der Kondensation aufzeichnen, so würde man kaum zu weniger Formeln greifen müssen als im Falle des Lignins. Dasselbe gilt für den kondensierten Salicylalkohol.

Andere Konstitutionsvorschläge. Wir übergehen alle Versuche, ein Konstitutionsbild aufzubauen, das valenzchemisch abgegrenzt ist und kein kontinuierliches Polymerisationsprinzip erkennen läßt (z. B. W. FUCHS[1]). Hierhin gehören Versuche, Lignin aus 3 Molekülen Anhydroglucose aufzubauen[2] oder zwei oder mehrere Coniferylreste zu einem geschlossenen Gefüge zu kondensieren, wie dies z. B. neuerdings von T. PAVOLINI[3] geschehen ist. Abgesehen davon, daß der Grundgedanke dieser Formel falsch ist (abgeschlossenes Molekül aus 4 Coniferylresten), setzt sie sich über die Ergebnisse der Elementaranalyse hinweg, enthält 4 freie Phenolhydroxyle und verwendet 6 Acetalbindungen, die bestimmt nicht im Lignin vorhanden sind. Dieser Fehler, nämlich Ätherbindung an Kohlenstoffatomen, die noch anderen Sauerstoff tragen, findet sich in der Ligninliteratur häufig und macht viele Vorschläge wertlos. Denn Acetale sind, im Gegensatz zu den Ätherbindungen des Lignins, von Säuren sehr leicht angreifbar.

Ein neuerer Vorschlag von K. KÜRSCHNER und W. SCHRAMEK ist bereits S. 133 beurteilt worden. Außer dem schon hervorgehobenen Mangel — die Formel enthält nur halb soviel Äthersauerstoff als das Lignin — finden sich hier zahllose oxydierbare offene Seitenketten, die im Lignin bestimmt nicht vorkommen. Immerhin ist hier das Prinzip der polymer-homologen Reihen und die Abwesenheit von Phenolgruppen berücksichtigt.

Ein neuer Vorschlag von P. KLASON[4] enthält Andeutungen für ein kontinuierliches Kondensationsprinzip, macht aber von Acetalbindungen Gebrauch und kann deshalb nicht in Betracht gezogen werden. Bestehen bleibt, daß KLASON als erster aus qualitativen Betrachtungen heraus auf den Zusammenhang des Lignins mit dem Coniferyl-alkohol oder -aldehyd hingewiesen hat.

Biochemisches. Buchenlignin. Die Natur erzeugt hochmolekulare Substanzen stets aus einzelnen oder mehreren einander nahestehenden Bausteinen. Das Lignin ist aufgebaut aus Dioxyphenyl-glycerin oder den ihm entsprechenden Oxyaldehyden oder Ketonen[5]. Vielleicht sind diese Bausteine nebeneinander vorhanden. In diesem Sinne ist Lignin ganz oder nahezu homöopolymer. Heteropolymer wird es jedoch durch den Umstand, daß die unter Kondensation verlaufende Verknüpfung der Bausteine offenbar an verschiedenen Stellen des Benzolkerns vor sich geht. Der gleichzeitig oder danach sich vollziehende Ringschluß — Bildung eines inneren Äthers — gibt Gelegenheit zu weiteren Variationen. Zum Schluß wird alles freie Hydroxyl mit Formaldehyd entweder methyliert oder in Methylendioxygruppen umgewandelt. Alle 3 Bauprinzipien sind dem Wesen nach äußerst einfach, in der Mannigfaltigkeit der entstehenden Formen jedoch kompliziert. Kondensation unter gleichzeitigem Ringschluß ist in der Natur überaus häufig. So entstehen Flavone, Flavonole, Catechine durch solche Synthese aus Phenolen mit Derivaten der Allylphenole. Das Catechin schließt sich überhaupt eng diesen Gruppen an. Der Unterschied besteht darin, daß bei den Flavonen usw. abgeschlossene Moleküle entstehen, während beim Lignin die Kondensation weitergeht. Die postmortale Kondensation vollzieht sich zwischen den freigebliebenen Seitenketten am Ende eines Primärlignin-teilchens und irgendwelchen Benzolkernen eines anderen Teilchens.

---

[1] Chemie der Kohle, S. 24. Berlin: Julius Springer 1931.
[2] JONAS, K. G.: Papierfabr. **1928**, 228.
[3] L'Ind. chimica — Il Notizario Chimico Industriale **18** (1931).
[4] Cellulosechem. **13,** 113 (1932).
[5] Also Oxydationsprodukte des Eugenols. Vgl. H. ERDTMANN, Ann. **503,** 283 (1933).

Daher die völlig regellose dreidimensionale Ausbildung. Auch dann werden an der Peripherie Seitenketten übrigbleiben, die für einige Farbreaktionen verantwortlich sind.

Das im Lignin vermutete Verhältnis von Vanillin-, Isovanillin- und Piperonyltypus entspricht dem häufig beobachteten gemeinsamen Vorkommen dieser Formen in der Natur. Diese erzeugt häufig neben dem Brenzcatechin das Pyrogallol, und es ist nicht zu verwundern, daß in dem einzigen außer Fichtenholzlignin einigermaßen untersuchten Lignin, dem des Buchenholzes[1], vielleicht der Gallussäuretypus neben dem der Protocatechusäure vorkommt. Hierfür spricht der höhere Gehalt an Methoxyl (21%) im Buchenlignin, sowie das Vorkommen von Dimethylpyrogallol (I) im Buchenholzteer. Der Rest der Syringasäure (II) oder anderer methylierter Gallussäuren hat ohne weiteres Platz in unserem Schema vom Aufbau des Lignins (vgl. hierzu S. 120).

$H_3CO\cdot$
$HO\cdot$ ⟨⟩
$H_3CO\cdot$
I

$H_3CO\cdot$
$HO\cdot$ ⟨⟩—C
$H_3CO\cdot$
II

Im nächsten Abschnitt wird ausgeführt, daß das Lignin die Cellulosefibrillen einhüllt und versteift. Es ist dank seiner dreidimensionalen sperrigen Ausbildung sowie der ideal amorphen Natur, die es der Wirrnis seines Aufbaus verdankt, imstande, alle Hohlräume auszufüllen.

B. Die Morphologie des Lignins[2].

Wenn wir das Lignin auf Grund der Kenntnisse von seinem chemischen Aufbau als eine Substanz extremer Molekülgröße ansehen müssen, für die der sonst übliche Molekülbegriff nicht mehr gilt, so muß eine solche Ausnahmestellung auch ihren Ausdruck finden in der Form und dem Zustand, in denen uns das Lignin in der Pflanze und im isolierten Zustand entgegentritt. Die chemische Betrachtungsweise führt hier zwangsweise zur morphologischen, indem sie uns die Struktur des Lignins vom kleinsten chemisch feststellbaren Grundkörper bis zur ganzen Zelle verfolgen läßt; die Untersuchungsmethoden hierfür sind die Mikroskopie, die Polarisationsoptik und die Röntgenspektroskopie.

Charakteristisch für das Lignin ist, daß es nie allein als Bestandteil der Pflanze auftritt. Immer wird es erst gebildet, wenn der eigentliche Zellkörper aus der Cellulose schon gebildet ist. Dieser Vorgang der Ligninbildung oder „Verholzung" ist mit einem Wechsel der Funktionen der Zelle verbunden. Die Zelle, die bisher noch aktiv am Leben der Pflanze teilgenommen hat, dient von jetzt ab nur noch als Festigungs- und Wasserleitungsorgan. Die Bildung des Lignins ist eine Einlagerung in das Zellgerüst, das in erster Linie aus Cellulose besteht (Hemicellulosen, Pentosane, Pektin sind lediglich Kittsubstanzen), sie ist im allgemeinen mit einer Quellung der Zellmembran verbunden. Es läßt sich der Vorgang der Verholzung als eine irreversible Quellung auffassen, die das Gerüst der Cellulose aber vollständig intakt läßt[3]. Dem entspricht auch das mikroskopische Bild eines Quer- oder Längsschnitts von verholzten Zellen, die mit Phloroglucin angefärbt sind. Das Lignin ist hier nicht in Form von Lamellen oder Strängen sichtbar, sondern die Färbung ist auch bei stärkster Vergrößerung homogen. Das Lignin durchzieht also das Cellulosegerüst in einer

[1] WACEK, A. v.: Ber. **63**, 282, 2984 (1930).

[2] Dieses Kapitel ist im wesentlichen eine Zusammenfassung der Arbeiten von K. FREUDENBERG, H. ZOCHER u. W. DÜRR: Ber. **62**, 1814 (1929); K. FREUDENBERG, F. SOHNS, W. DÜRR u. CHR. NIEMANN: Cellulosechemie **12**, 263 (1931); K. FREUDENBERG: Papierfabr. **30**, Heft 13 (1932).

[3] FREY, A.: Jahrb. wiss. Bot. **65**, 195 (1926).

Feinheit, die unter der Größenordnung der Lichtwellen liegt. Dieses feine Durchwachsen des Lignins durch die Bauelemente der Cellulose ist gleichzeitig mit einer starken Verknüpfung der Ligninteile unter sich verbunden; diese ist so groß, daß alle Ligninpräparate, die durch Herauslösen der Cellulose hergestellt sind, bis in alle Einzelheiten die Form und die morphologischen Eigentümlichkeiten der ursprünglichen Zelle zeigen, eine Erscheinung, die schon früh von J. König und E. Rump[1] beobachtet wurde. Das Herauslösen der Cellulose und der übrigen Kohlenhydrate bedeutet einen Massenverlust von rund 75%; gerade deshalb ist der feste Zusammenhalt um so beachtlicher. Das zurückbleibende Ligningerüst ist also gegenüber der ursprünglichen Zelle beträchtlich geschrumpft, noch besser kann man diese Erscheinung mit Sintern bezeichnen. Die räumliche Ausdehnung geht auf etwa $^2/_3$ bis $^1/_2$ zurück, was auf folgende Weise gezeigt werden konnte: Ein möglichst gleichmäßig dünner Holzquerschnitt wurde photographiert, eine bestimmte Zellgruppe markiert und alsdann unter größter Schonung auf Lignin verarbeitet. Danach wurde dieselbe Zellgruppe wieder

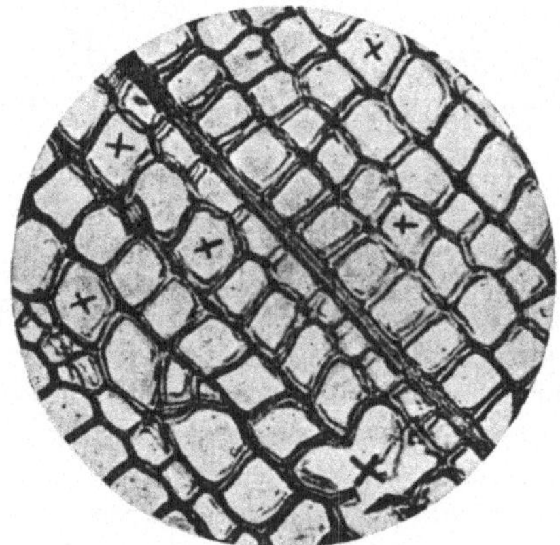

Abb. 7. Querschnitt durch Fichtenholz (in Anilin). Von links nach rechts unten führt ein Markstrahl. Einige Zellen sind gekennzeichnet.

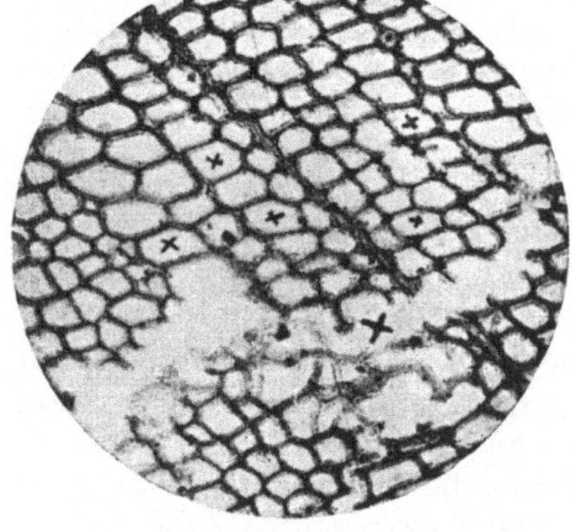

Abb. 8. Derselbe Schnitt auf Lignin verarbeitet. Die Kreuze bezeichnen dieselben Zellen wie in Abb. 7.

photographiert und durch Ausmessen der eingetretenen Verkürzung und Verdünnung der Zellwände die Raumverringerung ermittelt. Die Abb. 7 und 8 zeigen ein solches Präparat vor und nach der Behandlung. Abb. 8 zeigt gleichzeitig, wie deutlich noch die ursprüngliche Gestalt erhaltengeblieben ist. Das zurückgebliebene Lignin ist gleichsam ein Schwamm, der noch alle Hohlräume, die durch das Herauslösen der Cellulose entstehen, enthalten muß. Von einem solchen schwammartigen Gebilde, das regellos nach allen Richtungen hin sich verzweigt, muß man auch erwarten, daß es keinen krystallinen Aufbau besitzt. Das ist auch das Ergebnis der röntgenoptischen Untersuchungen an isoliertem Lignin. Verschiedentliche Angaben über Andeutungen einer krystallinen Struktur haben sich als irrtümlich erwiesen, zum Teil beziehen sie sich auch auf Anteile veränderten Lignins, die durch Lösen und Wiederausfällen hergestellt sind[2]. Mengenmäßig ist das Lignin in den einzelnen Schichten der Zelle verschieden verteilt. Zum besseren Verständnis des folgenden sei kurz das Aufbauschema einer Zellgruppe, im Querschnitt gesehen, skizziert (Abb. 9). *A* ist die Mittellamelle, die die einzelnen Zellen gegeneinander begrenzt. Sie besteht fast nur aus Lignin,

[1] Chemie und Struktur der Pflanzenmembran. Berlin 1914.
[2] Mit F. Sohns: Ber. **66**, 262 (1933).

sie ist sehr dünn und bei den meisten Präparaten kaum zu sehen. Nur in den Zwickeln zwischen den Zellen tritt sie deutlich hervor. An mit Alkali behandelten Präparaten von nitriertem Lignin kann man sie gut beobachten, da sie infolge ihres kompakten Gefüges dem Lösungsvorgang am längsten Widerstand leistet und als feines Netzwerk zurückbleibt (Abb. 10). An die Mittellamelle (Abb. 9) schließt sich die Primärschicht B an, die aus einem festen Gefüge von Cellulose, den übrigen Kohlenhydraten und Lignin besteht. Es kann angenommen werden, daß sie ihrerseits in Lamellen B_1 und B_2 unterteilt ist. Als nächste Schicht folgt die Sekundärschicht C, die am wenigsten Lignin enthält nnd auch einen weniger kompakten Aufbau besitzt. Eine dritte, die Tertiärschicht D, kann den Abschluß gegen das Zellumen bilden. Bei Präparaten am Fichtenholz ist sie nicht festgestellt worden. Ein Abblättern der einzelnen Schichten konnte bei Ligninquerschnitten nicht beobachtet werden, für die Ausbildung dieser Schichten ist nur der Aufbau des Cellulosegerüstes (Richtung der Fibrillen) die Ursache, sie berührt das Lignin nicht. Das Ligningewebe ist ein zusammenhängendes Ganzes, wie es sich ja aus dem nachträglichen Einwachsen zwischen die Cellulosebauelemente ergibt; hieraus erklärt sich

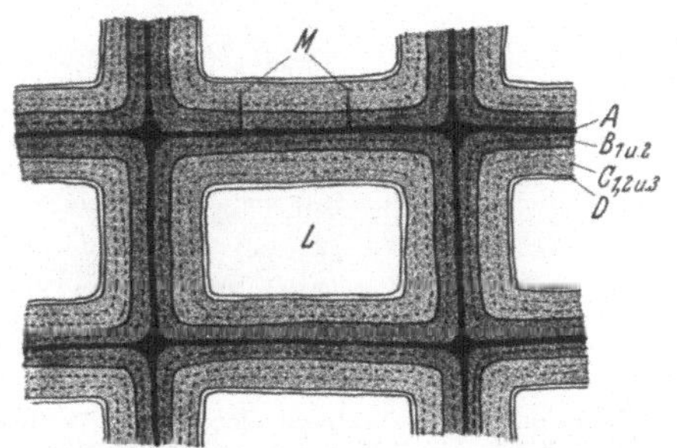

Abb. 9. Schema eines Querschnittes durch Holz. A Mittellamelle, B Primärschicht mit 2 Lamellen (B_1 und B_2), C Sekundärschicht mit 3 Lamellen, D Tertiärschicht (fehlt in den Coniferen), L Lumen; M entspricht dem Ausschnitt, der in den Abb. 13 und 14 dargestellt ist.

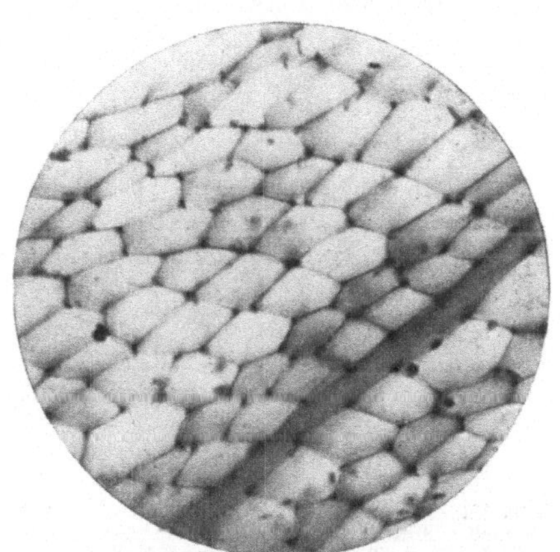

Abb. 10. Mittellamelle mit Zwickeln nach Weglösen der gesamten Cellulose und des Lignins der Sekundär- und Primärschicht.

auch seine chemische Einheitlichkeit. Wenn von einzelnen Autoren[1] eine solche für Mittellamellen und Wandlignin bestritten wird, so sind die vermeintlichen chemischen Unterschiede wohl darin zu suchen, daß aus der kompakten Mittellamelle das Lignin nicht so leicht herauszulösen ist, und ein Rest von Cellulose in der Primär- und Sekundärschicht die analytischen Verschiedenheiten hervorruft.

Schon oben wurde gesagt, daß in dem Schwamm, den ein von der Cellulose befreiter Ligninquerschnitt darstellt, noch alle Hohlräume, wenn auch etwas verzerrt und verkleinert, erhalten sind. Die Gegenwart dieser Hohlräume läßt sich polarisationsoptisch beweisen, darüber hinaus gestattet ein genaues Studium der Doppelbrechungserscheinungen am Lignin und gleichzeitig an der ursprünglichen Holzzelle, Genaues über den Feinbau der Zellsubstanzen auszusagen.

Zunächst sei kurz einiges über die in Frage kommenden Doppelbrechungserscheinungen gesagt. Doppelbrechung wurde schon früh sowohl bei reiner Cellulose als auch bei verholzten Zellen beobachtet, aber erst durch die Untersuchungen vor allem von AMBRONN und FREY[2] wurde ihr Zusammenhang mit der Fein-

[1] RITTER, G. J.: Ind. and Engin. Chem. 17, 1194 (1925).
[2] Das Polarisationsmikroskop. Leipzig 1926.

struktur der Cellulose erkannt. Die Folgerung hieraus bilden mit die Grundlagen der Micellartheorie der Cellulose. Als krystalliner, anisotroper Körper zeigt Cellulose einen bestimmten Betrag von Doppelbrechung, der der Differenz der Brechungsindices für die drei Raumrichtungen des Cellulosekrystalls entspricht. Darüber hinaus ist aber noch weitere Doppelbrechung vorhanden, die durch die geordnete Lage der Cellulosekrystallite und die Trennung der einzelnen Krystallite durch ein Medium von anderem Brechungsindex hervorgerufen ist. (Form- oder Stäbchen-Doppelbrechung). Die Größenordnung der Schichtung muß unter der der Lichtwellenlänge liegen. Die Stärke dieser Form-Doppelbrechung, die immer positiv ist, und die auch von anorganischen Materialien bekannt ist, hängt ab von der Differenz der Brechungsindices von geordnetem Material und Einbettungsmedium. Sie wird Null, wenn die Brechungsindices gleich werden. In Abb. 11 entspricht Kurve 1 und 2 dem Verlauf der Doppelbrechung eines Cellulosepräparates. Die Ordinate gibt die Stärke der Doppelbrechung an, die Abszisse den

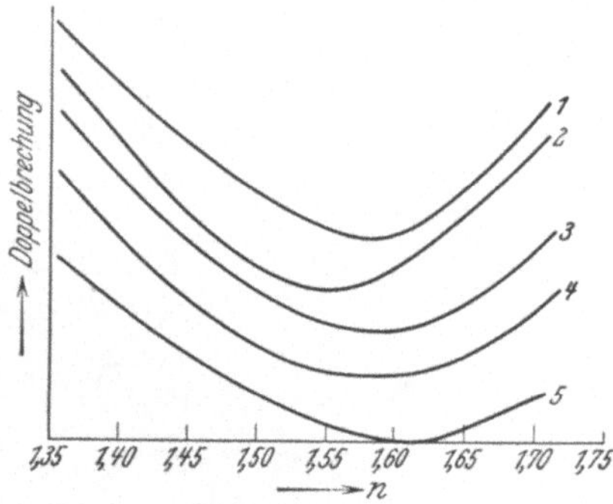

Abb. 11. Abhängigkeit der Stärke (Ordinate) der Eigen- und Formdoppelbrechung vom Brechungsindex n (Abscisse) des Einbettungsmittels. Kurve 1: Doppelbrechung der Cellulose in der Primärschicht (Minimum bei 1,59). 2: Dasselbe in der Sekundärschicht (flacheres Minimum bei 1,53; Doppelbrechung schwächer als in 1). 3: Doppelbrechung der Primärschicht des Holzes. Minimum bei n = 1,59 bis 1,61). 4: Doppelbrechung der Sekundarschicht des Holzes (schwächer als 3; Minimum flach zwischen 1,53 und 1,61). 5: Formdoppelbrechung der Ligninpräparate; schwächer als die Doppelbrechung der Cellulose und des Holzes; bei $n = 1,61 = 0$; rechts und links vom Minimum ist die Kurve 5 für die Primärschicht des Ligninpräparates steiler zu denken als fur die im übrigen ebenso verlaufende der Sekundärschicht. Durch die Reihenfolge der Kurven wird die relative Stärke der Doppelbrechung angedeutet; quantitative[1] Aussagen konnen nicht gemacht werden.

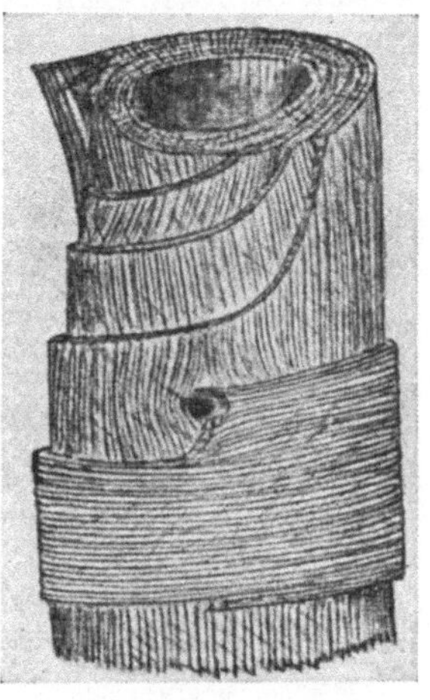

Abb. 12. Modell der Coniferenfaser nach G. W. SCARTH. Mittellamelle entfernt. Von der Primärschicht nur eine Lamelle (B_1, Abb. 9) in tangential-axialer Anordnung der Fibrillen sichtbar. Von der Sekundärschicht sind 4 Lamellen sichtbar in axial-tangentialer Anordnung. Die Lamellen abwechselnd rechts- und linksläufig. Weitere Lamellen der Sekundärschicht sind im oberen Teil des Bildes um das Lumen angedeutet. Die Tertiärschicht (am Lumen, *D* in Abb. 9) fehlt bei Coniferen.

Brechungsexponenten des Einbettungsmittels. Die Kurve erreicht die Abszisse nicht, da ja für die Cellulose immer ein bestimmter Betrag von Eigendoppelbrechung vorhanden ist.

An *Ligninpräparaten* wurde gleichfalls Doppelbrechung festgestellt[2] und daraus auf Anisotropie des Lignins geschlossen. K. FREUDENBERG, H. ZOCHER und W. DÜRR[3] konnten aber an Lignin-Längs- und -Querschnitten zeigen, daß die Doppelbrechung des Lignins reine Formdoppelbrechung ist, die darin ihre Ursache hat, daß die Hohlräume im Lignin, die durch Entfernen der Cellulose entstehen, nach ihrer Ausfüllung mit einer Flüssigkeit von anderem Brechungsindex als dem

[1] S. 114, Anm. 1. Später hat G. VAN ITERSON auf denselben Punkt hingewiesen. Chem. Weekblad **30**, Nr. 1 (1933).

[2] FUCHS, W.: Biochem. Ztschr. **192**, 165 (1928); FREUDENBERG, K.: Sitzungsber. Heidelberg. Akad. Wiss. **1928**, 19. Abh.

[3] Ber. **62**, 1814 (1929).

des Lignins den gleichen, wenn auch wesentlich schwächeren Effekt hervorrufen wie die ursprünglich vorhandene Cellulose. Die Doppelbrechung des Ligninpräparates ist in der Primärschicht am stärksten, in der Sekundärschicht am schwächsten. Wird der Brechungsindex der Einbettungsflüssigkeit von $n = 1,33$ bis 1,71 gesteigert, so nimmt mit steigendem Brechungsindex die Doppelbrechung für Primär- und Sekundärschicht gleichmäßig ab, bei $n = 1,62$ ist sie vollkommen verschwunden, bei höherem n erscheint sie wieder. In der Primärschicht ist sie immer stärker als in der Sekundärschicht. Wir haben es hier also mit reiner Formdoppelbrechung zu tun, die beim Brechungsindex des Lignins, der auch auf anderem Wege zu $n = 1,61$ bestimmt wurde, erlischt (s. Kurve 5). Daß die Doppel brechung des Ligninpräparates in der Primärschicht stärker ist als in der Sekundärschicht, läßt in ersterer auf ein geschlosseneres Gefüge schließen, das die Hohl räume besser erhält, aber auch darauf, daß hier die länglichen Hohlräume vorwiegend in ihrer Längsrichtung durchschnitten sind, weil sie vorzugsweise tangential zur Faserachse, wahrscheinlich aber tangential-axial, angeordnet sind; die Cellulosekrystallite waren hier vorher in zur Faserachse schwachgeneigter Schraubung angeordnet. Wahrscheinlich ist die Primärschicht in Lamellen unterteilt, in denen die Schraubung gegenläufig verläuft. Die schwächere Doppelbrechung der Sekundärschicht des Ligninpräparates läßt sich erklären, wenn man eine vorwiegend axiale Lage der Hohlräume annimmt, die vom Schnitt hauptsächlich quer zu ihrer Achse getroffen werden. Abb. 12[1] zeigt das Modell einer Coniferenholzfaser, die von der Mittellamelle befreit ist. Die Lage der Hohlräume und damit auch die der Cellulosefibrillen wird auch bestätigt durch das Bild, das ein *Holzquerschnitt* zeigt (Abb. 11 Kurve 3, 4). Die Doppelbrechung ist hier viel stärker. Wie beim Lignin ist sie in der Primärschicht am stärksten; aber bei der Beobachtung mit steigendem Brechungsindex zeigt sich gegenüber dem Lignin ein wesentlicher Unterschied. Die Doppelbrechung der Primär- und Sekundärschicht (Kurve 3 und 4) erfahren hier nicht die gleichen Veränderungen. In der Primärschicht des Holzquerschnitts nimmt die sehr starke Doppelbrechung nur ganz allmählich ab und erst bei einer Einbettungsflüssigkeit von $n = 1,58$ bis 1,62 wird ein tiefster Wert erreicht, der aber noch immer recht beträchtlich ist (Kurve 3). Die Doppelbrechung der Sekundärschicht (Kurve 4) fällt rascher und durchläuft ein deutlich verbreitertes Minimum, das zwischen den Brechungsexponenten der Einbettungsflüssigkeiten 1,53 und 1,60 liegt. Wir haben hier Eigendoppelbrechung neben Formdoppelbrechung. Das Minimum der Eigendoppelbrechung der *Cellulose* ist bestimmt durch die Brechungsexponenten des Cellulosekrystallits. Diese betragen für die beiden kurzen Achsen n_α und n_β 1,53, für die Längsachse $n_\gamma = 1,59$. In der Primärschicht werden im Querschnitt der Cellulosefaser die Krystallite mehr quer zur Längsachse gesehen, in welcher der Brechungsexponent 1,59 beträgt. Daher liegt das Minimum der sehr starken Doppelbrechung der Primärschicht einer isolierten Cellulosefaser bei $n = 1,59$ (Kurve 1). Da die Cellulosefibrillen in der Sekundärschicht im wesentlichen in der Längsausdehnung (axiale Anordnung) gesehen werden, liegt der Brechungsindex im Mittel wenig über 1,53 und bei einer Einbettungsflüssigkeit von diesem Brechungsindex wird das Minimum der Doppelbrechung zu erwarten sein. Wegen des geringen Hervortretens von n_γ kann die Doppelbrechung nicht allzu stark sein, ihr Abfall und Wiederanstieg bei steigendem Brechungsindex des Einbettungsmittels muß also flach verlaufen mit einem Minimum bei $n = 1,53$—1,55 (Kurve 2).

Die Erklärung für die Lage des Minimums in der Primärschicht des Holzquerschnitts (Kurve 3) läßt sich folgendermaßen erbringen: Die Formdoppel-

[1] Scarth, W. G., R. D. Gibbs u. J. D. Spier: Trans. Roy. Soc. Canada, Sect. V, 3. Ser. 23, II, 263 (1929).

brechung des Lignins (Minimum bei n = 1,61) ist hier, wenn auch schwächer, die gleiche wie bei der Sekundärschicht. Der mittlere Brechungsindex und damit auch die Lage des Minimums der Doppelbrechung muß hier, da n = 1,59 infolge der tangentialen Anordnung der Cellulosefibrillen überwiegt, nahe an diesem liegen und die Eigendoppelbrechung muß auch stärker sein, da der Unterschied zwischen n_α und n_γ nahezu voll zur Geltung kommt. Aus alledem ergibt sich für die Doppelbrechung der Primärschicht der Holzfaser eine starke, nur langsam fallende Doppelbrechung, mit einem Minimum bei n = 1,58 bis 1,61, die aber auch hier noch stark ist. In der Sekundärschicht des Holzquerschnitts (Kurve 4) herrscht die (schwächere) Eigendoppelbrechung der mehr axial angeordneten Cellulose vor. Darüber lagert sich die Formdoppelbrechung des Lignins mit einem Minimum bei n = 1,61, so daß eine gesamte schwächere Doppelbrechung mit einem verbreiterten Minimum zwischen 1,53 und 1,60 entsteht.

Wir haben bis jetzt immer nur davon gesprochen, daß das Lignin das Cellulosegerüst der Holzzelle vollkommen durchwachse, ohne die Frage zu berühren, bis zu welchen Einheiten der Cellulose herab das Eindringen des Lignins stattfindet. Die Grenzmöglichkeiten sind entweder die eine, daß das Lignin bis zwischen die Glucoseketten der Cellulose vordringt, oder die andere, daß es die Fibrillen der Cellulose, die die letzten mikroskopisch sichtbaren Aggregate der Cellulose darstellen, umgibt. Oder kommen dazwischenliegende Größenordnungen in Frage? Rekapitulieren wir einmal kurz, was wir von dem Aufbau der Cellulose wissen.

Die unterste Einheit bildet eine Kette von 100—200 in gleichartiger chemischer Bindung miteinander verknüpfter Glucosen. Die Röntgenoptik lehrt, daß etwa 50 solcher Glucoseketten parallel zueinander ausgestreckt zu einem Bündel vereinigt sind. Diese Einheit heißt Micell und hat eine Länge von etwa 500—1000 Å und eine Dicke von etwa 60 Å. Die letzten noch mikroskopisch feststellbaren Einheiten sind die Fibrillen, sie haben eine Dicke von etwa 6000 Å bis herab zu etwa 3000 Å, d. h. von Lichtwellenlänge. Die Fibrillen sind also etwa 100 mal so dick wie die Micelle. Um die Formdoppelbrechung hervorzurufen, müssen die Cellulosepartikel und damit auch die Hohlräume im Lignin kleiner sein als die Wellenlänge des Lichtes. Ein Eindringen des Lignins zwischen die Glucoseketten des Micells ist auszuschließen, weil für das etwa 20 Å dicke Lignin kein Platz mehr ist, und weil die Cellulosemicelle kompakte Gebilde aus Glucoseresten sind. Da die Micelle in der Zellstoffaser nach Entfernung aller Kittsubstanz fest zusammenhalten, ist anzunehmen, daß die Micelle ihrerseits zu kompakten Bündeln, Micellreihen genannt, vereinigt sind. Andererseits können die Fibrillen auf Grund der Doppelbrechungserscheinung nicht die letzten vom Lignin umgebenen Glieder sein. Wir müssen also eine Größenordnung zwischen den Micellen (Dicke 60 Å) und den mikroskopisch sichtbaren Fibrillen (Dicke 6000 Å) wählen und wollen annehmen, daß Aggregate von einer Dicke von etwa 600 Å die Celluloseeinheiten sind, die vom Lignin umwachsen sind. Wir wollen diese Celluloseformationen Micellreihen nennen, ohne sie aber irgendwie besonders von den Fibrillen unterscheiden zu wollen, denn es sind ja auch nur Fibrillen oder Micellbündel, die wir nur wegen ihrer Kleinheit mikroskopisch nicht mehr erfassen können.

Für eine Holzfaser ergibt sich demnach das folgende Bild. Viele Micelle (ca. 600 Å lang, 60 Å dick) sind teils durch dieselben Kohäsionskräfte, die auch das Micell zusammenhalten, teils durch Verwachsungen ihrer Enden ineinander[1]

---

[1] Für Gelatine und Collagen ist diese Vorstellung entwickelt von K. HERMANN, O. GERNGROSS u. W. ABITZ, Z. physik. Chem. B. **10**, 371 (1930); vgl. G. VAN ITERSON, Chem. Weekbl. **24**, 166 (1927) sowie **30**, Nr. 1 (1933).

zu Micellreihen von großer Länge und etwa 600 Å Dicke vereinigt. Dies entspricht etwa einer Dicke eines Bündels von 80 Micellen. Das Lignin und die Hemicellulosen umgeben die Micellreihen. In der Peripherie der Micellreihen mag das Lignin auch in die Intermicellarräume hineinwachsen, aber im übrigen sind die Micellreihen so fest ineinander gefügt, daß ein Eindringen von Fremdsubstanz nicht stattfindet. Als Abstand der Micellreihen voneinander muß man, um alle Fremdsubstanz, d. h. Lignin und Hemicellulosen, unterzubringen, einen solchen von 100—150 Å annehmen. Die innerste Lamelle der Sekundärschicht, die das Zellumen abgrenzt, mag etwa eine Dicke von 8 Micellreihen haben. Diese Micellreihen sollen alle parallel geordnet sein und mit der Faserachse, die sie schraubenförmig umlaufen, einen Winkel von vielleicht 20⁰ nach rechts bilden. Als nächste Lage folgt eine ebenso dicke Anordnung, die wieder in einem Winkel von 20⁰, aber nach links, die Faserachse umläuft. Das Lignin und die Hemicellulosen füllen die Zwischenräume und verbinden die beiden Lamellen genau so wie die Micell-

Abb. 13. Modell der Holzfaser (Ausschnitt *M* der Abb. 9). Der Korper des Modells bedeutet Lignin, die Stäbe bedeuten die Micellreihen. *A* ist die Mittellamelle, *B* die Primärschicht mit 2 Lamellen B_1 und B_2; *C* die Sekundärschicht mit 7 Lamellen, von denen 2 im Modell ausgeführt sind. Wenn der schwarz-weiße Maßstab im Vordergrund 10 cm groß ist, so beträgt die Vergrößerung 1 : 100000; 1 cm im Modell stellt dann 1000 Å dar. Die Dicke der Mittellamelle, z. B. mit 3000 Å angenommen, ist mit 3 cm dargestellt.

reihen innerhalb der Lamellen. Diese Anordnung setzt sich bis an die äußere Grenze der Sekundärschicht fort. In der Primärschicht bilden die Micellreihen einen größeren Winkel (z. B. 70⁰ nach rechts und links) mit der Achse, die Verbindung zwischen Primär- und Sekundärschicht ist auch hier die gleiche. Auf die Primärschicht folgt alsdann die dichte, cellulosefreie Mittellamelle, die wiederum ebenso mit der Primärschicht durch das Lignin verwoben ist. Abb. 13 und 14 zeigen im Modell einen Ausschnitt aus einer Holz- bzw. Ligninwand. Wir sehen ganz links die Mittellamelle, daran anschließend die Primärschicht, wobei die Holzpflöcke die Micellreihen darstellen, die einmal nach links und dann nach rechts in flachem Winkel zur Faserachse stehen; den Abschluß bildet ein Stück der Sekundärschicht mit ihren steiler geneigten Micellreihen. Das Ligninmodell zeigt den gleichen Ausschnitt, nur sind hier noch die orientierten Hohlräume vorhanden. Zu leichterem Verständnis bezeichnet die Unterlage der Holzklötze nochmals die genaue Lage des Zellausschnitts. *A* ist die Mittellamelle, *B* die Primärschicht, unterteilt in Lamelle 1 und 2, *C* die Sekundärschicht, für die 7 Unterteilungen angenommen sind.

Dieses Schema beantwortet auch zwanglos die viel erörterte Frage nach einer chemischen Verbindung von Cellulose und Lignin, die immer wieder angenommen wird, weil z. B. weder aus Holz selbst die Cellulose, noch ihre Derivate aus acetyliertem oder methyliertem Holz mit den üblichen Mitteln herausgelöst werden können. Unter der Einwirkung des Lösungsmittels quillt zunächst der Celluloseanteil, und die dichte Ligninhülle um ihn verhindert seine Diffusion; erst bei ganz feiner Aufteilung oder wenn die verkittenden Hemicellulosen entfernt sind, findet Lösung statt. Eine chemische Verknüpfung braucht also zur Erklärung nicht angenommen zu werden.

Die im vorigen Abschnitt entwickelten Vorstellungen über die völlig regellose Struktur des Lignins mit unbegrenztem Kondensationsprinzip, das zur Ausbildung enormer Moleküle führt, erfüllt in befriedigender Weise die Forderungen, die sich aus der Morphologie des Lignins ergeben. Die dreidimensionalen Moleküle verzahnen sich zu den Ligninteilchen, die nach allen Richtungen dieselben mechanischen Eigenschaften aufweisen. Das Lignin erfüllt mit seinen wirren fadenartigen Aggregaten wie ein Pilzgewebe die Hohlräume des Cellulosegefüges und ist selbst mit den gallertigen Hemicellulosen, Pektinen usw. ge-

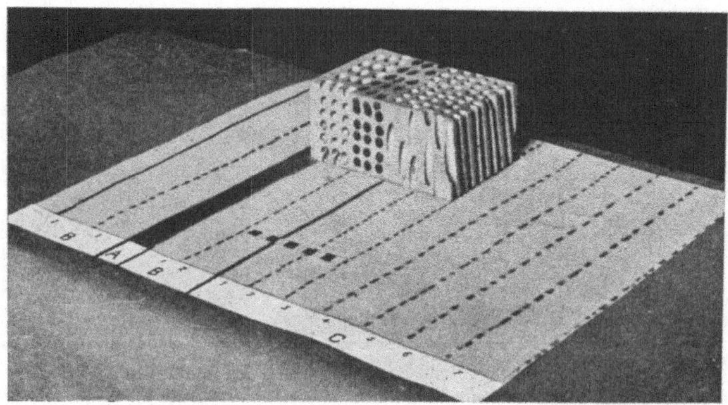

Abb. 14. Modell des Ligninpräparates aus dem Ausschnitt der Holzfaser (Abb. 9) gewonnen. An Stelle der Micellreihen aus Cellulose in Abb. 13 finden sich hier entsprechende Hohlräume. Im Querschnitt (Modell von oben gesehen) muß die Formdoppelbrechung in der Primärschicht wegen der mehr tangentialen Hohlräume stärker sein als in der Sekundärschicht mit ihren mehr axialen Hohlräumen. Wegen der abwechselnden Rechts- und Linksschraubung der Lamellen überlagert sich im *Längs*schnitt (parallel zu dem kleinen Maßstab gesehen) die Formdoppelbrechung des Lignins aller Lamellen und täuscht eine Anordnung vor, in der alle Hohlräume in der Längsausdehnung axial, in einer mittleren Ausdehnung tangential, in einer kürzesten radial angeordnet erscheinen.

tränkt. Im isolierten Zustand zeigt es in hervorragender Weise die im vorigen Abschnitt beschriebenen permutoiden Eigenschaften. Diesen verdankt das Lignin das „Durchreagieren"; alle Gruppen liegen trotz des ungelösten Zustandes offen und sind zu sofortiger Reaktion bereit wie gelöste Moleküle.

Bei diesen Ausführungen ist die Voraussetzung gemacht, daß die *geformten* Kohlenhydratanteile der Holzfaser nur aus Cellulose bestehen. Wenn, was möglich ist, auch noch andere Polysaccharide zu diesem geformten Anteil gehören, so würden sich die obigen Ausführungen in bezug auf die Kohlenhydrate sehr wenig, in bezug auf das Lignin gar nicht ändern.

K. Hess und seine Schule, insbesondere M. Lüdtke[1] vertreten hauptsächlich auf Grund von Quellungserscheinungen die Ansicht, daß die einzelnen Schichten und Lamellen von Häutchen einer Fremdsubstanz umgeben sind. Dies wird durch die obigen Ausführungen nicht bestritten, aber es wird gezeigt, daß das optische Verhalten der Faser und des Lignins auch ohne diese Annahme erklärt werden kann. Für diese Fragen sei auf die kritische Arbeit von G. van Iterson[2] verwiesen.

---

[1] Biochem. Ztschr. **233**, 1 (1931); Cellulosechemie **13**, 169 (1932).
[2] Chem. Weekblad **30**, Nr. 1 (1933). Vgl. S. 142, Anm. 1.

Verzeichnis der wichtigeren Abhandlungen

in zeitlicher Folge.

G bedeutet: Arbeiten über Gerbstoffe.
GC „ „ „ Gerbstoffe, insbesondere Catechin.
K „ „ „ Konfiguration, optische Aktivität.
C „ „ „ Cellulose.
St „ „ „ Stärke.
L „ „ „ Lignin.
Z „ „ „ Zucker.
I „ „ „ Insulin und andere biochemische Probleme.
V „ „ „ Verschiedenes.

G								Fischer, E., u. K. Freudenberg: Carbomethoxyderivate IV. Ann. **372**, 32 (1910).
G								— — Carbomethoxyderivate V. Ebenda **384**, 225 (1911).
G								— — Tannin I. Ber. **45**, 915 (1912).
G								— — Tannin II. Ebenda **45**, 2709 (1912).
G								— — Tannin III. Ebenda **46**, 1116 (1913).
	K							Freudenberg, K.: Konfiguration der Glycerin- und Milchsäure (Ster. Reihen 1). Ebenda **47**, 2027 (1914).
G								Fischer, E., u. K. Freudenberg: Tannin IV. Ebenda **47**, 2485 (1914).
							V	Freudenberg, K.: Guvacin. Ebenda **51**, 976 (1918).
							V	— Alkaloide der Betelnuß. Ebenda **51**, 1668 (1918).
G								— Hamameli-Tannin I (1. Gerbstoff). Ebenda **52**, 177 (1919).
G								— Chebulinsäure I (2. Gerbstoff). Ebenda **52**, 1238 (1919).
							V	— u. D. Peters: Tertiäre Amine und Carbonsäurechloride. Ebenda **52**, 1463 (1919).
							V	— u. G. Uthemann: Thallium. Ebenda **52**, 1509 (1919).
G								— Chlorogensäure (3. Gerbstoff).
G								— u. D. Peters: Hamameli-Tannin II (4. Gerbstoff). Ebenda **53**, 953 (1920).
G								— Chemie der natürlichen Gerbstoffe. Berlin 1920.
GC								— Catechine (5. Gerbstoff). Ber. **53**, 1416 (1920).
G								— u. B. Fick: Chebulinsäure II (6. Gerbstoff). Ebenda **53**, 1728 (1920).
GC								— Gerbstofforschung. Naturwissenschaften **8**, 903 (1920).
G								— Depside und Gerbstoffe. Collegium **1921**, 10.
		C						— Cellulose (Cellulose und Lignin 1). Ber. **54**, 767 (1921).
GC								— Catechin. Ztschr. f. angew. Ch. **34**, 247 (1921).
GC								— O. Böhme u. A. Beckendorf: Isomere Catechine (7. Gerbstoff). Ber. **54**, 1204 (1921).
G								— Gerbstoff und Eiweiß. Collegium **1921**, 353.
G								— u. H. Walpuski: Edelkastanie (8. Gerbstoff). Ber. **54**, 1695 (1921).
G								— u. E. Vollbrecht: Tannase I. Ztschr. f. physiol. Ch. **116**, 277 (1921).
G								— Gerbstoffe. Abderhalden: Biologische Arbeitsmethoden, Abt. I, Teil 10, S. 439. 1923.
					Z			— u. O. Ivers: Acylierte Halogenzucker. Ber. **55**, 929 (1922).
	K							— u. F. Brauns: Konfiguration der α-Oxysäuren (Ster. Reihen 2). Ebenda **55**, 1339 (1922).
GC								— O. Böhme u. L. Purrmann: Isomere Catechine II (9. Gerbstoff). Ebenda **55**, 1734 (1922).
GC							V	— u. L. Orthner: Flavanonreduktion. Ebenda **55**, 1748 (1922).
GC								— Nierensteins Catechinarbeit. Ebenda **55**, 1938 (1922).

G — FREUDENBERG, K. u. E. VOLLBRECHT: Gerbstoff einheimischer Eichen (10. Gerbstoff). Ebenda **55**, 2420 (1922).

G — — u. W. SZILASI: Chinesisches Tannin (11. Gerbstoff). Ebenda **55**, 2813 (1922); **56**, 406 (1923).

Z — — u. F. BRAUNS: Diaceton-glucose (Acetonzucker 1). Ebenda **55**, 3233 (1922).

Z — — u. O. SVANBERG: Diaceton-xylose (Acetonzucker 2). Ebenda **55**, 3239 (1922).

G — — u. E. VOLLBRECHT: Gerbstoff einheimischer Eichen (12. Gerbstoff). Ann. **429**, 284 (1922).

K — — F. BRAUNS u. H. SIEGEL: Konfiguration der Mandel- u. a. α-Oxysäuren (Ster. Reihen 3). Ber. **56**, 193 (1923).

K — WOHL, A., u. K. FREUDENBERG: Bezeichnung sterischer Reihen. Ebenda **56**, 309 (1923).

G C Z — FREUDENBERG, K., u. L. PURRMANN: Isomere Catechine III (13. Gerbstoff). Ebenda **56**, 1185 (1923).

G — — u. A. DOSER: Konstitution der Diaceton-Fructose und -Glucose. (Acetonzucker 3). Ebenda **56**, 1243 (1923).

G — — Gerbstoffe: HOUBEN-WEYL: Methoden der organischen Chemie, 2. Aufl., **3**. 1923.

G C V — — Acetylbestimmung und Methylierung. Ann. **433**, 230 (1923).

G C — — u. E. COHN: Catechingerüst (14. Gerbstoff). Ber. **56**, 2127 (1923).

Z — — u. R. M. HIXON: Galaktose- und Mannose (Acetonzucker 4). Ebenda **56**, 2119 (1923).

G C — — L. ORTHNER u. H. FIKENTSCHER: Neuer Catechinabbau (15. Gerbstoff). Ann. **436**, 286 (1924).

G C — — u. L. PURRMANN: Isomere Catechine IV (16. Gerbstoff). Ebenda **437**, 274 (1924).

K — — u. F. RHINO: Konfiguration des Alanins (Ster. Reihen 4). Ber. **57**, 1547 (1924).

G C — — u. H. FIKENTSCHER: 3,4-Dimethoxyphenyl-pyrazolin. Ann. **440**, 36 (1924).

V — — u. W. STOLL: Isomerie substituierter Pyrazoline. Ebenda **440**, 38 (1924).

G — — u. F. BLÜMMEL: Hamameli-Tannin III (17. Gerbstoff). Ebenda **440**, 45 (1924).

G C — — H. FIKENTSCHER u. M. HARDER: Catechin-Auf- und -Abbau (18. Gerbstoff). Ebenda **441**, 157 (1925).

K — — u. O. HUBER: Verwandlung der d-Milchsäure in l-Alanin (Ster. Reihen 5). Ber. **58**, 148 (1925).

Z — — u. A. DOSER: Amino-hexosen aus Galaktose (Aceton-zucker 5). Ebenda **58**, 294 (1925).

Z — — u. A. WOLF: Konstitution der Diaceton-mannose (Aceton-zucker 6). Ebenda **58**, 300 (1925).

V — — u. E. WEBER: Mikroacetylbestimmung. Ztschr. f. angew. Ch. **38**, 280 (1925).

G C — — H. FIKENTSCHER u. W. WENNER: Konstitution des Catechins (19. Gerbstoff). Ann. **442**, 309 (1925).

Z — — H. v. HOCHSTETTER u. H. ENGELS: Maltose- und Glucose-Derivate. Ber. **58**, 666 (1925).

G C — — H. FIKENTSCHER, M. HARDER u. O. SCHMIDT: Cyanidin in Catechin (20. Gerbstoff). Ann. **444**, 135 (1925).

K — — u. L. MARKERT: Konfiguration der Mandelsäure (Ster. Reihen 6). Ber. **58**, 1753 (1925).

G — — Gerbstoffe und Pflanzenfarbstoffe. Festschr. d. Techn. Hochschule Karlsruhe, S. 476. 1925.

K — — u. A. NOË: Konfiguration der Asparaginsäure (Ster. Reihen 7). Ber. **58**, 2399 (1925).

G C — — G. CARRARA u. E. COHN: Catechinumlagerung (21. Gerbstoff). Ann. **446**, 87 (1925).

Z — — u. K. SMEYKAL: Konstitution der Diaceton-galaktose (Acetonzucker 7). Ber. **59**, 100 (1926).

Z — — O. BURKHART u. E. BRAUN: Neue Amino-glucose (Aceton-zucker 8). Ebenda **59**, 714 (1926).

Z — FREUDENBERG, K. u. A. WOLF: Konstitution der Mannose- und Rhamnose-Acetonverbindungen (Aceton-zucker 9). Ebenda **59**, 836 (1926).

C L — URBAN, H.: Kenntnis des Fichtenholzes (Cellulose und Lignin 2). Cellulosechemie **1**, 73 (1926).

L V — FREUDENBERG, K., u. H. HESS: Kennzeichnung verschiedenartiger Hydroxyle (Cellulose und Lignin 3). Ann. **448**, 121 (1926).

I — — u. W. DIRSCHERL: Insulin und Co-Cymase (Insulin 1). Ztschr. f. physiol. Ch. **64**, 157 (1926).

Z — — u. A. WOLF: 3-Thio-glucose (Aceton-zucker 10). Ber. **60**, 232 (1927).

Z — — A. NOË u. E. KNOPF: 6-Glucosido-galaktose (Aceton-zucker 11). Ebenda **60**, 238 (1926).

GC — — u. A. KAMMÜLLER: Flavone in Catechine (22. Gerbstoff). Ann. **451**, 290 (1927).

GC — — u. M. HARDER: Catechinderivate (23. Gerbstoff). Ebenda **451**, 213 (1927).

L — — — Formaldehyd aus Lignin (Cellulose und Lignin 4). Ber. **60**, 581 (1927).

G — — F. BLUMMEL u. TH. FRANK: Tannase II. Ztschr. f. physiol. Ch. **164**, 262 (1927).

G — — u. TH. FRANK: Chebulinsäure III (24. Gerbstoff). Ann. **452**, 303 (1927).

G — KURMEIER, A.: Gerbstoff einheimischer Eichen und der Edelkastanie. Collegium **1927**, 273.

Z — FREUDENBERG, K., u. K. RASCHIG: d-Galaktose in d-Fucose (Aceton-zucker 12). Ber. **60**, 1633 (1927).

I — — u. W. DIRSCHERL: Notiz über Acetyl-Insulin. Naturwissenschaften **15**, 832 (1927).

GC V — — Intramolekulare Umlagerung optisch-aktiver Systeme. Heidelberg. Akad. Wiss. **1927**, 10. Abh.

K — — u. L. MARKERT: Konfiguration der α-Brom-propionsäure (Ster. Reihen 8). Ber. **60**, 2447 (1927).

C — — u. E. BRAUN: Methylcellulose (Cellulose und Lignin 5). Ann. **460**, 288 (1928).

I — — u. W. DIRSCHERL: Acetyl-Insulin (Insulin 2). Ztschr. f. physiol. Ch. **175**, 1 (1928).

C — — Nachtrag zur Methylcellulose (Cellulose und Lignin 6). Ann. **461**, 130 (1928).

K — — u. A. LUCHS: Konfiguration monosubstit. Propion- und Bernsteinsäuren (Ster. Reihen 9). Ber. **61**, 1083 (1928).

G — — Tannase. Aus OPPENHEIMER: Fermente **3**, 733. 1928.

K Z — — System einfacher Zucker- und α-substit. Fettsäuren. Naturwissenschaften **16**, 581 (1928).

Z — — W. DÜRR u. H. v. HOCHSTETTER: Hydrolyse von Disacchariden, Glucosiden und Acetonzuckern (Aceton-zucker 13). Ber. **61**, 1735 (1928).

Z — — A. WOLF, E. KNOPF u. S. H. ZAHEER: Di- und Trisaccharide aus Mannose, Glucose und Galaktose (Aceton-zucker 14). Ebenda **61**, 1743 (1928).

Z — — H. TOEPFFER u. C. CHR. ANDERSEN: Synthese von Disacchariden (Aceton-zucker 15). Ebenda **61**, 1750 (1928).

L — — M. HARDER u. L. MARKERT: Zur Ligninchemie (Cellulose und Lignin 6). Ebenda **61**, 1760 (1928).

C L — — Zur Kenntnis des Fichtenholzlignins (Lignin und Cellulose 8). Heidelberg. Akad. Wiss. **1928**, 19. Abh.

I — — u. W. DIRSCHERL: Über die Messung des Insulins (Insulin 3). Ztschr. f. physiol. Ch. **180**, 212 (1929).

I — DIRSCHERL, W.: Wirkung von Pepsin auf Insulin und seine Acetylderivate (Insulin 4). Ebenda **180**, 217 (1929).

Z — FREUDENBERG, K., u. KL. RASCHIG: l-Altromethylose, Chinovose und Digitoxose. System der Methylpentosen (Aceton-zucker 16). Ber. **62**, 373 (1929).

C — — Cellulose (Lignin und Cellulose 9). Ebenda **62**, 383 (1929).

GC Z V — — Umlagerung an optisch aktiven Systemen. Hexosediphosphorsäure. Z. f. angew. Ch. **42**, 294 (1929).

L Freudenberg, K., W. Belz u. Chr. Niemann: Aromatische Natur des Lignins (Lignin und Cellulose 10). Ber. **62**, 1554 (1929).

— H. Zocher u. W. Dürr: Versuche mit Lignin (Lignin und Cellulose 11). Ebenda **62**, 18, 14 (1929).

I — W. Dirscherl u. H. Eyer: Versuche über Insulin. Naturwissenschaften **17**, 603 (1929).

C —Cellobiosan und Cellulose. Ebenda **17**, 959 (1929).

G Münz, W.: Über den Gerbstoff der Edelkastanie und des sizilianischen Sumachs. Collegium **1929**, 499.

C Freudenberg, K., E. Bruch u. H. Rau: Cellobiosan und Cellulose (Lignin und Cellulose 12). Ber. **62**, 3078 (1929).

I — W. Dirscherl u. H. Eyer: Beiträge zur Chemie des Insulins (Insulin 5). Ztschr. f. physiol. Ch. **187**, 89 (1930).

C — u. E. Bruch: Biosan. Ber. **63**, 535 (1930).

Z — u. E. Braun: Neue Isomerie in der Zuckergruppe. Naturwissenschaften **18**, 393 (1930).

C St — W. Kuhn, W. Dürr, F. Bolz u. G. Steinbrunn: Hydrolyse der Polysaccharide (Lignin und Cellulose 14). Ber. **63**, 1510 (1930).

C — Bemerkungen zur Geschichte der Cellulosechemie. Cellulosechemie **11**, 185 (1930).

C Z — C. Chr. Andersen, Y. Go, K. Friedrich u. N. W. Richtmeyer: Synthese der methyl. Cellobiose. Methylcellotriose. Gentiobiose (Zucker 20). Ber. **63**, 1961 (1930).

Z — H. Toepffer u. S. H. Zaheer: Anhydroglucose (Zucker 21). Ebenda **63**, 1966 (1930).

Z — u. H. Scholz: Cyclische Acetate (Zucker 22). Ebenda **63**, 1969 (1930).

K Kuhn, W., K. Freudenberg u. I. Wolf: Drehvermögen konfig. verwandter Stoffe (Ster. Reihen 10). Ebenda **63**, 2367 (1930).

K Freudenberg, K., W. Kuhn u. I. Bumann: Die Konfiguration der Halogen-propionsäuren und des Alanins (Ster. Reihen 11). Ebenda **63**, 2380 (1930).

L — u. W. Dürr: Lignin und Stickstoffdioxyd (Lignin und Cellulose 15). Ebenda **63**, 2713 (1930).

G C — u. L. Oehler: Die Catechine der Colanuß (Gerbstoff 25). Ann. **483**, 140 (1930).

C St Z — u. K. Friedrich: Methylierte Tri- und Tetrasaccharide aus Cellulose und Stärke. Naturwissenschaften **18**, 1114 (1930).

K — Kritik an der Berechnung des optischen Drehungsvermögens von Zuckern (Ster. Reihen 12). Sitzungsber. Heidelberg. Akad. Wiss. **1930**, 14. Abh.

K C — u. W. Kuhn: Regeln und Superposition bei der optischen Drehung (Ster. Reihen 14). Ber. **64**, 703 (1931).

K C St Z — Some aspects of the Chemistry of Cellulose and other Polysaccharids. Journ. Soc. Chem. Ind. **50**, 287 (1931).

C — Cellulose. Forsch. u. Fortschr. **7**, 303 (1931).

L — F. Sohns, W. Dürr u. Chr. Niemann: Über Lignin, Coniferylalkohol und Saligenin (Lignin und Cellulose 16). Cellulosechemie **12**, 263 (1931).

K Kuhn, W., K. Freudenberg u. R. Seidler: Über den Einfluß des Lösungsmittels auf die optische Drehung. Ztschr. f. physikal. Ch. B **13**, 379 (1931).

I — H. Eyer u. K. Freudenberg: Das optische Verhalten des Insulins und seiner Derivate (Insulin 6). Ztschr. f. physiol. Ch. **202**, 47 (1931).

I Dirscherl, W.: Untersuchung der Einheitlichkeit von Insulinpräparaten (Insulin 7). Ebenda **202**, 116 (1931).

I Freudenberg, K., W. Dirscherl u. H. Eyer: Beiträge zur Chemie des Insulins (Insulin 8). Ebenda **202**, 128 (1931).

I — — H. Eichel u. E. Weiss: Die Einwirkung proteolytischer Fermente auf Insulin (Insulin 9). Ebenda **202**, 159 (1931).

I — — Insulin (Insulin 10). Ebenda **202**, 192 (1931).

I — Die Gestalt des Insulinteilchens. Ebenda **204**, 233 (1932).

V — Verfahren zur Gewinnung von Fleischmilchsäure. DRP. 536994, (1931).

G	K	C	St	L	Z	I	V	Eintrag
	K						V	FREUDENBERG, K.: Bemerkungen zur Stereochemie (Ster. Reihen 15). Heidelberg. Akad. Wiss. **1931**, 9. Abh.
	K							— E. SCHOEFFEL u. E. BRAUN: The configuration of Ephedrine (Ster. Reihen 16). Journ. Amer. Chem. Soc. **54**, 234 (1932).
	K	C	St					— u. W. KUHN: Die Hydrolyse der Polysaccharide (Lignin und Cellulose 17). Ber. **65**, 484 (1932).
		C	St		Z			— K. FRIEDRICH u. I. BUMANN: Über Cellulose und Stärke (Lignin und Cellulose 18). Ann. **494**, 41 (1932).
		C			Z			— u. W. NAGAI: Synthese der methylierten Cellotriose (Lignin und Cellulose 19). Ebenda **494**, 63 (1932).
					Z		V	— u. K. SOFF: Abgestufte Methoxyl- und Acetylbestimmung. Ebenda **494**, 68 (1932).
		C		L				— Beziehung der Cellulose zum Lignin im Holze. Papierfarb. **30**, 149 (1932); Journ. Chem. Educ. **9**, 1171 (1932).
G C								— R. COX u. E. BRAUN: The Catechin of the Cacao Bean (Gerbstoff 26). Journ. Amer. Chem. Soc. **54**, 1913 (1932).
		C					V	KUHN, W., C. C. MOLSTER u. K. FREUDENBERG: Zur Kinetik des Abbaues polymer-homologer Ketten: Geschwindigkeit der Hydrolyse einiger Aminosäure-derivate. Ber. **65**, 1179 (1932).
							V	FREUDENBERG, K., H. EICHEL u. F. LEUTERT: Synthesen von Abkömmlingen der Aminosäuren. Ebenda **65**, 1183 (1932).
		C			Z			— u. W. NAGAI: Synthese der Cellobiose. Naturwissenschaften **20**, 578 (1932).
						I		— H. EICHEL u. W. DIRSCHERL: Substanz des Gruppenmerkmals A. Ebenda **20**, 657 (1932).
						I		— E. WEISS u. H. EYER: Über Insulin und Pitutocin. Ebenda **20**, 658 (1932).
	K							KUHN, W., u. K. FREUDENBERG: Natürliche Drehung der Polarisationsebene. In EUCKEN-WOLF: Hand- u. Jahrb. d. Chem. Physik 8. 1932.
	K							FREUDENBERG, K.: Konfigurative Zusammenhänge optisch aktiver Verbindungen. In FREUDENBERG: Stereochemie, S. 662. Wien 1932/33.
				L				— u. W. DÜRR: Konstitution und Morphologie des Lignins. In KLEIN: Handbuch der Pflanzenanalyse **3**, 125. 1932.
G								— Die natürlichen Gerbstoffe. Ebenda S. 344.
						I		— u. H. EYER: Beiträge zur Chemie des Insulins (Insulin 11). Ztschr. f. physiol. Ch. **213**, 226 (1932).
						I		— E. WEISS u. H. EICHEL: Die Wirkung proteolytischer Fermente auf Insulin und seine Derivate (Insulin 12). Ebenda **213**, 248 (1932).
		C						— u. K. SOFF: Acetolyse der Cellulose. Ber. **66**, 19 (1933).
		C			Z			— u. W. NAGAI: Synthese der Cellobiose. Ebenda **66**, 27 (1933).
	K	C	St		Z			— Regeln der optischen Drehung und ihre Anwendung. Ebenda **66**, 177 (1933).
				L				— u. F. SOHNS: Lignin. Ebenda **66**, 262 (1933).
	K							— J. TODD u. R. SEIDLER: Konfiguration d. tert. C-Atoms. Atrolactinsäure. Ann. **501**, 192 (1933).
		C			Z			— u. E. BRAUN: Trimethylglucose-anhydrid. B. **66**, 780 (1933).

Namenverzeichnis.

Sachverzeichnis.

Druck von C. G. Röder A.-G., Leipzig.